全国高等教育自学考试指定教材

计算机网络专业（独立本科段）

通信概论

（2019年版）

（含：通信概论自学考试大纲）

全国高等教育自学考试指导委员会　组编

曹丽娜　编著

机械工业出版社

本书是根据全国高等教育自学考试指导委员会最新制定的计算机网络专业（独立本科段）“通信概论”课程自学考试纲，为参加全国高等教育自学考试的考生编写的教材。

本书介绍通信和通信系统的基本概念、基本理论和分析方法。全书共九章，内容包括绪论、信号与噪声、信道和容量、模拟调制系统、数字基带传输、数字调制系统、模拟信号的数字化、差错控制编码和同步。

本书内容主线清晰，重点突出，深浅适度，通俗易懂，例题丰富。每章附有的本章小结、思考与练习和参考答案，可供读者复习和备考。

本书可作为计算机网络、电子信息与通信工程等专业的自学考试人员的教材，也可作为通信工程技术人员的参考书。

图书在版编目（CIP）数据

通信概论：2019 年版 / 曹丽娜编著. —北京：机械工业出版社，2019.10
全国高等教育自学考试指定教材
ISBN 978-7-111-63833-9

Ⅰ. ①通…　Ⅱ. ①曹…　Ⅲ. ①通信理论－高等教育－自学考试－教材
Ⅳ. ①TN911

中国版本图书馆 CIP 数据核字（2019）第 212960 号

机械工业出版社（北京市百万庄大街 22 号　邮政编码 100037）
策划编辑：王　斌　　责任编辑：王　斌
责任校对：张艳霞　　责任印制：孙　炜

保定市中画美凯印刷有限公司印刷

2019 年 10 月第 1 版 • 第 1 次印刷
184mm×260mm • 13.25 印张 • 321 千字
0001－2500 册
标准书号：ISBN 978-7-111-63833-9
定价：33.00 元

电话服务
客服电话：010-88361066
010-88379833
010-68326294

网络服务
机　工　官　网：www.cmpbook.com
机　工　官　博：weibo.com/cmp1952
金　书　网：www.golden-book.com
机工教育服务网：www.cmpedu.com

组编前言

21 世纪是一个变幻难测的年代，是一个催人奋进的时代。科学技术飞速发展，知识更替日新月异。希望、困惑、机遇、挑战，随时随地都有可能出现在每一个社会成员的生活之中。抓住机遇，寻求发展，迎接挑战，适应变化的制胜法宝就是学习——依靠自己学习、终生学习。

作为我国高等教育组成部分的自学考试，其职责就是在高等教育水平上倡导自学、鼓励自学、帮助自学、推动自学，为每一个自学者铺就成才之路。组织编写供读者学习的教材就是履行这个职责的重要环节。毫无疑问，这种教材应当适合自学，应当有利于学习者了解和掌握新知识、新信息，有利于学习者增强创新意识，培养实践能力，形成自学能力，也有利于学习者学以致用，解决实际工作中所遇到的问题。具有如此特点的书，我们虽然沿用了“教材”这个概念，但它与那种仅供教师讲、学生听，以“教”为中心的教科书相比，已经在内容安排、编写体例、行文风格等方面都大相径庭。希望读者对此有所了解，以便从一开始就树立起依靠自己学习的坚定信念，不断探索适合自己的学习方法，充分利用自己已有的知识基础和实际工作经验，最大限度地发挥自己的潜能，达到学习的目标。

欢迎读者提出意见和建议。

祝每一位读者自学成功！

全国高等教育自学考试指导委员会

2018 年 7 月

目　录

全国高等教育自学考试
计算机网络专业（独立本科段）

通信概论
自学考试大纲

（含考核目标）

全国高等教育自学考试指导委员会　制定

大 纲 前 言

为了适应社会主义现代化建设事业的需要，鼓励自学成才，我国在 20 世纪 80 年代初建立了高等教育自学考试制度。高等教育自学考试是个人自学、社会助学和国家考试相结合的一种高等教育形式。应考者通过规定的专业课程考试并经思想品德鉴定达到毕业要求的，可获得毕业证书；国家承认学历并按照规定享有与普通高等学校毕业生同等的有关待遇。经过 30 多年的发展，高等教育自学考试为国家培养造就了大批专门人才。

课程自学考试大纲是国家规范自学者学习范围、要求和考试标准的文件。它是按照专业考试计划的要求，具体指导个人自学、社会助学、国家考试、编写教材及自学辅导书的依据。

为更新教育观念，深化教学内容方式、考试制度、质量评价制度改革，更好地提高自学考试人才培养的质量，全国考委各专业委员会按照专业考试计划的要求，组织编写了课程自学考试大纲。

新编写的大纲，在层次上，专科参照一般普通高校专科或高职院校的水平，本科参照一般普通高校本科水平；在内容上，力图反映学科的发展变化以及自然科学和社会科学近年来研究的成果。

全国考委电子电工与信息类专业委员会参照普通高等学校通信概论课程的教学基本要求，结合自学考试计算机网络专业（独立本科段）的实际情况，组织制定的《通信概论自学考试大纲》，经教育部批准，现颁发施行。各地教育部门、考试机构应认真贯彻执行。

全国高等教育自学考试指导委员会

2019 年 6 月

Ⅰ. 课程性质与课程目标

一、课程性质和特点

“通信概论”是高等教育自学考试计算机网络专业（独立本科段）考试计划中规定必考的课程，是计算机通信、信息与通信工程以及与 ICT（信息和通信技术）领域相关学科的一门重要的专业基础课。

设置本课程的目的是使考生了解有关通信的基础知识，掌握通信系统的基本概念、关键技术和工作原理，提高设计和应用通信系统的能力，为考生在后续相关专业课程的学习或在 ICT 领域工作奠定一定的理论基础。

二、课程目标

本课程设置的目标是引导和助力考生。

1）领悟通信技术对人们的生活方式、国民经济、文化教育、政治军事等方面带来的重大变革和深远影响。

2）掌握现代通信，尤其是数字通信的基本概念、基本理论、关键技术和分析方法。

3）培养对通信系统的分析、设计、计算和工程实现的能力。

4）了解通信技术与计算机技术、传感技术、遥控遥测技术、大数据、云计算、人工智能等其他科学技术的相互融合和发展趋势。

5）培养自主学习的能力和终身学习的意识。

三、与相关课程的联系与区别

本课程是计算机网络、信息与通信工程、网络与信息安全等专业的一门专业基础课程，其核心内容“编码（信源编码、差错编码、线路编码）/译码、调制/解调、同步、基带传输、频带传输、信道容量”与计算机通信网中的物理层和数据链路层有着密切的关系，因此可以为数据通信原理、计算机网络原理以及与 ICT 领域相关的课程提供一定的理论基础和学习途径。

四、课程的重点和难点

本课程的内容共分九章，包括绪论、信号与噪声、信道与容量、模拟调制系统、数字基带传输、数字调制系统、模拟信号数字化、差错控制编码及同步。

其中，绪论的重点是通信的基本概念、通信系统的组成、数字通信特点、信息的度量、有效性和可靠性指标。难点是模/数信号的区分、信源熵的计算。

信号与噪声的重点是傅里叶变换、信号带宽、相关函数与功率谱密度、高斯过程的性质、高斯白噪声。难点是冲激函数及其性质。

信道与容量的重点是信道的类型、特点和数学模型，信道容量和香农公式。难点是信道容量的计算、无线电波传播特性。

模拟调制系统和数字调制系统的重点是各种调制与解调系统的原理、实现方法、各点波形、频谱与带宽、特点和应用。难点是 SSB 产生、VSB 滤波特性、角度调制概念、卡森公式，2PSK 反相工作问题、2DPSK 的产生与解调、QPSK/QDPSK 信号的原理。

数字基带传输的重点是系统组成及各部件作用、线路码型、滚降系数/带宽/频带利用率的计算、眼图。难点是 HDB_3 码的编码、无码间干扰条件的理解。

模拟信号数字化的重点是 PCM 系统原理、抽样、量化、A 律 13 折线编码、PCM30/32 基群结构和比特率。难点是 A 律 13 折线编码、ΔM 原理。

差错控制编码的重点是最小距离与纠检错能力、奇偶监督码、汉明码、线性分组码的编码。难点是生成矩阵和监督矩阵。

同步的重点是载波同步、位同步和群同步的作用、实现方法及性能。难点是群同步码组（如巴克码）的识别、漏同步概率的计算。

Ⅱ. 考核目标

本大纲在考核目标中，按照识记、领会、应用三个层次规定其应达到的能力层次要求。三个能力层次是递升的关系，后者必须建立在前者的基础上。各个能力层次的含义如下。

识记（Ⅰ）：要求考生能够识别和记忆本课程中有关通信和通信系统的概念（如常用术语、专业名词、定义、分类、特点、指标、结论等），并能够根据考核的不同要求，做出正确的表述、选择和判断。

领会（Ⅱ）：要求考生在识记的基础上，能够领悟本课程中各知识点的内涵和外延；熟悉相关知识点（如各种调制方式）之间的共性、区别与联系，并能根据考题要求，做出正确的表达和解释。

应用（Ⅲ）：要求考生能够运用本课程中的基本公式（尤其是各章例题中用到的公式）和有关知识点，分析和解决一般的应用问题。例如，频带利用率的计算、HDB_3 编码、A 律 13 折线编码、差错控制编码、2FSK 调制解调系统框图及各点信号波形（会画）、根据通信场景选择恰当的调制方式和解调方法、根据给出的频谱图确定信号带宽、根据给出的眼图模型判断系统性能的好坏等。

Ⅲ. 课程内容与考核要求

第一章　绪　论

一、课程内容

1.1 通信简介
1.2 通信系统的组成
1.3 通信系统的分类
1.4 信息的度量
1.5 给通信系统打分——性能指标

二、学习目的与要求

本章的学习目的是要求考生建立通信和通信系统的基本概念；了解通信的历程和意义；熟悉通信系统的组成和分类；理解数字通信的优缺点；掌握信息度量的方法和性能指标的计算等。

重点是数字通信系统的组成、优缺点、有效性指标和可靠性指标的定义、关系和计算；信息量和信源熵的度量方法等。

难点是模拟信号和数字信号的区别；熵的计算。

三、考核内容与考核要求

1．通信简介

识记：信息、消息和信号的含义，及其三者之间的关系。

领会：通信的发展对人们的生活方式、国民经济、文化教育、军事等方面带来的影响和变革。

应用：从若干个信号中，区分出模拟信号和数字信号。

2．通信系统组成和分类

识记：通信系统一般模型；数字通信系统模型；通信系统的常见分类。

领会：通信系统模型中各组成单元的主要功能；数字通信的优、缺点；单工、半双工和全双工通信的含义。

应用：能说明某实际通信系统（如 AM 调幅广播系统）的分属；列举单工、半双工和全双工的通信实例（如广播通信——单工）；并行传输和串行传输的特点与应用场合。

3．信息度量和性能指标

识记：波特率 R_B、比特率 R_b、频带利用率和误码率 P_e 的定义。

领会：信源熵的含义；关系式 $R_b = R_B \log_2 M$ 的内涵。

应用：单个符号信息量的计算；熵的计算；R_B、R_b、P_e 和频带利用率的计算。

第二章　信号与噪声

一、课程内容

2.1 信号分类
2.2 确知信号分析
2.3 随机过程简介
2.4 平稳随机过程
2.5 高斯随机过程
2.6 随机过程通过线性系统
2.7 通信系统中的噪声

二、学习目的与要求

本章的学习目的是要求考生建立信号、频谱与带宽的概念；熟悉分析信号的方法和数学工具；了解随机过程的基本概念；熟悉高斯过程、平稳过程的定义和性质、通信系统中的噪声等。

重点：傅里叶变换；维纳–辛钦定理；高斯过程的性质；高斯白噪声及其通过线性系统。

难点：冲激函数及其性质；带宽的确定。

三、考核内容与考核要求

1．信号分类

识记：周期信号和非周期信号的特征；能量信号和功率信号的特征；基带信号和带通信号的关系。

2．确知信号分析

识记：正弦信号、矩形脉冲、冲激函数的傅里叶变换（频谱）。

领会：傅里叶变换的主要性质；能量谱和功率谱的含义；研究信号频谱的意义；随机过程的均值、方差和相关函数的内涵。

应用：利用傅里叶变换分析信号的频谱；信号带宽的确定等。

3．随机过程和高斯白噪声

识记：高斯随机过程的一维分布；互补误差函数的定义和性质。

领会：高斯随机过程的性质。

应用：利用高斯过程的性质解决问题；分析高斯白噪声通过理想低通或理想带通滤波器的结果。

第三章　信道与容量

一、课程内容

3.1 信道分类
3.2 有线信道

3.3 无线信道

3.4 信道对信号的影响

3.5 信道的数学模型

3.6 信道容量

3.7 信道多路复用

二、学习目的与要求

本章的学习目的是要求考生领悟信道是通信系统的重要组成部分，并涉及传输质量和容量；熟悉信道的定义、分类、模型和影响；了解有线信道和无线信道的种类与区别、电磁波的传播方式、多路复用的概念；掌握信道容量和香农公式。

重点：信道的类型、特性、数学模型、对信号的影响；信道容量和香农公式。

难点：香农公式的内涵；电磁波的传播特性。

三、考核内容与考核要求

1．信道分类和数学模型

识记：有线信道的类型、光纤的特点；无线电波的传播方式。

领会：调制信道和编码信道的定义范围。

应用：传输媒质的主要应用场合，运用调制信道和编码信道的模型分析相关问题。

2．信道对信号的影响

领会：信道对信号的衰减、失真，信道噪声的来源和危害。

3．信道容量

识记：香农公式及其结论。

领会：信道容量的概念、香农公式的内涵。

应用：运用香农公式计算信道容量。

4．信道多路复用

识记：频分复用和时分复用的特点与区别。

领会：多路复用的目的。

第四章　模拟调制系统

一、课程内容

4.1 调制简介

4.2 幅度调制

4.3 角度调制

4.4 模拟调制系统的抗噪性能

二、学习目的与要求

本章的学习目的是要求考生了解调制的定义和分类；领悟调制技术在无线通信、多路复用、提高抗干扰能力等方面的作用和目的；掌握幅度调制（AM、DSB、SSB、VSB）的基本原理、波形和频谱、调制与解调的实现方法；熟悉角度调制（FM、PM）的基本概念；熟悉各种模拟调制系统的特点和应用场合。

重点：AM/DSB/SSB/VSB/PM/FM 的基本概念、频谱结构和带宽、特点与应用、调制与解调方法等。

难点：VSB 信号的滤波特性；卡森公式。

三、考核内容与考核要求

1．调制简介

领会：调制的目的、作用和分类。

2．幅度调制和角度调制

识记：幅度调制、频率调制和角度调制的定义；AM/DSB/SSB/VSB/FM 的主要优缺点。

领会：AM、DSB、SSB、VSB 的调制原理；相干解调与包络检波的原理。

应用：计算各种已调信号的带宽；根据 FM 信号表达式确定 FM 的相关参数（调频指数、载波角频率 ω_c 和调制频率 f_m）；能根据实际通信场合选择合适的调制方式、会画调制器和解调器的原理框图、计算相关指标和参数。

3．抗噪性能和性能比较

领会：可靠性与有效性的含义、矛盾和互换。

应用：利用分析结果，比较模拟调制系统的各方面（有效性、可靠性、复杂度）的优缺点，以及它们的适用场合。

第五章　数字基带传输

一、课程内容

5.1 基带信号的码型

5.2 基带信号的频谱

5.3 基带信号的传输

5.4 基带系统的抗噪声性能

5.5 估计系统性能的实验手段——眼图

5.6 减小码间串扰的有效措施——均衡

二、学习目的与要求

本章的学习目的是要求考生了解近程数据通信的传输方式，保证传输可靠性和有效性的措施，并为后续的数字调制传输系统提供一定的理论基础；熟悉数字基带系统的组成和基带信号的码型；理解码间串扰的产生原因，掌握消除码间串扰的奈奎斯特第一准则；了解基带系统的抗噪声性能，眼图的作用、观察和评价，以及均衡的目的。

重点：数字基带系统的组成及各组成部分的作用；线路码型的编码、特点及应用场合；无码间串扰条件、奈奎斯特带宽和频带利用率；眼图和均衡等。

难点：HDB_3 编码；奈奎斯特带宽和频带利用率的计算。

三、考核内容与考核要求

1．基带信号的码型和频谱

识记：单极性码和双极性码的特点、归零和非归零的区别、差分码的优点、多电平码的特点。

领会：线路码型的选码原则；研究基带信号频谱的目的。

应用：AMI、HDB3、双相码、CMI 码的编码方法、特点和应用场合；根据基带信号的频谱来确定信号带宽、直流分量和位定时分量等。

2．基带传输与码间串扰

识记：奈奎斯特第一准则

领会：码间串扰（ISI）现象及产生原因

应用：数字基带系统的组成（会画）及各组成部分的作用；依据奈奎斯特第一准则，设计或验证无码间串扰的基带传输特性；计算滚降系数、带宽和频带利用率等。

3．基带系统的抗噪声性能

领会：最佳门限的含义；误码率和相关参数之间的关系。

应用：比较单极性和双极性基带系统的抗噪声性能（误码率）。

4．眼图和均衡

领会：眼图和均衡的目的和原理。

应用：观察眼图的方法，根据眼图模型评价系统的性能。

第六章　数字调制系统

一、课程内容

6.1 二进制数字调制原理

6.2 二进制数字调制系统性能比较

6.3 多进制数字调制原理

6.4 几种现代调制体制简介

二、学习目的与要求

本章的学习目的是要求考生领悟数字调制与模拟调制的异同、数字调制的特点、实现方法和应用；掌握二进制数字调制的基本原理、产生与解调、波形、频谱与带宽；比较二进制数字调制的性能；了解多进制数字调制的目的；熟悉四相制的相位关系、时间波形和调制解调原理。现代数字调制内容不考。

重点：2ASK/2FSK/2PSK/2DPSK/4PSK/4DPSK 的时间波形、频谱与带宽、调制解调原理框图、特点与应用等。

难点：2PSK 的反相工作问题、2DPSK 的时间波形和产生方法。

三、考核内容与考核要求

1．二进制数字调制原理和性能比较

识记：二进制数字调制信号（2ASK、2FSK、2PSK 和 2DPSK）的表达式和传输带宽。

领会：2DPSK 与 2PSK 的关系。

应用：会画 2ASK、2FSK 、2PSK 和 2DPSK 信号的时域波形和调制器；会画 2ASK、2FSK、2PSK 和 2DPSK 解调（接收机）原理框图及各点信号波形；比较 2ASK、2FSK、2PSK 和 2DPSK 的抗噪声性能（误码率）和有效性（带宽和频带利用率）的优劣，并能根据它们的优缺点选择应用场合。

2．多进制数字调制

识记：4PSK 信号的相位关系。

领会：多进制数字调制的目的和特点；4PSK 和 4DPSK 的基本原理。

应用：会画 4PSK 和 4DPSK 信号的波形。

3．现代调制方式

领会：QAM、MSK 和 OFDM 的设计思想和基本原理。

第七章　模拟信号的数字化

一、课程内容

7.1 脉冲编码调制（PCM）

7.2 采样

7.3 量化

7.4 PCM 编码

7.5 PCM 信号的比特率和带宽

7.6 DPCM 和 ADPCM 简介

7.7 增量调制（ΔM）

7.8 时分多路数字电话

二、学习目的与要求

本章的学习目的是要求考生领悟模拟信号数字化的目的；了解模拟信号数字化的过程和步骤；理解采样定理的内涵、量化原理；掌握脉冲编码调制（PCM）的原理和编码方法；了解增量调制（ΔM）原理；熟悉 PCM 基群的结构和比特率。

重点：采样定理、PCM 原理、A 律 13 折线编码、ΔM 原理、PCM 基群的比特率。

难点：A 律 13 折线编码。

三、考核内容与考核要求

1．脉冲编码调制（PCM）

识记：采样速率的条件；均匀量化的特点和缺点；非均匀量化的特点和优点。

领会：为什么进行数字化；采样、量化和编码的概念；采样定理的内涵；自然抽样 PAM 和平顶抽样 PAM 的特点。

应用：根据给定的信号样值，按照 A 律 13 折线编出相应的 PCM 码组、计算量化误差、确定 PCM 信号的比特率和传输带宽；会画 PCM 系统的原理框图，并能解释各部分的作用。

2．增量调制（ΔM）

领会：ΔM 的基本原理。

应用：会画ΔM 系统的原理框图。

3．时分多路数字电话

识记：PCM30/32 基群和 PCM24 基群的比特率。

应用：会画 PCM30/32 基群的帧结构，并能说明每个时隙的用途。

第八章　差错控制编码

一、课程内容

8.1 差错控制编码的基本原理

8.2 差错控制方式

8.3 差错控制编码的基本概念

8.4 奇偶监督码

8.5 线性分组码

8.6 循环码

二、学习目的与要求

本章的学习目的是要求考生领悟差错控制编码的目的和基本思想；理解差错控制编码的基本原理；了解码重、码距、码率的概念；掌握最小码距与纠检错能力的关系；熟悉并掌握线性分组码的监督矩阵 $\boldsymbol{H}$ 和生成矩阵 $\boldsymbol{G}$，以及编码方法；了解汉明码的特点；了解循环码的循环性。

重点：汉明最小距离与纠检错能力；奇偶监督码、线性分组码的编码。

难点：生成矩阵和监督矩阵的构造。

三、考核内容与考核要求

1．基本原理和基本概念

领会：差错控制编码的基本原理；分组码、系统码的含义。

应用：码重、码距的计算，最小码距与纠检错能力的计算。

2．奇偶监督码

应用：编码和检错能力。

3．线性分组码

识记：汉明码的特点和纠检错能力。

领会：线性分组码的构造原理；生成矩阵 $\boldsymbol{H}$ 的构成、作用和特点；监督矩阵 $\boldsymbol{G}$ 的作用和特点。

应用：生成矩阵和监督矩阵的构成、关系；根据给出的（n，k）或信息码组进行编码，并分析码的纠检错能力。

4．循环码

领会：循环码的特点。

应用：码字多项式。

第九章　同　　步

一、课程内容

9.1 同步简介

9.2 载波同步

9.3 位同步

9.4 群（帧）同步

二、学习目的与要求

本章的学习目的是要求考生领悟同步是通信系统，尤其是数字通信系统中不可或缺的关键技术；了解各种同步的作用和应用场合；掌握载波同步、位同步、群同步的实现方法和性能；了解网同步的基本概念。

重点：载波同步、位同步、帧同步的作用、原理和实现方法；巴克码；漏同步概率和假同步概率等。

难点：巴克码识别器、漏同步概率。

三、考核内容与考核要求

1．同步简介

识记：同步的类型。

领会：外同步法和自同步法的内涵。

2．载波同步

识记：载波同步的作用和实现方法。

领会：载波相位误差对解调性能的影响。

应用：平方环法的原理框图（会画）及其工作原理。

3．位同步

识记：位同步的作用和实现方法。

应用：非线性变换滤波法的原理框图（会画）及其工作原理。

4．群同步

识记：群同步的作用和实现方法。

领会：集中插入法的原理和要求。

应用：巴克码的自相关函数，巴克码识别器；漏同步概率和假同步概率的计算。

5．网同步

领会：网同步的作用。

Ⅳ．关于大纲的说明与考核实施要求

一、自学考试大纲的目的和作用

课程自学考试大纲是根据专业自学考试计划的要求，结合自学考试的特点来制定。其目的是对个人自学、社会助学和课程考试命题进行指导与规定。

课程自学考试大纲明确了课程学习的内容以及深广度，规定了课程自学考试的范围和标准，是编写自学考试教材和辅导书的依据，是社会助学组织进行自学辅导的依据，是自学者学习教材、掌握课程内容知识范围和程度的依据，也是进行自学考试命题的依据。

二、关于自学教材

《通信概论》，全国高等教育自学考试指导委员会组编，曹丽娜编著，机械工业出版社出版，2019 年版。

三、关于考核内容及考核要求的说明

1．课程中各章的内容均由若干知识点组成，在自学考试命题中知识点就是考核点。因此，课程自学考试大纲中所规定的考核内容是以分解为考核知识点的形式给出的。因各知识点在课程中的地位、作用以及知识自身的特点不同，自学考试将对各知识点分别按三个认知层次确定其考核要求（认知层次的具体描述请参看Ⅱ．考核目标）。

2．按照重要性程度不同，考核内容分为重点内容和一般内容。为有效地指导个人自学和社会助学，本大纲已指明了课程的重点和难点，在各章的“学习目的与要求”中一般也指明了本章内容的重点和难点。在本课程试卷中重点内容所占分值一般不少于 60%。

本课程共 5 学分。

四、关于自学方法的指导

本课程是计算机学科的计算机通信、计算机网络、计算机科学与技术等专业的专业基础课，内容丰富，难度较大，对于考生的逻辑思维能力、工程应用能力和分析计算能力有着较高的要求，要取得较好的学习效果和考试成绩，请注意以下事项。

1）学习本课程之前，应仔细阅读本教材自学考试大纲的第一部分，了解本课程的性质、特点和目标，熟知本课程的基本要求和与相关课程的关系。学习过程中应紧紧围绕本课程的基本要求。

2）学习每一章之前，先认真了解本自学考试大纲中对该章知识点的考核要求，做到心中有数。

3）学习每一章开始，要认真阅读本章的学习目标、本章导读和内容主线，了解本章研究的核心问题和主干内容，抓住重点。

4）要善于制定每一章的学习策略，要注意领会概念的物理内涵，对于信道类型、不同的调制方式、可靠性比较、有效性比较等概念，要注意对比它们之间的共性与差异、优缺点与应用。

5）掌握通信和通信系统的基本概念、基本原理、关键技术和分析方法。熟记重要的结论，重要的公式及性质。培养解决问题的思维和能力。

6）要注意例题的示范效果，善于归纳总结解题的思路、方法和技巧，培养举一反三、融会贯通的能力。

7）正确使用教材及相关资料，解题之前不要先看答案或解题提示，培养独立思考、自主完成习题解答的能力。如有条件或需求，可浏览参考文献[2]中的相关例题和习题解答，扩展和训练解题思路。

8）正确看待学习中遇到的困难。有些概念一时理解不了，有些题目自己做不出来，这些都是正常的现象。在自学过程中要制订学习计划，对各知识点的掌握情况加以标注、多动笔、多练习。

9）要善于利用现代信息技术和网上相关课程资源。

五、考试指导

在考试过程中，应做到卷面整洁，书写工整，解题标号与题干标号对应，段落与间距合理，卷面干净整洁有助于教师阅卷评分；认真细心审题，吃透问题，先想好解题的思路和方法，再动手回答或计算所提出的问题。注意回答要针对问题，要有理论根据，语言要简洁，突出要点，不要所答非所问，避免超过问题的范围，计算过程要清晰。

考前充分复习和归纳，一定要勤动笔，查漏补缺。考前还要合理膳食，保持旺盛精力和体力。考试过程中要充满自信，可以做深呼吸放松，梳头醒脑，缓解紧张情绪，冷静答题，合理分配答题时间。

如果可能，请教已经通过该科目考试的人，求教学习经验和考试经验。

六、对社会助学的要求

1）熟知考试大纲对课程的总体要求和各章的知识点。了解对各知识点要求达到的认知层次和考核要求，以指定教材为基础，以考试大纲为依据。不要随意增删内容，也不要提高或降低要求。

2）助学时应把教材上的概念和例子讲透，同时也可以参考本教材附录中的参考文献和网络资源。应结合典型例题，讲清求解的思路和方法，引导学生独立思考，帮助考生真正达到考核要求，并培养良好的学风，不要猜题、押题。

3）助学时要注重基础，突出重点，要帮助考生对课程内容建立一个整体的概念，对考生提出的问题，应以启发引导为主。

4）助学时应注意学习方法的指导和自学能力的培养，注重培养学生的归纳总结能力，不要死记硬背，要灵活运用所学的知识，要使考生明确题目所涉及的知识点及它们之间的关系。

5）助学单位安排本课程辅导时，授课时间最好不少于 64 学时，最好有指导教师讲课和批改作业。

七、关于考试命题的若干规定

1）本课程考试方式为闭卷、笔试，考试时间为 150 分钟。考试时只允许携带笔、橡皮和尺子。答卷必须使用黑色钢笔或签字笔书写。

2）本大纲各章所规定的基本要求、知识点及知识点下的知识细目都属于考核的内容。考试命题既要覆盖到章，又要避免面面俱到。要注意突出课程的重点，加大重点内容的覆盖度。

3）命题内容不应超出大纲中考核知识点的范围，考核目标不得高于大纲中所规定的相应的最高能力层次要求。命题应着重考核自学者对基本概念、基本知识和基本理论是否了解或掌握，对基本方法是否会用或熟练。不应有与基本要求不符的偏题或怪题。

4）本课程在试卷中对不同能力层次要求的分数比例大致为：识记占 20%，领会占 30%，应用占 50%。

5）要合理安排试题的难易程度，试题的难度可分为：易、较易、较难和难 4 个等级。每份试卷中不同难度试题的分数比例一般为：2∶3∶3∶2。

必须注意试题的难易程度与能力层次有一定的联系，但二者不是等同的概念，在各个能力层次都有不同难度的试题。

6）本课程考试命题的主要题型有以下几种：单项选择题、名词解释题、填空题、简答题、画图题、综合题等。

V. 题 型 举 例

一、单项选择题

1．对于频带限制在 0～4kHz 内的模拟信号，按照抽样定理对其进行抽样的抽样速率 f_s 应满足【 】

（a）$f_s=4$kHz （b）$f_s=2$kHz （c）$f_s\geqslant 8$kHz （d）$f_s=6$kHz

2. 某差错控制编码的最小码距为 $d_0=4$，若用于检出错码，则最多能检出【 】

（a）2 个 （b）3 个 （c）4 个 （d）5 个

二、名词解释题

1．码元速率；2．全双工通信；3．载波同步

三、填空题

1．AM 信号在满足________条件时，可采用包络检波。

2．天线架设越高，视线传输距离______________________________。

3．在 2ASK、2FSK 和 2DPSK 三种调制系统中，可靠性最好的是________。

四、简答题

1．什么叫均匀量化？它的特点和缺点是什么？

2．采用多进制数字调制的目的是什么？代价是什么？

3．何谓调制？调制在通信系统中的作用是什么？

五、综合题

1．一个四进制数字传输系统，若码元速率为 1200Baud，试求该系统的信息速率。

2．设输入信号抽样值为+1065 个量化单位。

1）采用 A 律 13 折线把其编成 8 位码。

2）求出量化误差。

3．设某 2DPSK 传输系统的码元速率为 1200Baud，载波频率为 2400Hz。发送数字信息为 0 1 0 1 1。

1）画出 2DPSK 信号的波形。

2）画出差分相干（相位比较法）解调的原理框图及各点时间波形。

3）计算 2DPSK 信号的谱零点带宽。

后 记

本大纲是根据全国高等教育自学考试计算机网络专业（独立本科段）考试计划的要求以及《关于修订高等教育自学考试课程自学考试大纲的几点意见》的精神，由全国高等教育自学考试指导委员会组织制定。

本大纲提出初稿后，曾聘请专家通审，并由电子电工与信息类专业委员会在上海组织召开审稿会进行审稿，根据审稿会意见由编者进行了修改。最后由电子电工与信息类专业委员会定稿。

本大纲由西安电子科技大学曹丽娜教授负责编写。参加审稿并提出修改意见的有山东大学马丕明副教授、北京邮电大学张冬梅副教授。

对参与本大纲编写和审稿的各位专家表示感谢。

全国高等教育自学考试指导委员会
电子电工与信息类专业委员会
2019 年 6 月

全国高等教育自学考试指定教材
计算机网络专业（独立本科段）

通 信 概 论

全国高等教育自学考试指导委员会　组编

编 者 的 话

本书为全国高等教育自学考试指定教材。当今，我们置身于移动互联、智能物联、5G之争的时代，信息与通信技术伴随着计算机技术、传感技术、遥控遥测技术、大数据与人工智能等其他科学技术的发展与融合，对人们的生活方式、国民经济、文化教育、政治军事等产生了深远影响，为了反映通信技术的发展趋势，满足人才培养的时代需求，适应自学考试的新形势，提高自学考试人才培养的质量，全国高等教育自学考试指导委员会参照普通高等学校“通信概论”课程的教学基本要求，结合自学考试计算机网络专业（独立本科段）的实际需求，组织编写了本教材。

“通信概论”是高等教育自学考试计算机网络专业（独立本科段）考试计划中规定必考的课程，是为了满足计算机网络、信息与通信工程等领域的人才需求而设置的一门专业基础课。考虑到课程的性质与定位，本书在编写内容上，侧重于信息传输的基本概念、基本理论和关键技术等内容的介绍，重点突出调制（模拟调制、数字调制、数字基带）/解调；编码（信源编码、信道编码、线路编码）/译码；同步（载波同步、位同步、帧同步、网同步）等核心内容。在编写原则上，注重通俗易懂、严谨简练、便于自学；明确目的、梳理主线、引导思路；强化重点、分解难点、解惑疑点；例题丰富、图表优先、减少推导、重在结论的内涵和应用。在编写手法上，换位思考体会自学者的困惑，对于难懂的概念，借用生活中的例子来形象比喻；对于抽象的概念，采用直观图示的方法；对于容易混淆的概念，采用列表对比的写法等；循序渐进，从现象到本质，从表象到内涵。

本书共九章，内容安排如下：

第一章绪论，对通信的基本概念，通信系统的组成、分类和性能指标，信息的度量，以及通信的发展历程有一个初步的认识。

第二章信号与噪声，介绍通信中常见信号的类型和特性、频谱与带宽，分析信号的数学工具（如傅里叶变换），随机过程的基本概念，高斯过程的性质，高斯白噪声等概念，为后续章节的学习提供所需的基础知识。

第三章信道和容量，介绍信道的分类、特点和数学模型，常见传输媒质，无线电波的传播方式，信道对信号的影响，信道容量和香农公式，信道多路复用的概念等。

第四章模拟调制系统，主要介绍各种模拟调制的原理、频谱与带宽、产生与解调方法、性能比较、特点与应用等。

第五章数字基带传输，是数字通信的基本传输方式，也是数字调制的基础。本章主要介绍数字基带信号的波形、码型及其功率谱，如何设计基带传输特性以消除码间串扰，如何减小信道噪声的影响，估计系统性能的实验手段（眼图），减小码间串扰的均衡方法等。

第六章数字调制系统，是数字通信和无线通信系统中的关键技术。本章重点介绍二进制数字调制与解调原理、功率谱和带宽、性能比较、特点与应用，并对多进制数字调制和几种现代调制体制等进行了简要介绍。

第七章模拟信号的数字化，重点介绍 PCM 系统原理、抽样、量化、A 律 13 折线编码、PCM 基群结构和比特率，简要介绍 ΔM 原理等。

第八章差错控制编码，是一种提高信息传输可靠性的重要手段。本章介绍差错控制编码的设计思想和基本概念，奇偶监督码、线性分组码和循环码的编码原理等。

第九章同步，是数字通信系统中的关键技术。本章介绍载波同步、位同步、群同步和网同步的作用、实现方法和性能指标等。

每章开头给出了学习目标、建议学时、本章导读和内容主线。每章小结对本章的主要内容进行了归纳总结，便于复习。每章最后给出了一些思考与练习（均有答案和解题步骤），便于教师助学和学生检测学习效果。建议助学学时不少于 64 学时，自学学时不少于 150 学时。

本书由西安电子科技大学曹丽娜教授编写，在编写过程中参考了大量的国内外有关通信的教材、参考书和文献资料，在此向其作者或译者表示衷心的感谢。同时感谢山东大学马丕明副教授、北京邮电大学张冬梅副教授对本教材认真细致的审阅和宝贵建议，以及上海交通大学陈建平教授所做的细致周到的组织工作。

说明：文中“见第 1.3.1 节”，1.3.1 节即第一章第三节第一小节；“详见第 2.2.3 节”，2.2.3 节即第二章第二节第三小节；以此类推。

由于作者水平有限，书中难免存在疏漏和错误之处，恳请读者批评指正。

曹丽娜

2019 年 6 月

第一章 绪 论

学习目标：

- 了解通信的发展历程和意义。
- 理解信息、消息与信号的关系。
- 区分模拟信号与数字信号。
- 掌握通信系统的组成和分类（重点）。
- 理解数字通信的优点和缺点（重点）。
- 掌握信息度量方法、熵的含义（重/难点）。
- 掌握有效性指标和可靠性指标（重点）。

建议学时：

6学时

本章导读：

本章作为开篇，将对通信的发展历程、通信的意义、信使三姐妹（消息、信号、信息）、信息的度量、熵的概念、通信系统的组成、分类和性能指标等有一个概括性的介绍，为后续章节打下一定的基础。

第一节 通 信 简 介

一、通信的昨天、今天和明天

什么是通信？简言之，**通信**（Communication）就是信息的传输和交换。

信息是万事万物存在的本质。从古到今，宇宙万物都离不开信息的传输和交换，人类更是通过传递信息、获得信息、利用信息，才得以认知世界和改造世界。而通信的手段随着人类的文明、社会的进步和需求也在不断地演变与发展。下面，简短地回顾一下通信的发展历程。

1. 古代通信

人类通过语言、图符、文字、纸书等传递信息。例如，人们通过交谈、手势、表情、眼神等方式交流情感和表达意图；利用烽火狼烟、击鼓鸣金传递情报或作战命令；文字的出现和纸张的发明使得人们可以用书信的方式传递和交换信息，并由此开始了邮政业务；印刷术的发明使信息得以大量地存储和广泛地传播，如图1-1所示。

2. 近、现代通信

1837年，莫尔斯发明的电磁（有线）电报开创了电信的新时代，如图1-2所示。电信（Telecommunication）是利用电信号来传递信息的通信方式，具有迅速、准确、可靠等特点，且几乎不受时间、地点、空间、距离的限制，因而得到了飞速发展和广泛应用。

（烽火狼烟）　（击鼓鸣金）　（驿马驿站）

（邮政信箱）　（飞鸽传信）　（表情手势）

图 1-1　各种传递信息的方式

1876 年，贝尔发明的电话，如今已成为人们离不开的通信工具之一，如图 1-3 所示。

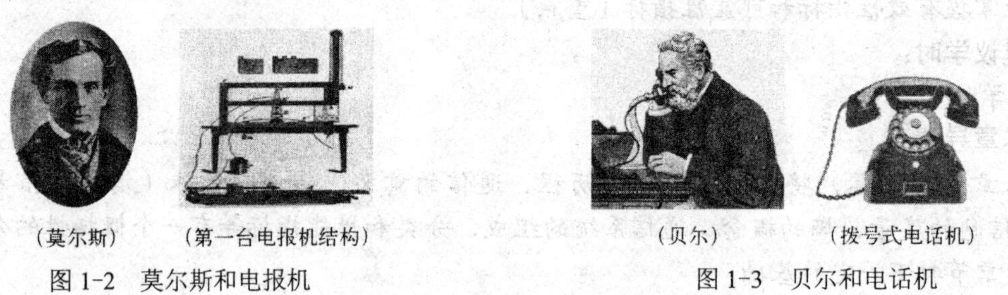
（莫尔斯）　（第一台电报机结构）　（贝尔）　（拨号式电话机）

图 1-2　莫尔斯和电报机　　图 1-3　贝尔和电话机

1865 年麦克斯韦预言了电磁波的存在，并建立了电磁场理论；1888 年德国物理学家赫兹（Hertz）用实验证实了电磁波的存在。电磁波的发现，让无线电通信成为可能。

1901 年，马可尼利用电磁波实现了横跨大西洋的无线电报通信。这是通信在技术上的一次飞跃，摆脱了导线的束缚。但是，无线电波的衰减和检波器的不灵敏，限制了无线通信的距离。

1906 年，德福雷斯特发明了真空三极管（电子三极管放大器），使无线电真正获得普及应用。他曾自豪地说“我发明了空中帝国（无线电）的王冠（三极管）”。1912 年，泰坦尼克号沉船事件中，无线电呼救电报挽救了 700 多人的生命。

1918 年，阿姆斯特朗发明了超外差式接收机，调幅（AM）无线电广播问世；1936 年英国广播公司（BBC）电视 1 台开播；1948 年，香农发表了信息论……。在通信发展的历史长河中，有许多值得尊敬的科学家和发明家。回顾历史，不仅仅是为了铭记，更重要的是要学习他们那种锲而不舍和敢为人先的创新精神。

20 世纪 60 年代，立体声调频广播、集成电路、卫星通信步入实用阶段；20 世纪 70 年代，个人计算机出现、大规模 IC 时代到来、光纤通信系统投入商用；20 世纪 80 年代，IBM PC 出现、传真机广泛使用、卫星全球定位系统（GPS）完成部署、第一代（1G）移动电话“大哥大”进入消费市场、美国蜂窝移动通信网投入商用，我国于 1987 年 11 月在广东举办的第六届全运会上正式启用蜂窝网；20 世纪 90 年代，GSM 移动通信系统投入商用、互联网和万维网普及。

21 世纪，通信的发展更加迅猛，数字电视、物联网时代到来，移动通信技术更新换代，信息产业蓬勃发展，如图 1-4 所示。伴随着互联网的普及和移动通信的发展，人们的生活方式发生了巨变，跨入信息化时代。

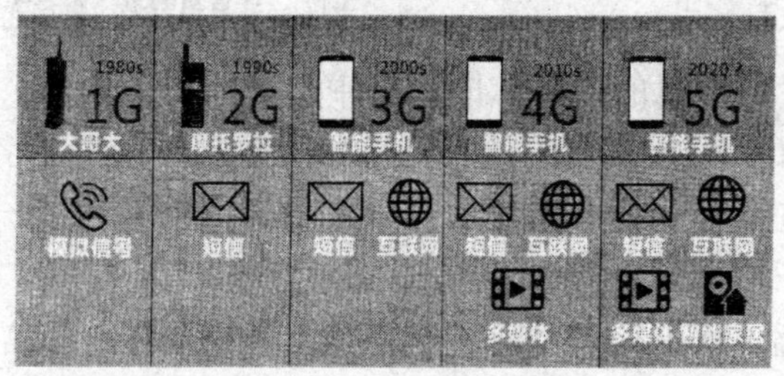

图 1-4　移动通信技术的发展（1G～5G）

3. 未来通信

当今是移动互联、智能物联、泛在融合、5G 之争的时代。5G 将是真正开启万物互联的钥匙，是实现智慧城市的重要基石。大数据、云计算、人工智能、物联网等新一代技术将与 5G 技术紧密结合，共同改变人们的生活方式，驱动万物互联走向现实，推动智能化社会的到来。预计到 2020 年，5G 将在无人驾驶（车联网）、智能制造、家庭宽带、智慧城市等领域实现大规模商用。引以为豪的是，华为公司的 5G 技术走在了世界前列。

综上所述，通信的发展经历了由数字到模拟，又由模拟到数字，有线到无线，系统到网络，单业务到业务综合，低速到高速，窄带到宽带，固定到移动，泛在到融合，人工到智能，互联到物联等过程。

未来，通信技术必将伴随着计算机技术、传感技术、遥控遥测遥感技术、大数据、云计算、人工智能等其他科学技术的发展与融合，新材料、新工艺、新技术和新理论的出现，以及社会的需求、国民经济乃至世界经济的发展而日新月异。未来，通信技术必将会不断地改变人类的生活方式、工作方式、思维方式和职业选择，并将对国民经济、文化、教育、军事和政治事务等产生深刻变革与重大影响。

二、信使三姐妹——信息、消息和信号

在学习通信的过程中，最常见的术语就是“信息、消息和信号”。下面认识一下这“三姐妹”。

信息存在于世界万物的运动和变化中。例如，每年的迎春花开传递着“春来了”的信息；天空中乌云密布、电闪雷鸣是预示“暴风雨就要来了”的信息；冰川融化是警示“全球变暖”的信息；红绿灯给行人和车辆传递着“停或行”的信息。此外，文字、数据、符号、图像、声音、语言、动作、表情、体温等，都包含着各式各样的信息。可见，信息无处不在。从上面的描述还可看出，信息必须依附于一定的物质形式而存在。如花开、雷鸣、温度、语言、数据、符号等，这些信息的表现形式称为消息。

也就是说，**消息**（Message）**是信息的外在表现形式**。人类或动植物可以通过感官（听觉、视觉、嗅觉、味觉或触觉等）感知消息，从中获得信息。如前所述，消息有多种形式，但是根据消息的状态是连续变化还是离散变化，可以将其分为两大类：连续消息和离散消息，见表 1-1。

表 1-1　消息类型与特征

连 续 消 息	离 散 消 息
特征：消息的状态是连续变化或不可数的 例如：声音、温度、动态图像等	特征：消息的状态是离散的或可数的 例如：计算机数据、符号等

信息（Information）是**消息的内涵**，即消息中包含的有效内容。同样的信息可以用不同形式的消息来表述。例如：预报天气的信息“晴和雨”，可以用文字、图标（☀🌧）或语音播报等形式来呈现。在当今信息社会中，信息是最宝贵的资源之一。如何有效而可靠地获取和传输信息是本书介绍的主要内容。

信息的价值在于传播，而非信息本身。这就需要传输载体，即信号。

信号（Signal）是**消息（或信息）的传输载体**，是消息的电表示形式。在电通信系统中，为了将各种消息（如一幅图画）通过线路传输，**必须先将消息转变成电信号**（如电压、电流等）。对应消息的分类，信号也可分为两大类：模拟信号和数字信号，见表 1-2。

表 1-2　信号类型与特征

模 拟 信 号	数 字 信 号
特征：取值连续 例如：摄像机输出的图像信号等	特征：取值离散 例如：电报机输出的信号等

- 模拟信号（Analog Signal）——指载荷消息的信号参量取值是连续（不可数的、无穷多）的，如电话机送出的话音信号，其电压瞬时值是随时间连续变化的，如图 1-5a 所示。
- 数字信号（Digital Signal）——指载荷消息的信号参量取值是离散（可数的、有限个）的，如计算机送出的信号。最典型的数字信号是只有两种取值的信号，如图 1-5b 所示。

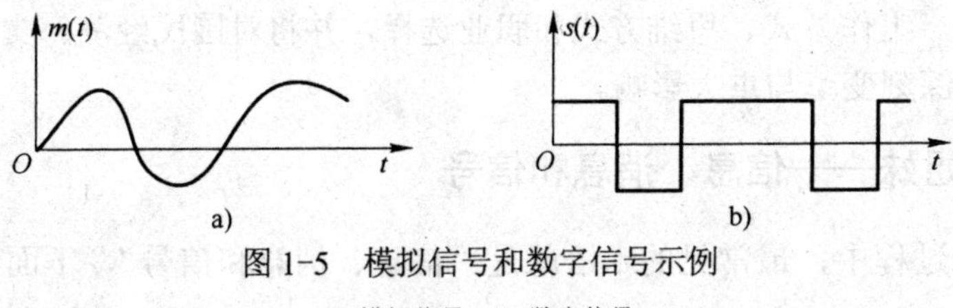

图 1-5　模拟信号和数字信号示例

a) 模拟信号　b) 数字信号

消息与电信号之间的转换，通常由各种传感器来实现。例如，话筒（传声器）把声音转变成音频信号；摄像机把图像转变成视频信号；热敏电阻（温度传感器）把温度转变成电信号；压力传感器把力变成电信号等。

综上所述，消息、信息和信号这三者之间既有联系又有不同。

- 消息是信息的外在表现形式。
- 信息则是消息的内涵。
- 信号是消息（或信息）的传输载体。

基于上述内容的理解，**通信（电信）**就是**利用电信号传递消息中所包含的信息**。

接下来的问题是如何实现通信，即如何把信息从发源地（信源）传递到目的地（信宿）。这将是通信系统的任务。

第二节　通信系统的组成

根据日常生活经验，从 A 地点往 B 地点运输货物的过程大致是：在货源地 A 将货物拆分打包→装货/发货（需要车、飞机或船）→运货（需要道路、空中航线或水路）→卸货/收货→在目的地 B 拆包组装货物。

若用消息类比货物，则通信过程就类似运货过程，而**通信系统**就是**能够实现通信过程所需的一切技术设备的总体**。下面，借助一个调幅（AM）无线广播系统来了解通信系统的基本组成和工作过程，如图 1-6 所示。

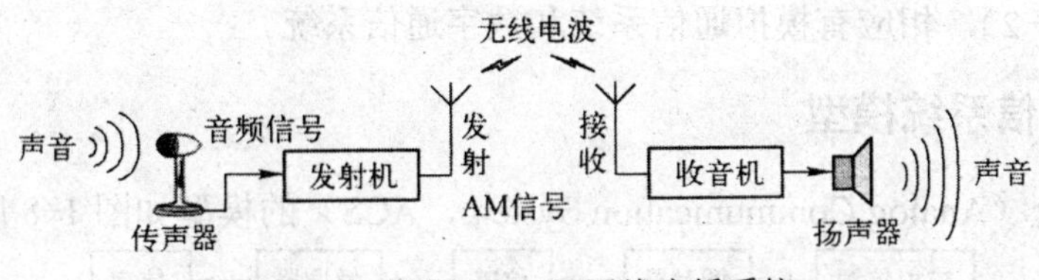

图 1-6　调幅（AM）无线广播系统

传声器将声音（消息）转换成电信号（音频信号），**发送设备**（发射机）将强度较弱、频率较低的音频信号放大后搭载到高频载波上（这一过程称为调制，不同电台的载波频率不一样），产生调幅（AM）信号，放大后通过发射天线将 AM 信号感应成可以辐射到大气中的电磁波（无线电波）。各电台的无线电波在大气（**无线信道**）中传播，并受到干扰。接收天线接收来自不同电台的电磁波，**接收设备**（收音机）中的选台按键或旋钮用来供人们选择载波调谐电路中的频率，选出想要接收的 AM 信号（即想要收听的电台节目），收音机中的解调器将 AM 信号还原为音频信号，再经音频放大后驱动扬声器，**还原**为声音。从而实现了从广播电台到听众之间的消息（信息）传递。

由此例可见，通信过程需要经过信号的“**产生、发送、传输、接收和还原**”，相应由“**信源、发送设备、信道、接收设备和信宿**”所构成的通信系统来实现。通信系统的基本组成模型如图 1-7 所示，其各单元的功能简述如下。

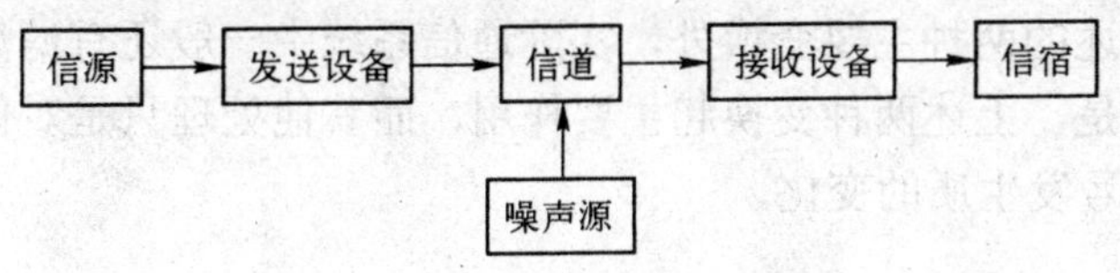

图 1-7　通信系统的基本模型

信源（Information Source）是消息（或信息）的发源地，其核心器件是输入传感器。它的功能是把消息（非电量）转换成原始电信号（称为**消息信号**）。根据消息种类的不同，信源可分为模拟信源和数字信源。模拟信源输出连续的模拟信号，如话筒（声音→音频信号）、摄像机（图像→视频信号）；数字信源输出离散的数字信号，如电传机（键盘字符→数字信号）、计算机等各种数字设备。

发送设备（Transmitter，发射机）的功能是对信源输出的消息信号进行处理和变换，以适合于在信道中传输。因此，发送设备涵盖的内容很多，通常包括放大、滤波、编码、调制和多路复用等过程。

信道（Channel）是指用于传输信号的各种物理媒介，如电缆和光纤（有线信道）、自由空间或大气（无线信道）。

噪声源（Noise Source）是信道中的噪声以及通信系统其他各处噪声的集中表示。

接收设备（Receiver，接收机）的功能与发送设备相反，即把收到的信号进行放大和反变换（如译码、解调等），其目的是从受到干扰的接收信号中恢复出原始的消息信号。

信宿（Destination）是消息（或信息）的目的地。其功能与信源相反，即把电信号还原成消息。例如，电话机的听筒将话音信号还原成声音。

图 1-7 概括地描述了通信系统的组成，反映了通信系统的共性。实际中，根据不同的传送对象和研究内容，会有更具体的通信系统模型。例如，按照信道中传输的是模拟信号还是数字信号（见表 1-2），相应有模拟通信系统和数字通信系统。

一、模拟通信系统模型

模拟通信系统（Analog Communication System，ACS）的模型如图 1-8 所示。

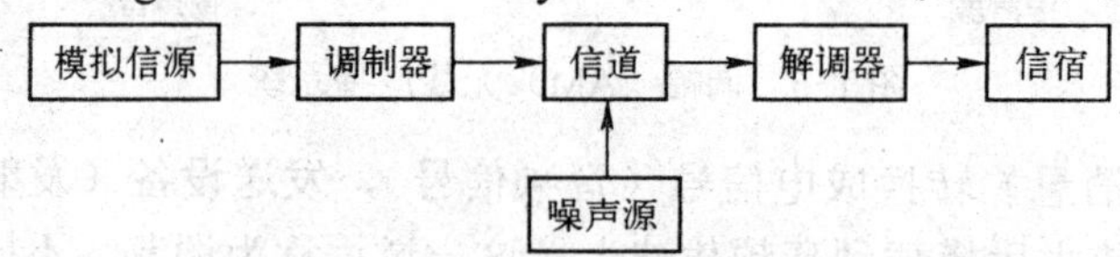

图 1-8　模拟通信系统模型

图 1-8 中包含两种重要变换，如下所述。

1）**“连续消息↔电信号(基带信号)”**，即在发送端把连续消息变换成原始电信号。基带的含义是指信号的频谱从零频（或接近零频）开始到几兆赫兹，如语音信号（300～3400Hz），图像信号（0～6MHz）。在接收端进行相反的变换。完成这种变换和反变换的是信源与信宿。

2）**“基带信号↔已调信号(带通信号)”**，即把基带信号变换成适合在信道中传输的已调信号，并在接收端进行反变换。完成这种变换和反变换的器件称为调制器和解调器，详见第四章。经过调制以后的信号称为**已调信号**。已调信号的频谱通常具有带通形式，故已调信号也称**带通信号**。

应该指出，除上述的两种主要变换外，实际通信系统中一般还有滤波、放大、天线辐射等信号处理过程。但是，上述两种变换起主要作用，而其他处理只是对信号进行波形或性能上的改善，不会使信号发生质的变化。

二、数字通信系统模型

数字通信系统（Digital Communication System，DCS）的模型如图 1-9 所示。

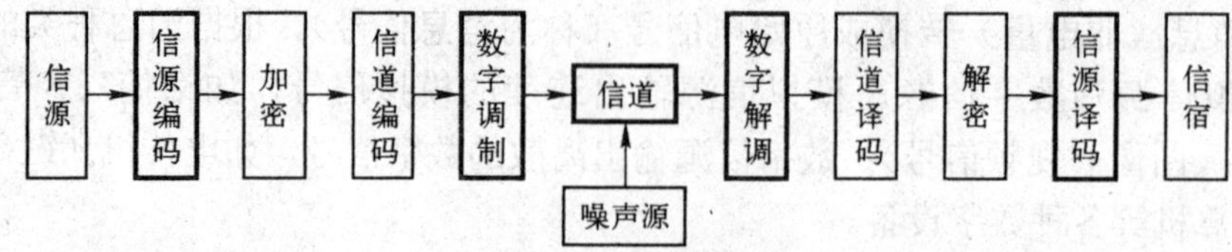

图 1-9　数字通信系统模型

对照图 1-7 所示的基本模型可知，这里的发送设备包括信源编码、加密、信道编码和数字调制，接收设备的位置与发送设备相对应，功能相反。各单元的主要功能简述如下。

信源编码（Source Coding）有两个基本功能。一是进行模数（Analog-to-Digital，A-D）转换，即将模拟信号编码成数字信号；二是去除冗余（多余）信息，以提高传输的有效性。解码（译码）是编码的逆过程。（详见第七章）

信道编码的作用是进行差错控制。信道编码器对传输的信息码元按一定的规则加入保护成分（监督码元），组成所谓的“抗干扰编码”。接收端的信道译码器按相应的规则进行解码，从中发现错误或纠正错误，提高通信系统的可靠性。（详见第八章）

加密（Encryption）是为了提供通信的保密性，防止没有被授权的用户获得信息或将差错信息加入到系统中。本书不予讨论。

数字调制与模拟调制的本质及原理相似，都是把基带信号（这里是数字基带信号）加载到高频载波上，变换为数字已调信号。解调是调制的逆过程。（详见第六章）

需要说明：除上述单元外，同步（详见第九章）、多路复用、扩频等技术通常也是系统的组成部分，但在图 1-9 中未画出。图 1-9 是数字通信系统的一般化模型，实际的数字通信系统不一定包括图中的所有单元。例如，数字基带系统（详见第五章）中，无须调制和解调。

应该指出：模拟信号数字化后可以用数字方式传输，如数字电话系统就是以数字方式传输模拟话音信号的例子；数字信号也可以在模拟信道中传输，如计算机数据可以通过传统的电话网来传输，但必须使用“调制解调器”（Modem），以适应模拟信道的传输特性。Modem 集合了调制和解调两种功能，是一种允许数据通过模拟信道传输的设备。

三、数字通信的优缺点

数字通信已经成为当代通信系统的主流。这是因为与模拟通信相比，数字通信具有以下主要优点：

1）抗干扰能力强。远距离传输时，可利用中继器对数字信号进行判决再生处理来消除噪声的积累。

2）便于进行差错控制（通过信道编码进行纠错或检错），改善通信质量。

3）支持复杂的信号处理技术（如语音编码、加密技术和均衡技术），便于利用计算机对数字信号进行处理、存储和交换。

4）可将不同类型的信息（如话音、数据、视频图像等）综合到一个信道中进行多路传输（这是因为都可转换成相同的信号，即比特信号）。

5）易于集成，从而使通信设备的体积小、重量轻、功耗小和成本低。

6）便于加密，且保密性好。

数字通信的缺点：比模拟通信占用更宽的信道带宽，对同步要求高而需要较复杂的同步设备。不过，大规模集成电路的出现取代了复杂的电路，同时，高效的数据压缩技术以及宽带传输媒质（如光纤）的使用正逐渐使带宽问题得到解决。因此，数字通信的应用必将会越来越广泛。

由以上通信系统模型可知，在完成通信的过程中，将涉及以下主要通信技术：**“编码、解码、调制、解调、同步”**。

其中：

“编码/解码”分为 {信源编码/解码; 信道编码/解码}

“调制/解调”分为 {基带调制与载波调制; 模拟调制与数字调制}

本书的重点就是介绍这些技术的基本原理、实现方法、性能特点和应用场景。

第三节　通信系统的分类

一、通信系统的常见分类

通信系统可以从不同角度进行分类，常见分类如下。

（1）按通信业务分类

根据通信业务的不同，通信系统可分为电话通信、电报通信、图像通信、数据通信系统等。现在，已实现了网络数字化和业务综合，如综合业务数字网（ISDN）能够支持多种业务，包括电话业务和电报、传真、数据、图像等非电话业务。

（2）按传输媒质分类

按照传输媒质是有形的还是无形的，通信系统可分为有线通信和无线通信。

有线通信是把导线（如各种电缆、光缆）作为传输媒质的通信方式。如市话、有线电视、海底光缆等通信系统。

无线通信是把空间作为传输媒质，利用无线电波传播的通信方式。如广播电视、移动电话等通信系统。

（3）按信号特征分类

按照信道中传输的是模拟信号还是数字信号，相应把通信系统分为**模拟通信**系统和**数字通信**系统。

（4）按调制与否分类

根据是否采用调制，可将通信系统分为基带传输和带通（调制）传输。**基带传输**是将未经调制的基带信号直接传输，如市内电话、有线广播；**带通传输**是对各种信号调制后传输的总称。

无论是模拟通信还是数字通信，都有基带传输和带通（调制）传输方式。

（5）按调制方式分类

基带信号（如话音信号）的频率主要占据从零开始的低频部分，不适合无线信道环境和长距离通信环境的传播，需要将基带信号（就像步行的人）加载到更高频率的载波（如同飞机）上去，这一过程叫作调制。例如，收听广播时，播音员说“这里是××之声FM96.6”，指的就是载波频率 96.6MHz 的调频广播电台。收音机把这个电台发出的已调信号解调，还原成基带的音频信号，放大后驱动扬声器发出声音，听众就能听到这个电台的广播了。

根据基带信号、载波及受调参量的不同，有多种调制方式。不同的调制方式有不同的特点，适用于不同的通信场合。这些内容将分别在第四、六章中详细介绍。

(6) 按工作波段分类

根据波长的大小或频率的高低，可将电磁波划分成不同的波段（或频段），分别称为长波通信、中波通信、短波通信、微波通信、光通信、远红外通信等。关于波段的划分和用途详见第三章。

需要说明，同一个通信系统可以分属于不同的分类。也就是说，有些分类是可以兼容和并存的。此外，还有同步通信和异步通信等其他的分类。

二、并行传输和串行传输

在数字通信中，按照数字码元序列传输的时序，可分为并行传输和串行传输。

- **并行传输**是将码元序列以成组方式在两条以上的并行信道上同时传输。优点是传输速度快、省时；缺点是需要多条通信线路，成本高。这种方式适用于极近距离的传输，如芯片之间、计算机与打印机之间的数据传输。
- **串行传输**是将码元序列一个接一个地依次在一条信道中传输。优点是只需一条通信信道，成本较低，因而适用于远距离传输；缺点是比并行传输的速度慢。

三、单工、半双工和全双工

按照消息传输的方向与时间的关系，点对点之间的通信方式可分为单工、半双工和全双工通信。

- 单工（simplex）通信就像是单行道，只能单方向传递消息。例如，广播（电台把消息传送到收音机）、遥测、遥控、无线寻呼等都是单工通信方式，如图 1-10a 所示。
- 半双工（half-duplex）通信是指通信的双方都具有发信和收信功能，但不能同时收发。这种方式就像是只有一个车道的双向交互通行。例如，使用同一载频的对讲机（甲方说时乙方听，乙方说时甲方听）、问询及检索等，如图 1-10b 所示。
- 全双工（full-duplex）通信是指通信的双方可同时进行收发消息，如图 1-10c 所示。该方式就像是允许两个方向的车辆同时通行的双车道。例如，普通电话、移动电话（手机）都是全双工通信方式。

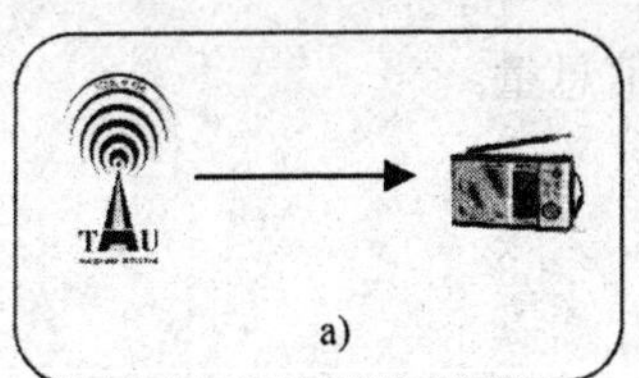
a)

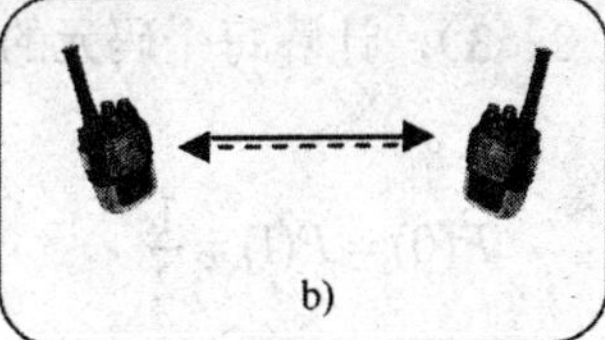
b)

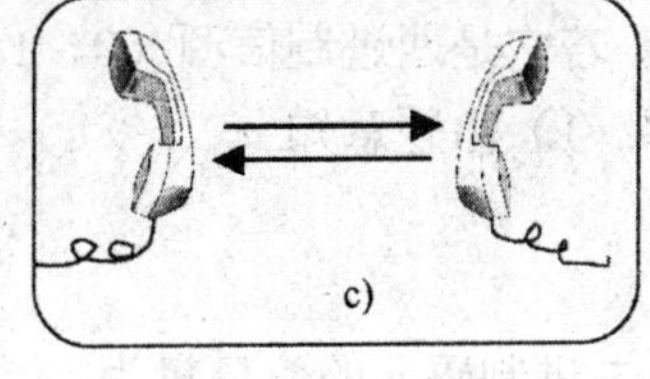
c)

图 1-10　通信方式示意图

a) 单工　b) 半双工　c) 全双工

第四节　信息的度量

通信的目的在于传输消息中所包含的信息。通信系统犹如一列满载信息的货车。如同运输货物的多少可以采用“货物量”来计量一样，传输信息的多少可以采用“信息量”来衡量。现在的问题是如何度量信息？

消息中所包含的信息量与消息发生的不确定性密切相关。例如，“9 月的西安下鹅毛大雪”这条消息显然比“明天有雨”这条消息包含有更多的信息量。这是因为，前一条消息的不确定性或使人惊奇的程度都大于后一条消息，而且消息所表达的事件越不可能发生，即不确定性越大，其所包含的信息量就越大。**信息量就是对消息中这种不确定性的度量。**

由概率论可知，事件的不确定度可用其发生的概率来描述。因此，消息中包含的信息量与消息发生的概率密切相关。消息出现的概率越小（即不确定度大），则信息量就越大。

假设 $P(x)$ 表示消息发生的概率，I 表示该消息中所含的信息量，则基于以上的认知，信息量是概率的函数，即

$$I = I\left[P(x)\right]$$

并且，I 与 $P(x)$ 之间的函数关系应当反映如下规律：

1）若 $P(x_1) < P(x_2)$，则 $I(x_1) > I(x_2)$，反之亦然；且当 $P(x) = 1$ 时，$I = 0$。

2）若干个互相独立事件构成的消息，所含的信息量等于各独立事件的信息量之和，即

$$I[P(x_1)P(x_2)\cdots] = I[P(x_1)] + I[P(x_2)] + \cdots$$

不难看出，I 与 $P(x)$ 之间的函数关系为

$$I = \log_a \frac{1}{P(x)} = -\log_a P(x) \tag{1-1}$$

信息量的单位与对数的底数 a 有关：$a = \mathrm{e}$ 时，信息量的单位是奈特（nat）；$a = 10$ 时，信息量的单位是哈特莱（Hartley），以纪念科学家哈特莱首先提出用对数度量信息；$a = 2$ 时，信息量的单位是**比特**（bit），可简记为 b，这时有

$$I = \log_2 \frac{1}{P(x)} = -\log_2 P(x)\ (\mathrm{b}) \tag{1-2}$$

一、离散消息的信息量

【例 1-1】 某离散信源以相等的概率发送每个符号或码元，且每个码元的出现是独立的（这是无记忆信源的特征）。

1）若它是二进制信源（0、1），计算每个码元的信息量。

2）若它是四进制信源（0、1、2、3），计算每个码元的信息量。

解：1）由题意知

$$P(0) = P(1) = \frac{1}{2}$$

则每个二进制码元的信息量为

$$I_0 = I_1 = \log_2 2 = 1 \quad (\mathrm{b})$$

2）由题意知

$$P(0) = P(1) = P(2) = P(3) = \frac{1}{4}$$

则每个四进制码元的信息量为

$$I_0 = I_1 = I_2 = I_3 = \log_2 4 = 2 \quad (\mathrm{b})$$

评注：概率相同，信息量也相同；二进制的每个码元含 1b 的信息量；四进制的每个码

元含 2b 的信息量。工程上，习惯把一个二进制码称作 1 比特（bit）。

推广：对于等概且独立发送的 M 进制离散信源，其每个码元所含的信息量为

$$I_i = \log_2 \frac{1}{P} = \log_2 M \quad \text{(b)} \tag{1-3}$$

式中，$P=1/M$ 为每个码元出现的概率；M 为码元的进制数（即码元的状态数）。

【例 1-2】 设二进制无记忆信源（每个符号的出现是独立的），已知“0”符号出现的概率为 1/4，试求每个符号的信息量。

解：已知 $P(0)=1/4$，且 $P(0)+P(1)=1$，则 $P(1)=3/4$，故“1”和“0”符号的信息量分别为

$$I_1 = \log_2 \frac{1}{P(1)} = \log_2 4/3 = 0.416 \text{ (b)}$$

$$I_0 = \log_2 \frac{1}{P(0)} = \log_2 4 = 2 \text{ (b)}$$

评注：符号出现的概率不同，其所含的信息量也不同；概率越小（即不确定度大），信息量就越大。

二、离散信源的平均信息量

平均信息量是指每个符号所含信息量的统计平均值。设离散信源是一个由 M 个符号组成的集合，其中每个符号 $x_i(i=1, 2, 3, \cdots, M)$ 按一定的概率 $P(x_i)$ 独立出现，即

$$\begin{bmatrix} x_1, & x_2, & \cdots, & x_M \\ P(x_1), & P(x_2), & \cdots, & P(x_M) \end{bmatrix}, \text{ 且有} \sum_{i=1}^{M} P(x_i) = 1$$

则该信源的平均信息量为

$$H(x) = \sum_{i=1}^{M} P(x_i) \cdot I_i = -\sum_{i=1}^{M} P(x_i) \log_2 P(x_i) \tag{1-4}$$

其单位为比特/符号（bit/sym）。由于 H 的公式与统计热力学中熵的形式相同，所以又称 H 为**信源熵**（Entropy）。

显然，当信源中各符号的出现是独立且等概的，即 $P(x_i)=1/M$ 时，信源熵有最大值，表示为

$$H_{\max} = -\sum_{i=1}^{M} \frac{1}{M} \log_2 \frac{1}{M} = \log_2 M \tag{1-5}$$

这时，熵的大小等于单个符号的信息量。

【例 1-3】 有以下三种二进制信源，试比较它们的熵。

$$A = \begin{pmatrix} 0 & 1 \\ 0.50 & 0.50 \end{pmatrix} \quad B = \begin{pmatrix} 0 & 1 \\ 0.25 & 0.75 \end{pmatrix} \quad C = \begin{pmatrix} 0 & 1 \\ 0.99 & 0.01 \end{pmatrix}$$

解：利用【例 1-1】计算的结果，由式（1-4）可得 A 信源的熵：

$$H(A) = P(0)I_0 + P(1)I_1 = 0.5 \times 1 + 0.5 \times 1 = 1 \text{ (bit/sym)}$$

利用【例 1-2】计算的结果，由式（1-4）可得 B 信源的熵：

$$H(B) = P(0)I_0 + P(1)I_1 = 0.812 \text{(bit/sym)}$$

由式（1-4）可得 C 信源的熵:

$$H(C)=P(0)I_0+P(1)I_1=0.08\ (\text{bit/sym})$$

评注： $H(A)>H(B)>H(C)$。这表明，信源熵 H 的大小反映了信源的随机性大小，即不确定性程度。不确定度越大，熵越大；等概的不确定度最大，因而熵最大。

熵的概念非常有用。借助于熵，可以容易地求出一条由 n 个符号组成的消息的总信息量。

【例 1-4】 某四进制无记忆离散信源（0、1、2、3）中各符号出现的概率分别为 3/8、1/4、1/4、1/8，试求：

1）该信源的平均信息量（熵）。

2）该信源发送的某条消息：

201020130213001203210100321010023102002010312032100120210

的总信息量。

解： 1）由式（1-4）可得该信源的熵：

$$\begin{aligned}H&=-\sum_{i=1}^{4}P(x_i)\log_2 P(x_i)=-\frac{3}{8}\log_2\frac{3}{8}-\frac{1}{4}\log_2\frac{1}{4}-\frac{1}{4}\log_2\frac{1}{4}-\frac{1}{8}\log_2\frac{1}{8}\\&=1.906(\text{bit/sym})\end{aligned}$$

2）借助熵的概念来计算，这条由 57 个符号组成的消息的总信息量为

$$I=H\cdot n=1.906\times 57=108.64\ \text{(b)}$$

此外，还可以利用信息相加性概念来计算。这条消息中，“0”出现 23 次，“1”出现 14 次，“2”出现 13 次，“3”出现 7 次，故该条消息的总信息量为

$$\begin{aligned}I&=23I_0+14I_1+13I_2+7I_3\\&=23\log_2 8/3+14\log_2 4+13\log_2 4+7\log_2 8=108\end{aligned}\quad\text{(b)}$$

评注： 以上两种结果略有差别，原因在于它们平均处理方法不同。这种误差将随着消息序列中符号数的增加而减小。而且，当消息序列较长时，用熵的概念计算更为方便。

第五节　给通信系统打分——性能指标

在设计和评价一个通信系统时，需要建立一套能反映系统各方面性能的指标体系，通常包括有效性、可靠性、适应性、经济性、标准性、可维护性和环保性等。不同的通信业务对系统性能的要求不尽相同，但从研究信息传输的角度来说，有效性和可靠性是评价通信系统性能的主要指标。

所谓**有效性**是指传输一定信息量时所占用的信道资源（如频带宽度和时间）；而**可靠性**则是指接收信息的准确程度。不同的通信系统对性能指标的要求和度量方法也不尽相同。

模拟通信系统的**有效性**可用**传输带宽**来度量。信号占用的传输带宽越小，通信系统的有效性就越好。信号带宽与调制方式有关，例如，同样是语音信号，采用单边带调幅，需占用的带宽仅为 4kHz；若采用调频（调频指数为 5 时），则需要 48kHz，这表明调幅比调频的有效性好。

模拟通信系统的**可靠性**常用**输出信噪比**（SNR）来度量。SNR 指的是信号与噪声的功率之比，它反映了消息经传输后的“保真”程度和抗噪能力。在同样的信道条件下，调频系统

的可靠性通常比调幅系统的好，但调频信号占用的带宽比调幅信号的宽。所以说**可靠性与有效性总是相互矛盾**。如何使两者达到相对统一，既有效又可靠，一直是通信工程师们追求的目标。

下面重点介绍数字通信系统的性能指标。

一、数字通信系统的有效性

数字通信系统的有效性可用传输速率和频带利用率来衡量。

1）码元速率 R_B，定义为单位时间（每秒）内传送的码元（或符号）个数。单位为波特（Baud），所以也称 R_B 为**波特率**。

设码元宽度为 T_s，则码元速率可表示为

$$R_B = \frac{1}{T_s} \text{（Baud）} \tag{1-6}$$

2）信息速率 R_b，又称**比特率**，定义为每秒传送的信息量或比特数。单位为比特/秒（bit/s）。

在等概率发送时，一个二进制码携带 1 比特，一个 M 进制码元携带 $\log_2 M$ 比特的信息量，因此码元速率和信息速率存在以下确定的关系

$$R_b = R_B \log_2 M \text{（bit/s）} \tag{1-7}$$

或

$$R_B = \frac{R_b}{\log_2 M} \text{（Baud）} \tag{1-8}$$

例如，每秒传送 1200 个码元，则码元速率为 1200Baud；若采用二进制，信息速率为 1200bit/s；若采用四进制（M=4），则信息速率为 2400bit/s。

3）频带利用率是指单位频带（每赫兹）内所实现的传输速率，可表示为

$$\eta_b = \frac{R_b}{B} \text{（bit/(s.Hz)）} \tag{1-9}$$

或

$$\eta = \frac{R_B}{B} \text{（Baud/Hz）} \tag{1-10}$$

式（1-9）常用于比较不同系统的传输效率。

【例 1-5】 对于同样以 2400bit/s 比特率发送的消息信号，若 A 系统以 2PSK 调制方式进行传输时所需带宽为 2400Hz，而 B 系统以 4PSK 调制方式传输时的带宽为 1200Hz。试问：哪个系统更有效？

解： A 系统

$$\eta_b = \frac{R_b}{B} = \frac{2400}{2400} = 1 \text{（bit/(s.Hz)）}$$

B 系统

$$\eta_b = \frac{R_b}{B} = \frac{2400}{1200} = 2 \text{（bit/(s.Hz)）}$$

所以，B 系统的有效性更好。

评注：对于一定速率的消息信号，采用不同的传输方式时，所需要的传输带宽是不同的。换言之，两个传输速率相同的系统，若占用的带宽不同，则两者的传输效率不同，所以频带利用率更本质地反映了数字通信系统的有效性。

【例 1-6】 设某数字传输系统传送二进制信号的速率为 1200Baud，试求：

1）该系统的信息速率。

2）传送信号改为八进制，码元速率不变，这时的信息速率。

解：1） $R_b = R_B \log_2 2 = 1200$（bit/s）

2） $R_b = R_B \log_2 8 = 1200 \times 3 = 3600$（bit/s）

评注：R_B 一定时（即带宽一定，这是因为数字信号的带宽由码元速率决定），增加进制数 M，可以增大 R_b，从而在相同的带宽中传输更多的信息量。

二、数字通信系统的可靠性

数字通信系统的可靠性常用误码率和误比特率来衡量。

误码率（P_e）定义为

$$P_e = \frac{\text{错误码元数}}{\text{传输总码元数}} \tag{1-11}$$

表示码元在传输过程中被传错的概率。

误比特率（P_b）（误信率）定义为

$$P_b = \frac{\text{错误比特数}}{\text{传输总比特数}} \tag{1-12}$$

表示错误接收的比特数在传输总比特数中所占的比例。

显然，对于二进制，有 $P_b = P_e$；对于多进制（M>2），$P_b < P_e$。

差错率越小，通信的可靠性越高。如数字电话要求 $P_e \leqslant 10^{-3}$，数据通信（计算机通信）要求 $P_e \leqslant 10^{-8}$。

本 章 小 结

1. 通信（即电信）是利用电信号传输消息中所包含的信息。

- 消息是信息的外壳。
- 信息是消息的内涵。
- 信号是消息（信息）的传输载体。

2. 通信系统由信源、发送设备、信道、接收设备和信宿五部分组成。

3. 数字通信的优点是抗干扰能力强、差错可控、便于综合传输、易于集成、保密性好；缺点是可能占用较大的带宽，同步要求高。

4. 通信系统有不同的分类方法，如表 1-3 所示：

表 1-3　通信系统的分类方法

按信道信号特征分类	按传输媒质分类	按传输方式分类	按通信业务分类	按工作波段分类	按消息传递的方向与时间分类	按数据序列的传输时序分类
模拟通信 数字通信	有线通信 无线通信	基带传输 带通传输	电话通信 数据通信 图像通信 遥控通信等	长波、中波、短波、微波、红外、激光通信等	单工（单方向）、半双工（双向、不同时）和全双工（双向、同时）	并行传输 串行传输

5．信息量是对消息发生的概率（不确定性）的度量。概率越小，信息量越大。

6．离散消息 x_i 的信息量：　$I_i=\log_2\dfrac{1}{P(x_i)}=-\log_2 P(x_i)$　(b)

- 一个二进制码元含 1 比特的信息量。
- 一个 M 进制码元含有 $\log_2 M$ 比特的信息量。

7．离散信源的熵：$H(x)=-\sum_{i=1}^{M}P(x_i)\log_2 P(x_i)$（bit/s ym）

- 等概时，熵有最大值：$H=\log_2 M$（M 为进制数）。
- 由熵 $H(x)$ 可方便地计算一条消息（n 个符号）的总信息量：$I=n\times H$。

8．有效性和可靠性是通信系统的主要性能指标。两者矛盾且统一，并可互换。

9．数字通信的有效性指标：R_B、R_b、η、η_b；可靠性指标：P_e、P_b。

- 信息速率 R_b 指每秒传输的信息量；码元速率 R_B 指每秒传输的码元数。
- $R_b=R_B\log_2 M$；在 R_B 一定时，进制数 M 越大，R_b 越高，说明多进制的有效性比二进制好。
- 频带利用率 $\eta_b=\dfrac{R_b}{B}$（bit/(s.Hz)），$\eta=\dfrac{R_B}{B}$ (Baud/Hz)，$\eta_b=\eta\cdot\log_2 M$。
- 误码率 $P_e=\dfrac{\text{错误码元数}}{\text{传输总码元数}}$；　误比特率 $P_b=\dfrac{\text{错误比特数}}{\text{传输总比特数}}$。

思考与练习

1-1　通信的意义是什么？谈谈通信对自身的生活方式有哪些影响和改变？

1-2　消息、信息与信号的区别和关系是什么？

1-3　如何将消息转换为电信号？

1-4　如何区分数字信号和模拟信号？分别给出两种信号的例子。

1-5　画出通信系统的基本组成，并简述各部分的作用。

1-6　消息中包含的信息量与________有关。

（a）消息的重要程度　（b）消息的种类　（c）消息出现的概率

1-7　计算机和打印机之间的通信是一种________通信方式。

（a）单工　（b）半双工　（c）全双工

1-8　模拟信号的参量取值是________；数字信号的参量取值________。

（a）连续的（无限个）　（b）离散的（有限个）

1-9　信源编码可提高通信的________；信道编码可提高通信的________。

（a）可靠性　（b）有效性

1-10　码元速率定义为________，其单位是________。

1-11　频带利用率定义为________，它是衡量________通信系统________性能的指标。

1-12　设每秒传送 1000 个八进制的码元，则信息速率为________。

1-13　由给出的部件："信源、调制器、信源编码器、信宿、解调器、信道、信源译码器"，试构造一个数字通信系统的模型，并指出收发双方在功能上互逆的关系对。

1-14　已知英文字母 e、z 出现的概率分别为 0.105、0.001，试求 e 和 z 的信息量，并进行比较。

1-15　某信源符号集由 A、B、C、D 组成，各符号独立出现的概率分别为 1/8、1/8、1/4、1/2。

1）计算该信源的平均信息量（熵）。

2）若各符号独立出现的概率相等，该信源熵如何变化？

1-16　某八进制数字传输系统的信息速率为 7200bit/s，连续工作 1h 后，接收端测得 26 个错码，且每个错码中仅发生 1 比特错误，试求该系统的误码率和误比特率。

第二章 信号与噪声

学习目标：

- 了解信号类型及其特性。
- 掌握傅里叶级数和傅里叶变换（重点）。
- 熟悉冲激函数及其性质（难点）。
- 了解相关函数和功率谱密度。
- 掌握信号带宽的概念和计算（重点）。
- 了解随机过程的定义和数字特征。
- 掌握高斯过程的性质和一维分布（重点）。
- 了解平稳随机过程的基本概念。
- 了解随机过程通过线性时不变系统。
- 掌握高斯白噪声和带限白噪声（重点）。

建议学时：

6～8 学时

本章导读：

在第 1.2 节中提到，信号是消息（信息）的传输载体，有多种类型。

选择或设计什么样的信号来携带信息，需要考虑诸多因素，包括信号的带宽、中心频率、功率或能量、信道的匹配、噪声的影响、接收端检测信号的方法和成本等。因此，有必要对通信系统中常见的信号有一定的了解和研究。

通信中的信号有两大类：确知信号和随机信号。例如，正弦载波就是一种确知信号，而携载信息的信号，如语音信号及其经过调制后的信号等都属于随机信号。

在通信系统中还存在一类有害信号——称为**噪声**，它会干扰有用信号，影响通信质量。随机噪声和随机信号都是随机变化或不可预测的，它们统称为**随机过程**。因此，随机过程的理论是本课程重要的数学工具。

内容主线：

信号分类 ⇨ 信号特性 ⇨ 数学工具 ⇨ 重要函数 ⇨ 随机噪声

第一节 信 号 分 类

在电信系统中，信号（Signal）是指表示消息的某种电物理量，如电压、电流、电磁波或光波等。在数学上，信号可以表示为一个或多个自变量的函数；在物理形态上，信号可表现为一种时间波形或频谱。为了方便研究不同的问题，可根据信号的不同特征进行分类。在第一章中，介绍了模拟信号与数字信号（见表 1-2）、基带信号与带通信号（见第 1.3.1 节）

的类型及其特征。下面，认识另外几种常见分类。

一、确知信号和随机信号

确知信号是可以预先确知其变化规律的信号，它在定义域内的任意时刻都有确定的函数值，因此可以用确定的时间函数来描述，如 $s(t)=5\sin 10t$，只要任意给定 t 的值，就可以确定 $s(t)$ 的值。

随机信号，也称不确知信号，其在定义域内的任意时刻没有确定的函数值，因而无法用确定的时间函数来描述，需用概率统计的方法来描述。例如，通信系统中的接收信号、热噪声等。

二、周期信号和非周期信号

周期信号是定义在（$-\infty$，$+\infty$）时间区间上，且每隔一定的时间间隔（称为周期）按相同规律重复变化的信号，如图 2-1 所示。在数学上，若一个信号 $s(t)$满足下述条件：

$$s(t)=s(t+T), \qquad -\infty<t<+\infty \tag{2-1}$$

则称 $s(t)$为**周期信号**，否则为非周期信号。式中，T 是一个大于零的常数，满足上述条件的最小 T 称为信号的**周期**，其单位是秒。信号的周期被定义为完成一个循环所需要的时间。

冲激函数、指数函数、语音信号等不具有重复性的信号则是**非周期信号**。

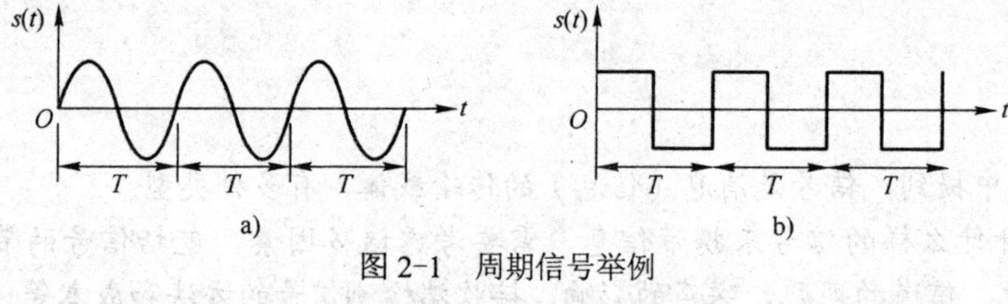

图 2-1　周期信号举例

a) 正弦信号　b) 矩形脉冲序列

三、能量信号和功率信号

设 $s(t)$ 代表连续电压或电流信号，则它在单位电阻（1Ω）上的归一化瞬时功率为 $s^2(t)$，该信号的归一化能量（简称能量）为

$$E=\lim_{T\to\infty}\int_{-T/2}^{T/2}s^2(t)\mathrm{d}t=\int_{-\infty}^{\infty}s^2(t)\mathrm{d}t \tag{2-2}$$

若此积分存在，即 E 有限，则称 $s(t)$ 为能量有限信号，简称**能量信号**。其特征是：信号的持续时间有限。例如，单个矩形脉冲。对于周期信号，如直流信号、阶跃信号、随机信号等，$E\to\infty$，这就需要研究信号的归一化平均功率（简称功率）：

$$P=\lim_{T\to\infty}\frac{1}{T}\int_{-T/2}^{T/2}s^2(t)\mathrm{d}t \tag{2-3}$$

若 P 有限，而 $E\to\infty$，则称 $s(t)$ 为功率有限信号，简称**功率信号**。其特征是：信号的持续时间无限。

需要说明：1）同一个信号可以分属于不同的信号类型。如图 2-1a 所示的正弦信号既属于周期信号，又属于模拟信号、功率信号。2）除了上述几种分类之外，信号还可以按信息的类别或通信业务分为语音信号、视频信号、数据信号、多媒体信号等。

第二节 确知信号分析

信号的特性可以从时域和频域两个不同的角度来描述。

- 信号的时域特性——反映信号随时间变化的特性，可以借助于**示波器**观察信号的波形来分析。若需要观察波形之间的相似性，可用**相关函数**来描述。
- 信号的频率特性——反映信号各个频率分量的分布情况，可以用频谱、频谱密度、能量谱密度或功率谱密度来描述，也可以借助于**频谱仪**来分析。

信号的频率特性是信号最重要的性质之一，它不仅关系到信号占用的频带宽度，还涉及通信系统的滤波特性和抗噪声性能等。常用的数学工具有傅里叶级数和傅里叶变换。

一、周期信号的频谱——傅里叶级数

一个周期为 T_0 的周期信号 $s(t)$，可以展开成如下的指数型傅里叶级数

$$s(t) = \sum_{n=-\infty}^{\infty} C_n \mathrm{e}^{\mathrm{j}2\pi nt/T_0} \tag{2-4}$$

其中，傅里叶级数的系数为

$$C_n = \frac{1}{T_0}\int_{-T_0/2}^{T_0/2} s(t)\mathrm{e}^{-\mathrm{j}2\pi nf_0 t}\mathrm{d}t \tag{2-5}$$

式中，$f_0 = 1/T_0$ 为信号的基频，nf_0（n 为整数，$-\infty < n < +\infty$）为信号的 n 次谐波频率。

傅里叶系数 C_n 反映了信号中各次谐波的幅度值和相位值，因此称 C_n 为信号的**频谱**。C_n 一般是复数形式，可记为：

$$C_n = |C_n|\mathrm{e}^{\mathrm{j}\theta_n} \tag{2-6}$$

幅度 $|C_n|$ 随频率（nf_0）变化的特性称为信号的**幅度谱**，相位 θ_n 随频率（nf_0）变化的特性称为信号的**相位谱**。

【例 2-1】 图 2-2 所示为一个周期矩形脉冲信号的时域波形与幅度谱。观察周期信号频谱的特点，并确定信号带宽。

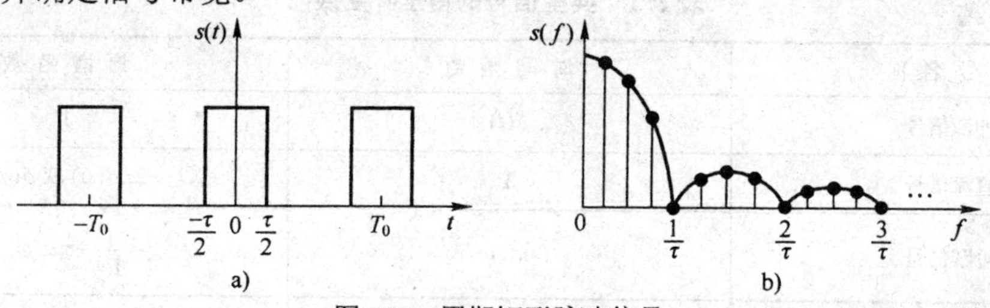

图 2-2 周期矩形脉冲信号

a) 时域波形 b) 幅度谱

解：观察图 2-2 可知：

1）周期信号的频谱具有离散性（谱线）、谐波性（谱线位于 n 次谐波频率 nf_0 上）和收敛性（谐波幅度随着 nf_0 的增大而减小）特点。

2）通常把幅度谱的主瓣宽度（指第一个零点频率范围 $0\sim1/\tau$）定义为该信号的有效频

带宽度（简称信号带宽），即：

$$B = \frac{1}{\tau} \tag{2-7}$$

其中，τ 为矩形脉冲宽度。显然，**脉宽越窄，带宽越宽**。这一结论也适用于其他形状脉冲的信号。

该带宽称为**零点带宽**，并且这种定义是合理的，因为绝大部分的信号功率都集中在主瓣内的谐波成分上，所以忽略$1/\tau$之后的谐波成分，不会对信号产生明显的影响。

注意：① 零点带宽的定义不适用于没有明显主瓣的信号。

② 工程意义上，带宽是指正频率部分的频谱宽度。

二、非周期信号的频谱——傅里叶变换

一个非周期确知信号 $s(t)$的傅里叶变换：

$$\boldsymbol{S}(f) = \int_{-\infty}^{\infty} s(t)\mathrm{e}^{-\mathrm{j}2\pi f t}\mathrm{d}t \tag{2-8}$$

称为该信号的**频谱密度**，简称**频谱**。$\boldsymbol{S}(f)$ 的傅里叶反变换就是原信号：

$$s(t) = \int_{-\infty}^{\infty} \boldsymbol{S}(f)\mathrm{e}^{\mathrm{j}2\pi f t}\mathrm{d}f \tag{2-9}$$

若将频率 f 换成角频率 ω，则傅里叶正、反变换分别表示为

$$\boldsymbol{S}(\omega) = \int_{-\infty}^{\infty} s(t)\mathrm{e}^{-\mathrm{j}\omega t}\mathrm{d}t \quad \Leftrightarrow \quad s(t) = \frac{1}{2\pi}\int_{-\infty}^{\infty} \boldsymbol{S}(\omega)\mathrm{e}^{\mathrm{j}\omega t}\mathrm{d}\omega$$

这对变换关系可简记为

$$s(t) \Leftrightarrow S(f) \quad \text{或} \quad s(t) \Leftrightarrow S(\omega)$$

当引入冲激函数（详见第 2.2.3 节）之后，傅里叶变换对周期信号和非周期信号都适用。

为了方便学习和查找，表 2-1 列出了一些常用信号的傅里叶变换。表 2-2 列出了傅里叶变换的主要性质。利用这些性质能极大地简化傅里叶变换的计算过程，更为重要的是，这些性质都有其深刻的物理内涵和应用背景。

表 2-1　典型信号的傅里叶变换

信 号 名 称	时 间 函 数	频 谱 函 数
冲激信号	$\delta(t)$	1
直流信号	1	$2\pi\delta(\omega)$ 或 $\delta(f)$
阶跃信号	$u(t)$	$\frac{1}{\mathrm{j}\omega} + \pi\delta(\omega)$
门函数	$g_\tau(t)$（τ 为门宽）	$\tau Sa\left(\frac{\omega\tau}{2}\right)$
符号函数	$\mathrm{sgn}(t)$	$\frac{2}{\mathrm{j}\omega}$
正弦信号	$\sin(\omega_0 t)$	$\mathrm{j}\pi[\delta(\omega+\omega_0) - \delta(\omega-\omega_0)]$
余弦信号	$\cos(\omega_0 t)$	$\pi[\delta(\omega+\omega_0) + \delta(\omega-\omega_0)]$

表 2-2 傅里叶变换的基本性质

性质名称	时间函数	频谱函数
线性	$af_1(t)+bf_2(t)$	$aF_1(\omega)+bF_2(\omega)$
对称	$F(t)$	$2\pi f(-\omega)$
尺度变换	$f(at),\ a\neq 0$	$\frac{1}{\lvert a\rvert}F\left(\frac{\omega}{a}\right)$
时移	$f(t\pm t_0),\ t_0>0$	$F(\omega)e^{\pm j\omega t_0}$
频移	$f(t)e^{\pm j\omega_0 t},\ \omega_0>0$	$F(\omega\mp\omega_0)$
时域微分	$\frac{d^n f(t)}{dt^n}$	$(j\omega)^n F(\omega)$
频域微分	$t^n f(t)$	$(j)^n\frac{d^n F(\omega)}{d\omega^n}$
时域积分	$\int_{-\infty}^{t}f(x)dx$	$\frac{F(\omega)}{j\omega}+\pi F(0)\delta(\omega)$
时域卷积	$f_1(t)*f_2(t)$	$F_1(\omega)F_2(\omega)$
频域卷积	$f_1(t)f_2(t)$	$\frac{1}{2\pi}F_1(\omega)*F_2(\omega)$

【例 2-2】 试求图 2-3a 所示的单个矩形脉冲（门函数）的频谱。

解：对该信号进行傅里叶变换可得其频谱为

$$S(\omega)=\int_{-\infty}^{\infty}s(t)e^{-j\omega t}dt=\int_{-\tau/2}^{\tau/2}Ae^{-j\omega t}dt=\frac{2A}{\omega}\sin\left(\frac{\omega\tau}{2}\right)=A\tau Sa\left(\frac{\omega\tau}{2}\right)$$

式中，$Sa(x)=\frac{\sin x}{x}$ 称为符号函数，且有 $Sa(0)=1$。信号的频谱如图 2-3b 所示，频谱的第一个零点频率为 $f=1/\tau$（Hz），相应的角频率 $\omega=2\pi f=2\pi/\tau$（rad/s）。

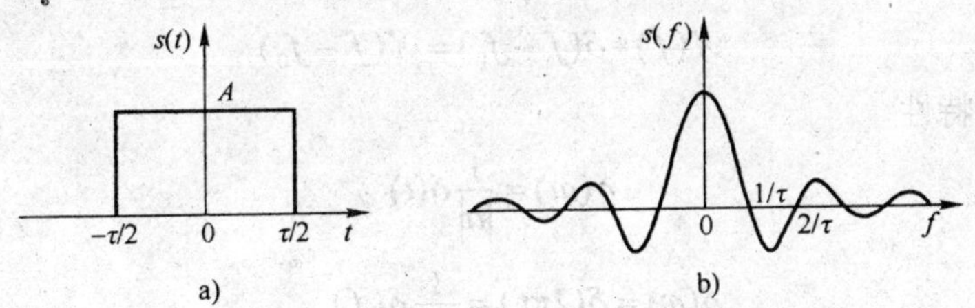

图 2-3 矩形脉冲信号及其频谱函数

评注：1）非周期矩形脉冲信号的频谱是连续频谱，其形状与图 2-2 所示的周期矩形脉冲信号的离散频谱的包络线相似。

2）**信号带宽**与脉冲持续时间（脉宽 τ）成反比，即 $B=1/\tau$。这意味着，若要压缩信号的持续时间则以展宽频带为代价。

3）矩形脉冲是数字信号的常见形式，可用来表示二进制数据“1”和“0”。

三、冲激函数及其性质

在信号分析和通信理论中，有一个很有用的函数——**单位冲激函数** $\delta(t)$，其定义为

$$\delta(t)=\begin{cases}0 & t\neq 0\\ \infty & t=0\end{cases} \quad 且 \quad \int_{-\infty}^{\infty}\delta(t)\mathrm{d}t=1 \tag{2-10}$$

它是一个高度为无穷大、宽度为无穷小、面积为 1 的脉冲，仅存在于 t=0 处，如图 2-4a 所示。它是对作用时间极短而强度极大，且积分有限的一类物理现象的科学抽象和数学描述。

$\delta(t)$的傅里叶变换（频谱密度）$\Delta(f)$为

$$\Delta(f)=\int_{-\infty}^{\infty}\delta(t)\mathrm{e}^{-\mathrm{j}2\pi ft}\mathrm{d}t=1\cdot\int_{-\infty}^{\infty}\delta(t)\mathrm{d}t=1 \tag{2-11}$$

表示它的各频率分量连续地均匀分布在整个频率轴上，如图 2-4b 所示。

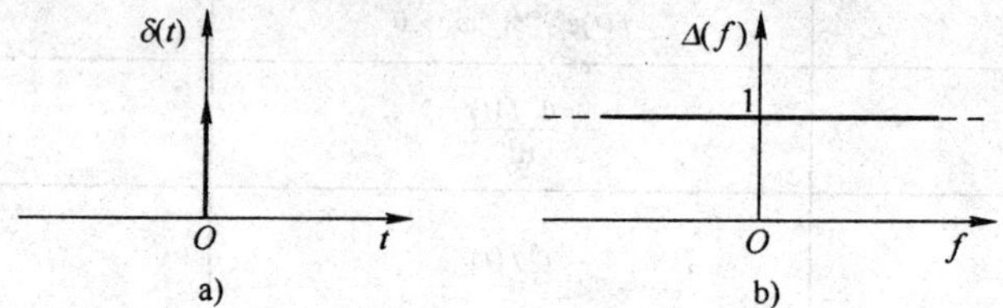

图 2-4　单位冲激函数的波形和频谱密度

$\delta(t)$函数的性质：

1）偶函数

$$\delta(t)=\delta(-t) \tag{2-12}$$

2）筛选特性（抽样特性）

$$x(t)\delta(t-t_0)=x(t_0)\delta(t-t_0) \qquad 相乘形式 \tag{2-13}$$

或

$$\int_{-\infty}^{\infty}x(t)\delta(t-t_0)\mathrm{d}t=x(t_0) \qquad 积分形式 \tag{2-14}$$

其含义是δ 函数在 $t=t_0$ 时刻对 $x(t)$的采样。

3）搬移特性

$$x(t)*\delta(t-t_0)=x(t-t_0) \tag{2-15}$$

或

$$X(f)*\delta(f-f_0)=X(f-f_0) \tag{2-16}$$

4）尺度变换特性

$$\delta(at)=\frac{1}{|a|}\delta(t) \tag{2-17}$$

或

$$\delta(\omega)=\delta(2\pi f)=\frac{1}{2\pi}\delta(f) \tag{2-18}$$

5）间隔为 T 的单位冲激序列

$$\delta_T(t)=\sum_{n=-\infty}^{\infty}\delta(t-nT_0) \tag{2-19}$$

它的傅里叶变换为

$$\delta_T(t)\Leftrightarrow\delta_T(f)=\frac{1}{T}\sum_{n=-\infty}^{\infty}\delta\left(f-n\frac{1}{T}\right)$$

或

$$\delta_T(t)\Leftrightarrow\delta_T(\omega)=\frac{2\pi}{T}\sum_{n=-\infty}^{\infty}\delta\left(f-n\frac{2\pi}{T}\right) \tag{2-20}$$

【例 2-3】 试求余弦信号 $\cos\omega_0 t$ 的频谱（傅里叶变换）。

解：利用欧拉公式（见附录 A）：

$$\cos\omega_0 t = \frac{1}{2}(\mathrm{e}^{\mathrm{j}\omega_0 t} + \mathrm{e}^{-\mathrm{j}\omega_0 t})$$

由表 2-1 可知 $1 \Leftrightarrow 2\pi\delta(\omega)$ 或 $1 \Leftrightarrow \delta(f)$，结合表 2-2 中的频移特性，可得余弦信号的频谱（傅里叶变换）为

$$\cos\omega_0 t \Leftrightarrow \pi[\delta(\omega-\omega_0)+\delta(\omega+\omega_0)]$$

或

$$\cos\omega_0 t \Leftrightarrow \frac{1}{2}[\delta(f-f_0)+\delta(f+f_0)]$$

【例 2-4】 已知 $s(t) \Leftrightarrow \boldsymbol{S}(f)$，求 $s(t)\cos\omega_0 t$ 的频谱（密度）。

解：利用【例 2-3】的结果和表 2-2 中的频域卷积定理，可得

$$s(t)\cos\omega_0 t \Leftrightarrow \frac{1}{2}[S(\omega-\omega_0)+S(\omega+\omega_0)]$$

或

$$s(t)\cos 2\pi f_0 t \Leftrightarrow \frac{1}{4\pi}[S(f-f_0)+S(f+f_0)]$$

上式表明，任何信号 $s(t)$乘以角频率为 ω_0 的正弦信号，相当于将原信号频谱搬移到$\pm\omega_0$位置上（这一过程其实是**调制过程**，详见第四章）。因此，常把上式称为**调制定理**，它是调制与解调的理论基础。

四、能量谱和功率谱

信号的频率特性还可以用能量（或功率）谱密度来描述。

1．能量谱密度

设能量信号 $s(t)$的傅里叶变换（频谱密度）为 $S(f)$，则其**能量谱密度**函数 $\boldsymbol{G}(f)$ 为

$$\boldsymbol{G}(f) = |\boldsymbol{S}(f)|^2 \quad (\mathrm{J/Hz}) \tag{2-21}$$

简称**能量谱**。它反映了信号的能量在频域轴上的分布情况。因此，$|S(f)|^2$ 在频率轴 f 上的积分等于信号能量，即

$$E = \int_{-\infty}^{\infty} G(f)\mathrm{d}f = \int_{-\infty}^{\infty} |\boldsymbol{S}(f)|^2 \mathrm{d}f \tag{2-22}$$

结合式（2-2）和式（2-22），则有

$$E = \int_{-\infty}^{\infty} s^2(t)\mathrm{d}t = \int_{-\infty}^{\infty} |\boldsymbol{S}(f)|^2 \mathrm{d}f \tag{2-23}$$

式（2-21）称为巴塞伐尔（Parseval）定理。

若 $s(t)$为实函数，则有$|S(f)|^2 = |S(-f)|^2$，故能量谱密度是 ω 的实偶函数。此时式（2-23）可简化为

$$E = 2\int_0^{\infty} |S(f)|^2 \mathrm{d}f = \frac{1}{\pi}\int_0^{\infty} |\boldsymbol{S}(\omega)|^2 \mathrm{d}\omega \tag{2-24}$$

2．功率谱密度

由式（2-3）可知，功率信号 $s(t)$的功率为

$$P=\lim_{T\to\infty}\frac{1}{T}\int_{-T/2}^{T/2}s^2(t)\mathrm{d}t=\lim_{T\to\infty}\frac{1}{T}\int_{-\infty}^{\infty}{s_T}^2(t)\mathrm{d}t \tag{2-25}$$

式中，$s_T(t)$ 是功率信号 $s(t)$的截短信号，T 为截短时间。

设 $s_T(t)$ 的傅里叶变换为 $\boldsymbol{S}_T(f)$，利用 Parseval 定理，式（2-25）中的平均功率可表示为

$$P=\lim_{T\to\infty}\frac{1}{T}\int_{-\infty}^{\infty}\left|S_T(f)\right|^2\mathrm{d}f=\int_{-\infty}^{\infty}\left(\lim_{T\to\infty}\frac{1}{T}\left|S_T(f)\right|^2\right)\mathrm{d}f \tag{2-26}$$

式（2-26）中最右边积分式中的被积函数就是功率谱密度，简称**功率谱**，表示为

$$P(f)=\lim_{T\to\infty}\frac{1}{T}\left|\boldsymbol{S}_T(f)\right|^2 \tag{2-27}$$

单位是瓦/赫兹（W/Hz）。对照式（2-24）和（2-25），信号的平均功率等于功率谱密度的积分面积

$$P=\int_{-\infty}^{\infty}P(f)\mathrm{d}f \tag{2-28}$$

能量（或功率）谱密度表示信号的能量（或功率）在频域上的分布情况，这对研究信号所占用的带宽等问题起着重要的作用。特别是对于随机信号，往往需要用功率谱密度来描述其频率特性。

【例 2-5】 试求图 2-3 所示的矩形脉冲信号在其频谱的第 1 零点内的能量。

解：由式（2-24）可得第 1 零点内的能量为

$$E_1=2\int_0^{1/\tau}\left|S(f)\right|^2\mathrm{d}f=2A^2\tau^2\int_0^{1/\tau}Sa^2\left(\frac{2\pi f\tau}{2}\right)\mathrm{d}f=0.903A^2\tau$$

从时域可求得信号的总能量为

$$E=\int_{-\tau/2}^{\tau/2}s^2(t)\mathrm{d}t=2\int_0^{\tau/2}s^2(t)\mathrm{d}t=A^2\tau$$

所以第 1 零点内的能量占总能量的百分比为

$$\frac{E_1}{E}=90.3\%$$

讨论：1）矩形脉冲信号 90%以上的能量都集中在谱的第 1 零点内（$0\sim1/\tau$）。因此，把矩形脉冲频谱的第 1 零点频率 $1/\tau$ 作为信号的有效带宽是合理的。

2）在以上计算过程中，孕育着另一种确定带宽的方法和定义——**能量（功率）带宽**，也称**百分比带宽**：集中一定百分比的能量（功率）所占有的频带宽度。

对于能量信号，可利用能量谱 $E(f)$ 由下式：

$$2\int_0^B E(f)\,\mathrm{d}f=E\times\gamma \tag{2-29}$$

求出**带宽 B**。式中，γ 为百分比，可取 90%、95%或 99%等。

对于功率信号，则可利用功率谱 $P(f)$ 由下式：

$$2\int_0^B P(f)\mathrm{d}f=P\times\gamma \tag{2-30}$$

求出**带宽 B**。

五、自相关和互相关

相关函数用来描述信号波形之间的相似性或关联程度。自相关函数 $R(\tau)$ 描述同一个信

号在不同时刻上的相关性；互相关函数 $R_{12}(\tau)$ 描述两个信号之间的相关性。

1．相关函数

对于能量信号 $s_1(t)$ 和 $s_2(t)$，其互相关函数为

$$R_{12}(\tau)=\int_{-\infty}^{\infty}s_1(t)s_2(t+\tau)\mathrm{d}t \tag{2-31}$$

对于功率信号 $s_1(t)$ 和 $s_2(t)$，其互相关函数为

$$R_{12}(\tau)=\lim_{T\to\infty}\frac{1}{T}\int_{-T/2}^{T/2}s_1(t)s_2(t+\tau)\mathrm{d}t \tag{2-32}$$

对于周期为 T_0 的周期性功率信号，则有

$$R_{12}(\tau)=\frac{1}{T_0}\int_{-T_0/2}^{T_0/2}s_1(t)s_2(t+\tau)\mathrm{d}t \tag{2-33}$$

当 $s_1(t)=s_2(t)$，即为同一个信号时，其相关函数称为**自相关函数**，这时式（2-31）～式（2-33）变成

$$R(\tau)=\int_{-\infty}^{\infty}s(t)s(t+\tau)\mathrm{d}t \tag{2-34}$$

$$R(\tau)=\lim_{T\to\infty}\frac{1}{T}\int_{-T/2}^{T/2}s(t)s(t+\tau)\mathrm{d}t \tag{2-35}$$

$$R(\tau)=\frac{1}{T_0}\int_{-T_0/2}^{T_0/2}s(t)s(t+\tau)\mathrm{d}t \tag{2-36}$$

2．自相关函数性质

1）自相关函数是 τ 的偶函数：　$R(\tau)=R(-\tau)$　（2-37）

2）$R(0)$是自相关函数的上界：　$|R(\tau)|\leqslant R(0)$　（2-38）

这是因为信号在同一时刻（$\tau=0$）相关程度最大。

3）$R(0)$可表示能量信号的能量

$$R(0)=\int_{-\infty}^{\infty}s^2(t)\mathrm{d}t=E \tag{2-39}$$

或功率信号的功率

$$R(0)=\lim_{T\to\infty}\frac{1}{T}\int_{-T/2}^{T/2}s^2(t)\mathrm{d}t=P \tag{2-40}$$

3．相关函数与谱密度

相关函数和谱密度分别是研究信号时域和频域特性的两个重要函数。可以证明，它们之间具有如下关系：

1）能量信号的自相关函数和其能量谱密度是一对傅里叶变换，即

$$R(\tau)\Leftrightarrow|\boldsymbol{S}(f)|^2 \tag{2-41}$$

2）功率信号的自相关函数和其功率谱密度是一对傅里叶变换，即

$$R(\tau)\Leftrightarrow P(f) \tag{2-42}$$

以上关系称为**维纳-辛钦定理**。该定理为谱密度的求解提供了另一条途径，即通过自相关函数来求得信号的谱密度。

【例 2-6】 求余弦信号 $s(t)=A\cos(\omega_0 t+\theta)$ 和正弦信号 $s(t)=A\sin(\omega_0 t+\theta)$ 的自相关函

数、功率谱密度和平均功率。

解：余弦或正弦信号都是周期性功率信号，它的自相关函数为

$$R(\tau)=\frac{1}{T_0}\int_{-T_0/2}^{T_0/2}s(t)s(t+\tau)\mathrm{d}t=\frac{1}{T_0}\int_{-T_0/2}^{T_0/2}A^2\cos(\omega_0 t+\theta)\cos[\omega_0(t+\tau)+\theta]\mathrm{d}t$$

利用附录 A 中的（积化和差）三角函数公式，可得

$$R(\tau)=\frac{A^2}{2}\cos\omega_0\tau\cdot\frac{1}{T_0}\int_{-T_0/2}^{T_0/2}\mathrm{d}t+\frac{A^2}{2}\frac{1}{T_0}\int_{-T_0/2}^{T_0/2}\cos(2\omega_0 t+\omega_0\tau+2\theta)\mathrm{d}t$$

$$=\frac{A^2}{2}\cos\omega_0\tau \qquad （其中\ \omega_0=2\pi f_0=2\pi/T_0）$$

利用维纳-辛钦定理：$R(\tau)\Leftrightarrow P(\omega)$，可间接得到余弦信号的功率谱密度

$$P(\omega)=\frac{A^2}{2}\pi[\delta(\omega-\omega_0)+\delta(\omega+\omega_0)]$$

若将角频率 ω 换成频率 f 表示，即把 $2\pi\delta(\omega)$ 换成 $\delta(f)$，则余弦信号的功率谱密度也可表示为

$$P(f)=\frac{A^2}{4}[\delta(f-f_0)+\delta(f+f_0)]$$

余弦信号的平均功率为

$$P=R(0)=\frac{A^2}{2}$$

或

$$P=\int_{-\infty}^{\infty}P(f)\mathrm{d}f=\frac{1}{2\pi}\int_{-\infty}^{\infty}P(\omega)\mathrm{d}\omega=\frac{A^2}{2}$$

同理，可以验证正弦信号 $A\sin(\omega_0 t+\theta)$ 与余弦信号 $A\cos(\omega_0 t+\theta)$ 具有相同的自相关函数、功率谱密度平均功率。实用中，习惯把 $A\sin(\omega_0 t+\theta)$ 和 $A\cos(\omega_0 t+\theta)$ 统称为正弦信号。

第三节　随机过程简介

通信中的信号与噪声都具有一定的随机性，需要用随机过程的理论来描述。

一、随机过程的定义

观察一个例子：测试某通信机的输出噪声电压。测试结果表明，每测试一次，就会记录一条随时间变化的波形 $x_i(t)$，经过连续 n 次测试，所记录的是 n 条形状各不相同的时间波形，如图 2-5 所示。所有这些可能出现的时间波形的全体 $\{x_1(t),x_2(t),\cdots,x_n(t),\cdots\}$ 就构成一个随机过程，记作 $\xi(t)$，而其中的任意一个波形 $x_i(t)$ 称为随机过程 $\xi(t)$ 的一个**样本函数**或一次实现。因此，**随机过程可定义为所有样本函数的集合**（Assemble）。

显然，通信机的输出噪声就是一个随机过程，它是由所有可能出现的样本函数构成的。在某次观测中，观察到的只是这个随机过程中的一个样本，至于是哪一个样本，在观测之前是无法预见的，这正是随机过程随机性的表现。这种随机性还可表现为，随机过程在任意时刻上的取值是一个随机变量（Random Variable）。因此，**随机过程又可定义为在时间进程中**

处于不同时刻的随机变量的集合。

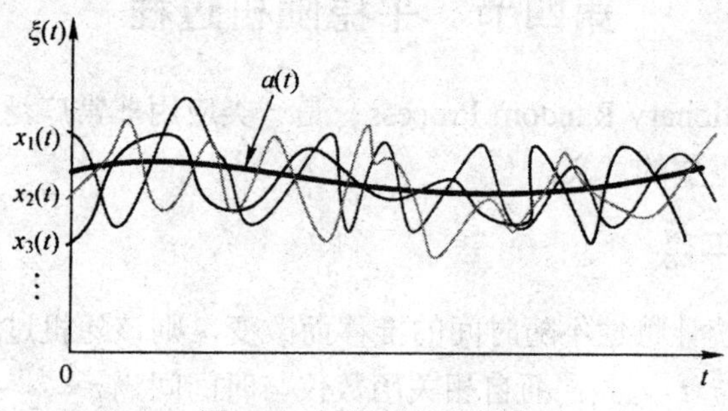

图 2-5　随机过程的样本

二、随机过程的数字特征

随机过程的变化尽管是不确定的，但也有一定的统计规律和概率特性。用分布函数（Distribution Function）或概率密度函数（Probability Density Function）可以完整地描述一个随机过程的统计特性，但在许多情况下，只需用一些数字特征就能反映随机过程的基本特性。数字特征是随机过程取值的某些特定的统计平均值。常用的数字特征是均值、方差和相关函数。

1．均值

随机过程 $\xi(t)$ 在任意时刻 t 的取值的统计平均值，即均值（Mean），或称数学期望（Mathematic Expectation）定义为

$$a(t)=E[\xi(t)]=\int_{-\infty}^{\infty}xf_1(x,t)\mathrm{d}x \tag{2-43}$$

式中，$E[\cdot]$表示统计平均；$f_1(x,t)$ 是随机过程的一维概率密度函数。均值 $a(t)$ 表示随机过程 n 个样本曲线的摆动中心，如图 2-5 中的粗线。

2．方差

随机过程 $\xi(t)$ 在任意时刻 t 的方差（Variance）定义为

$$\sigma^2(t)=E\left\{[\xi(t)-a(t)]^2\right\}=E[\xi^2(t)]-a^2(t) \tag{2-44}$$

式中，$E[\xi^2(t)]=\int_{-\infty}^{\infty}x^2f_1(x,t)\mathrm{d}x$ 称为随机过程 $\xi(t)$ 的均方值。方差 $\sigma^2(t)$ 反映了随机过程在任意时刻 t 的取值偏离均值的程度。

3．自相关函数

均值和方差只是描述了随机过程在各个孤立时刻的特征，为了衡量随机过程在不同时刻的取值之间的关联程度，需用**自相关函数**（Correlation Function）：

$$\begin{aligned}R(t_1,t_2)&=E[\xi(t_1)\xi(t_2)]\\&=\int_{-\infty}^{\infty}\int_{-\infty}^{\infty}x_1x_2f_2(x_1,x_2;t_1,t_2)\mathrm{d}x_1\mathrm{d}x_2\end{aligned} \tag{2-45}$$

式中，$\xi(t_1)$ 和 $\xi(t_2)$ 分别是随机过程 $\xi(t)$ 在 t_1 和 t_2 时刻的取值，$f_2(x_1,x_2;t_1,t_2)$ 是随机过程的二维概率密度函数。若 $t_2>t_1$，并令 $\tau=t_2-t_1$，则相关函数 $R(t_1,t_2)$ 可写成

$$R(t_1,t_1+\tau)=E[\xi(t_1)\xi(t_1+\tau)] \tag{2-46}$$

第四节　平稳随机过程

平稳随机过程（Stationary Random Process）是一类应用非常广泛的随机过程，它在通信系统的研究中有着极其重要的意义。

一、严平稳和宽平稳

若随机过程 $\xi(t)$ 的统计特性不随时间的推移而改变，则该随机过程是**严（格）平稳的**；若随机过程 $\xi(t)$ 的均值与 t 无关，而自相关函数仅与时间间隔 $\tau = t_2 - t_1$ 有关，则该随机过程是**宽平稳的**（也称**广义平稳**）。因此，满足以下两式的随机过程是**宽平稳过程**：

$$E[\xi(t)] = a = \text{常数} \tag{2-47}$$

$$R(t_1, t_1 + \tau) = R(\tau) \tag{2-48}$$

严平稳必然宽平稳，反之不一定。通信系统中的信号与噪声大多可视为宽平稳过程。

二、自相关函数的性质

平稳随机过程 $\xi(t)$ 的自相关函数只是时间差 $\tau = t_2 - t_1$ 的函数，即

$$R(\tau) = E[(\xi(t)\xi(t+\tau)] \tag{2-49}$$

它具有如下性质：

1）$R(0) = E[\xi^2(t)]$　　　[$\xi(t)$ 的平均功率]　　　(2-50)

2）$R(\infty) = E^2[\xi(t)] = a^2$　　　[$\xi(t)$ 的直流功率]　　　(2-51)

3）$R(0) - R(\infty) = \sigma^2$ （方差）　　　[$\xi(t)$ 的交流功率]　　　(2-52)

当均值为 0 时，有 $R(0) = \sigma^2$ 。

4）$R(\tau) = R(-\tau)$　　　[τ 的偶函数]　　　(2-53)

5）$|R(\tau)| \leqslant R(0)$　　　[$\tau = 0$ 时有最大值]　　　(2-54)

由以上几个性质可知，平稳随机过程的自相关函数 $R(\tau)$ 是一个非常重要的函数。通过它可以求出平稳过程的数字特征（均值、方差、相关性等）和各种功率。此外，$R(\tau)$ 与平稳过程的频谱特性还有着内在的联系。

三、功率谱密度和维纳-辛钦定理

随机过程通常是功率型信号，其频谱特性通常用功率谱密度（**PSD**）来表述。可以证明，平稳过程的功率谱密度与自相关函数是一对傅里叶变换关系，见表 2-3。

表 2-3　功率谱密度与自相关函数

角频率 ω 作变量时	频率 f 作变量时
$\left.\begin{aligned} P_\xi(\omega) &= \int_{-\infty}^{\infty} R(\tau)\,\mathrm{e}^{-\mathrm{j}\omega\tau}\,\mathrm{d}\tau \\ R(\tau) &= \frac{1}{2\pi}\int_{-\infty}^{\infty} P_\xi(\omega)\,\mathrm{e}^{\mathrm{j}\omega\tau}\,\mathrm{d}\omega \end{aligned}\right\}$	$\left.\begin{aligned} P_\xi(f) &= \int_{-\infty}^{\infty} R(\tau)\,\mathrm{e}^{-\mathrm{j}2\pi f\tau}\,\mathrm{d}\tau \\ R(\tau) &= \int_{-\infty}^{\infty} P_\xi(f)\,\mathrm{e}^{\mathrm{j}2\pi f\tau}\,\mathrm{d}f \end{aligned}\right\}$

（续）

角频率 ω 作变量时	频率 f 作变量时
简记为 $R(\tau) \Leftrightarrow P_\xi(\omega)$	简记为 $R(\tau) \Leftrightarrow P_\xi(f)$

以上关系称为**维纳-辛钦定理**。该定理是分析平稳随机过程的一个非常重要的工具，它建立了频域和时域的联系，并得出以下**结论**：

1）当 $\tau = 0$ 时，有

$$R(0) = \frac{1}{2\pi}\int_{-\infty}^{\infty} P_\xi(\omega)\mathrm{d}\omega = \int_{-\infty}^{\infty} P_\xi(f)\mathrm{d}f = E[\xi^2(t)] \tag{2-55}$$

即功率谱密度（PSD）的积分面积等于归一化平均功率。

2）功率谱密度（PSD）具有非负性和实偶性，即

$$P_\xi(f) \geqslant 0 \quad 和 \quad P_\xi(-f) = P_\xi(f) \tag{2-56}$$

第五节　高斯随机过程

高斯随机过程，也称**正态随机过程**，是一种最常见、最易处理的随机过程。如通信系统中的热噪声等都是高斯型的，常称为高斯噪声。

一、定义和性质

所谓高斯过程，是指它的 n 维（n=1,2,⋯）分布都服从正态分布。高斯过程的统计特性完全由它的数字特征决定。例如，它的一维分布完全可由均值和方差来描述。因此，它具有如下**重要性质**：

1）若高斯过程是广义平稳的，则它也是严平稳的。

2）若高斯过程在不同时刻的取值（随机变量）之间是不相关的，则它们也是统计独立的。

3）高斯过程经过线性变换（或线性系统）后的过程仍是高斯过程。

二、一维正态分布

高斯过程在任意时刻上的取值 X 是一个高斯随机变量，它的概率密度函数可表示为

$$f(x) = \frac{1}{\sqrt{2\pi}\sigma}\exp\left(-\frac{(x-a)^2}{2\sigma^2}\right) \tag{2-57}$$

其曲线如图 2-6 所示。式中，均值 a 表示分布中心；σ 表示集中程度。

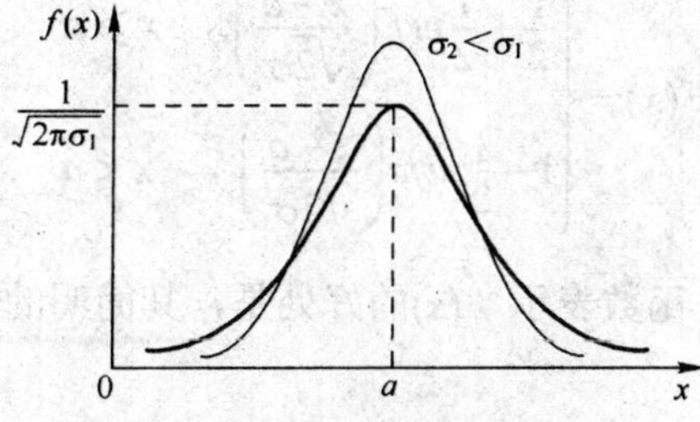

图 2-6　正态分布的概率密度函数

由式（2-57）和图 2-6 可知 $f(x)$ 具有如下特性。

1） $f(x)$ 曲线对称于 $x=a$ 这条直线。

2） $\int_{-\infty}^{\infty} f(x)\mathrm{d}x=1$，且有 $\int_{-\infty}^{a} f(x)\mathrm{d}x=\int_{a}^{\infty} f(x)\mathrm{d}x=\frac{1}{2}$ （2-58）

3） $f(x)$ 的图形将随 σ 的减小而变得尖锐，说明随机变量 X 落在 a 点附近的概率越大。

4）当 $a=0, \sigma=1$ 时，则称 $f(x)$ 为标准正态分布。

在分析数字通信系统的抗噪声性能时，往往需要计算高斯随机变量 X 小于或等于某一取值 x 的概率 $P(X\leqslant x)$，记为

$$F(x)=P(X\leqslant x)$$

式中，$F(x)$ 称为随机变量 X 的概率分布函数（简称**正态分布函数**），它是概率密度函数 $f(x)$ 的积分，即

$$F(x)=P(X\leqslant x)=\int_{-\infty}^{x}\frac{1}{\sqrt{2\pi}\sigma}\exp\left[-\frac{(z-a)^2}{2\sigma^2}\right]\mathrm{d}z \tag{2-59}$$

此积分的值不易计算，需要借助一些在数学手册上可查函数值的特殊函数来表示 $F(x)$。例如，误差函数和互补误差函数的定义与性质见表 2-4。

表 2-4　误差函数和互补误差函数

	误差函数	互补误差函数
公式	$erf(x)=\frac{2}{\sqrt{\pi}}\int_0^x \mathrm{e}^{-t^2}\mathrm{d}t$， $x\geqslant 0$	$erfc(x)=\frac{2}{\sqrt{\pi}}\int_x^{\infty} \mathrm{e}^{-t^2}\mathrm{d}t$， $x\geqslant 0$
性质	它是自变量的递增函数 $erf(0)=0$， $erf(\infty)=1$ 且　$erf(-x)=-erf(x)$	它是自变量的递减函数 $erfc(0)=1$， $erfc(\infty)=0$ 且　$erfc(-x)=2-erfc(x)$
关系式	$erfc(x)=1-erf(x)$	
近似式	$x\gg 1$ 时	$erfc(x)\approx\frac{1}{\sqrt{\pi}x}\mathrm{e}^{-x^2}$

若对式（2-59）的积分区间进行处理（如 $x\geqslant a$时，$\int_{-\infty}^{x}=\int_{-\infty}^{a}+\int_{a}^{x}$），然后进行变量代换，令 $t=(z-a)/\sqrt{2}\sigma$，并与误差函数公式或互补误差函数公式联系，则有

$$F(x)=\begin{cases}\frac{1}{2}+\frac{1}{2}erf\left(\frac{x-a}{\sqrt{2}\sigma}\right), & x\geqslant a\\ 1-\frac{1}{2}erfc\left(\frac{x-a}{\sqrt{2}\sigma}\right), & x<a\end{cases} \tag{2-60}$$

利用 $erf(x)$ 函数或 $erfc(x)$ 函数表示 $F(x)$的好处是，其简明的特性有助于今后分析通信系统的抗噪声性能。

第六节 随机过程通过线性系统

对于冲激响应为 $h(t)$ 的线性时不变系统，当系统的输入为确知信号 $x(t)$ 时，系统的输出是 $x(t)$ 与 $h(t)$ 的卷积，即

$$y(t)=x(t)*h(t)=\int_{-\infty}^{\infty}x(\tau)h(t-\tau)\mathrm{d}\tau \tag{2-61}$$

若系统的输入为随机过程 $\xi_i(t)$ 时，输出的随机过程 $\xi_o(t)$ 也符合式（2-61）关系，即

$$\xi_o(t)=\xi_i(t)*h(t)=\int_{-\infty}^{\infty}h(\tau)\xi_i(t-\tau)\mathrm{d}\tau \tag{2-62}$$

根据式（2-62），若给定输入过程 $\xi_i(t)$ 的统计特性，则可求得输出过程 $\xi_o(t)$ 的统计特性（均值、自相关函数、功率谱以及概率分布）。结果见表 2-5。

表 2-5 平稳随机过程通过线性系统

	输入过程 $\xi_i(t)$ ⇨	线性系统 ⇨ 输出过程 $\xi_o(t)$
分布特性	平稳、高斯	平稳、高斯
均值	$E[\xi_i(t)]=a$（常数）	$E[\xi_o(t)]=a\cdot H(0)$（常数）
功率谱密度	$P_i(f)$	$P_o(f)=\lvert H(f)\rvert^2 P_i(f)$
自相关函数	$R_i(\tau)\Leftrightarrow P_i(f)$	$R_o(\tau)\Leftrightarrow P_o(f)$

表中，$H(f)$ 为线性系统的频率响应，且 $H(f)\Leftrightarrow h(t)$；$H(0)$是线性系统在 $f=0$ 处的频率响应，即直流增益；$\lvert H(f)\rvert^2$ 是线性系统的功率增益。

第七节 通信系统中的噪声

噪声也是一种电信号，它的存在对有用信号来说是一种干扰，它能使模拟信号失真，使数字信号发生错码，影响通信质量。最常见的噪声就是电子设备中的电阻性器件所产生的热噪声，它是一种零均值的高斯白噪声。本节将介绍白噪声、高斯白噪声以及白噪声通过实际信道或滤波器后的情况。

一、高斯白噪声

白噪声是一种带宽无限的平稳过程，且具有恒定的功率谱密度，如图 2-7a 所示，并表示为

$$P_n(f)=\frac{n_0}{2}\quad(-\infty<f<+\infty) \tag{2-63}$$

式中，n_0 是一个常数，表示白噪声的单边功率谱密度，单位是（瓦/赫，即 W/Hz）。所谓“白”是借用白色光的概念，因为白光具有均匀平坦的谱特性。

对式（2-63）求傅里叶反变换，可得到白噪声的自相关函数

$$R_n(\tau)=\frac{n_0}{2}\delta(\tau) \tag{2-64}$$

如图 2-7b 所示，白噪声仅在$\tau=0$（同一时刻）时的取值才相关，而在其他任意两个时刻上的取值都是不相关的。

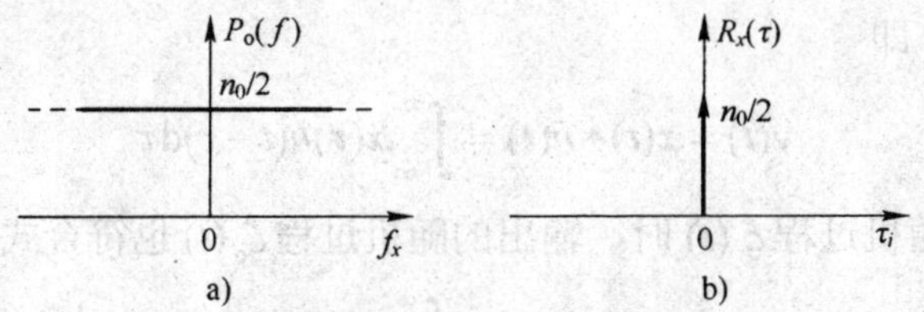

图 2-7 白噪声的谱密度和自相关函数

a) 功率谱密度 b) 自相关函数

白噪声只是一种便于数学处理的理想化模型，真正“白”的噪声是不存在的。但是，只要实际噪声的功率谱平坦的频率范围远远大于系统带宽，则可将其视为白噪声，以便分析处理。

若白噪声的取值服从高斯分布，则称之为**高斯白噪声**。这种噪声的典型例子就是热噪声，它因电阻性元器件（如导线、电阻等）和半导体器件中自由电子的热运动而产生。由于热噪声具有零均值、加性（叠加于信号上）、白的（谱密度均匀为常数）、高斯分布的特性，常被用作通信信道中的噪声模型。

二、带限白噪声

这是白噪声通过带宽有限的信道或滤波器的情形。常见形式有：低通白噪声和带通白噪声。

设低通或带通滤波器的频率特性函数为$H(f)$，根据表 2-5 中的功率谱密度公式，则白噪声通过$H(f)$的输出噪声的功率谱为

$$P_o(f)=\frac{n_0}{2}\cdot|H(f)|^2 \tag{2-65}$$

由于白噪声的功率谱（$n_0/2$）是恒定值，所以$P_o(f)$与$|H(f)|^2$的特性曲线形状相同，只是幅度不同而已，如图 2-8a 或图 2-8b 中的实线所示。$P_o(f)$的积分面积等于输出噪声的功率，表示为

$$N_o=\int_{-\infty}^{\infty}P_o(f)\mathrm{d}f=\int_{-\infty}^{\infty}\frac{n_0}{2}|H(f)|^2\,\mathrm{d}f \tag{2-66}$$

为了便于计算输出噪声功率，可以引入**等效噪声带宽**（或称等效矩形带宽）B_n，使得

$$B_n=\frac{\int_{-\infty}^{\infty}P_o(f)\mathrm{d}f}{2P_o(f_0)}=\frac{\int_{-\infty}^{\infty}|H(f)|^2\,\mathrm{d}f}{2\cdot|H(f_0)|^2} \tag{2-67}$$

式中，对于低通信号，f_0=0；对于带通信号，f_0为中心频率（通常是载频f_c）。而B_n正是滤波器的功率传输函数$|H(f)|^2$的等效矩形宽度。

利用等效噪声带宽 B_n 的概念，实际滤波器的特性可以用矩形（理想）滤波器的特性来

等效，如图 2-8 中虚线所示，这时可认为输出功率谱 $P_o(f)$ 在带宽 B_n 内是恒定的，因而输出噪声功率可简便地由下式计算

$$N_o = \frac{n_0}{2} \cdot 2B_n |H(f_0)|^2 = n_0 B_n |H(f_0)|^2 \tag{2-68}$$

对于单位增益的理想矩形滤波器，有 $|H(f)|^2 = 1$，则输出噪声功率可简化为

$$N_o = \frac{n_0}{2} \cdot 2B_n = n_0 B_n \tag{2-69}$$

式中，$n_0/2$ 和 n_0 分别为白噪声的双边与单边功率谱密度。

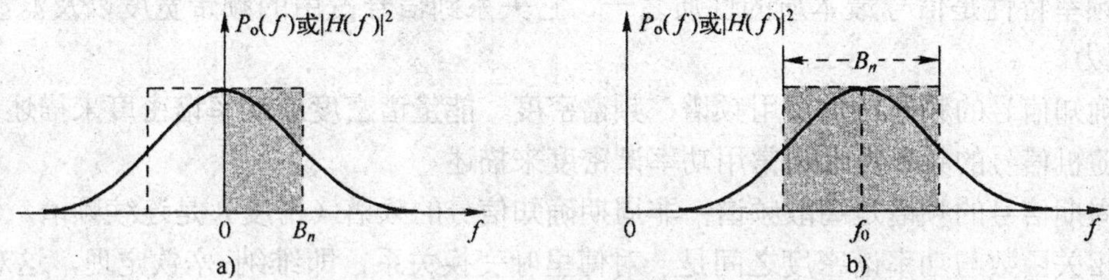

图 2-8 输出功率谱与等效矩形带宽

a) 低通型 b) 带通型

低通白噪声是白噪声经过理想矩形低通滤波器后的情形，这种情形通常出现在基带传输系统中。参照图 2-8a 和表 2-5 中的功率谱密度公式，它的（双边）功率谱密度为

$$P_n(f) = \begin{cases} \frac{n_0}{2}, & |f| \leqslant B_n \\ 0, & \text{其他频率} \end{cases} \tag{2-70}$$

带通白噪声是白噪声经过理想矩形带通滤波器后的情形，这种情形通常出现在调制传输系统中。参照图 2-8b 和表 2-5 中的功率谱密度公式，它的（双边）功率谱密度为

$$P_n(f) = \begin{cases} \frac{n_0}{2}, & f_c - \frac{B_n}{2} \leqslant |f| \leqslant f_c + \frac{B_n}{2} \\ 0, & \text{其他频率} \end{cases} \tag{2-71}$$

当 $B_n \ll f_c$ 时，带通白噪声也称为**窄带白噪声**，窄带白噪声 $n(t)$ 可表示为

$$n(t) = n_c(t)\cos\omega_c t - n_s(t)\sin\omega_c t \tag{2-72}$$

并且，$n_s(t)$、$n_c(t)$ 和 $n(t)$ 的均值都为 0，而平均功率相同，即

$$N = n_0 B_n \tag{2-73}$$

式中，B_n 为矩形滤波器的带宽。为了保证信号顺利通过的同时，尽可能地滤除噪声，通常 B_n 等于信号的带宽；n_0（常数）是白噪声的单边功率谱。

式（2-72）和式（2-73）在分析调制系统的抗噪声性能时非常有用。

本 章 小 结

本章重点讨论了信号的分类和特征、确知信号的频域分析和时域分析，并对平稳、高斯随机过程和通信中的噪声进行了简要介绍。

1．分析信号的观察域、数学工具、实验仪器和重要函数如表 2-6 所示。

表 2-6　分析信号的手段

观察域	数学工具	实验仪器	重要函数
频域 时域	傅里叶级数 傅里叶变换	频谱仪 示波器	谱密度函数 相关函数

提示：随机信号的频率特性通常用功率谱密度来描述。

2．重要概念和公式

1）频率特性是信号最本质的性质之一，它关系到信号占用的频带宽度以及滤波性能和抗噪声能力。

2）确知信号的频率特性可用频谱、频谱密度、能量谱密度或功率谱密度来描述。

3）随机信号的频率特性通常用功率谱密度来描述。

4）周期信号的频谱是离散频谱；非周期确知信号的频谱（密度）是连续频谱。

5）相关函数与功率谱密度之间是一对傅里叶变换关系，即维纳-辛钦定理，这对关系建立了时域与频域之间的联系和转换。

6）高斯随机过程经过线性变换后的过程仍是平稳、高斯的。

7）高斯白噪声同时涉及噪声的两个不同方面，即概率密度函数 $f(x)$的正态分布性和功率谱密度函数 $P_n(f)$ 的均匀性

$$f(x)=\frac{1}{\sqrt{2\pi}\sigma}\exp\left(-\frac{(x-a)^2}{2\sigma^2}\right) \qquad P_n(f)=\frac{n_0}{2}\ (-\infty<f<+\infty)$$

8）白噪声通过带宽为 B_n 的理想矩形低通（或带通）滤波器的输出噪声，称为低通（或带通）白噪声。输出噪声功率为

$$N_o=n_0B_n$$

9）**信号带宽**是信号频率特性中的重要指标，是指信号所占有的频率范围。在设计电路时，既要考虑有足够的信道带宽（如同车道）让信号（如同车辆）通过，又要尽可能抑制噪声，并且信号带宽与通信容量及系统抗干扰能力关系密切。

10）关于带宽的定义有多种，本章重点介绍了**零点带宽**（**见例 2-1**）、**百分比带宽**（**见例 2-5**）和**等效噪声带宽**。

注意：带宽只计算正频率谱的有效部分。

思考与练习

2-1　信号有哪些常见分类？

2-2　周期信号的主要特征有哪些？并举出三种。

2-3　正弦波可以用哪三个参量来表述？它们的含义是什么？

2-4　研究正弦波的意义是什么？

2-5　能量信号的________有限，而________为 0；功率信号的________有限，而________为∞。

2-6　信号的性质可从________和________两个域来描述。

2-7　信号的频率特性可借助________仪器来观察；信号的时间特性可借助________仪器来分析。

2-8　功率谱密度的主要作用有________。

2-9　设矩形脉冲宽度 $\tau=0.1\text{ms}$，则其频谱的第 1 零点带宽为________Hz。

2-10　信号波形之间的相似程度可用________函数来描述。

2-11　相关函数 $R(\tau)$ 值越大，表示相关程度越________；$R(\tau)=0$（对所有 τ），表示________。时间差 $\tau=$________时，信号取值之间的关联性最大。

2-12　能量信号的 $R(0)$ 等于信号的________。

2-13　高斯过程经过线性变换后的过程是________过程。

2-14　功率信号________函数和________函数构成一对傅里叶变换关系，称为________定理。

2-15　互补误差函数 $erfc(x)$ 的自变量越小，函数值________。

2-16　中心频率为 f_c、带宽为 B 的理想（矩形）带通滤波器的传输特性如图 2-9 所示。假设输入是均值为 0、（双边）功率谱密度为 $n_0/2$ 的高斯白噪声，试求：

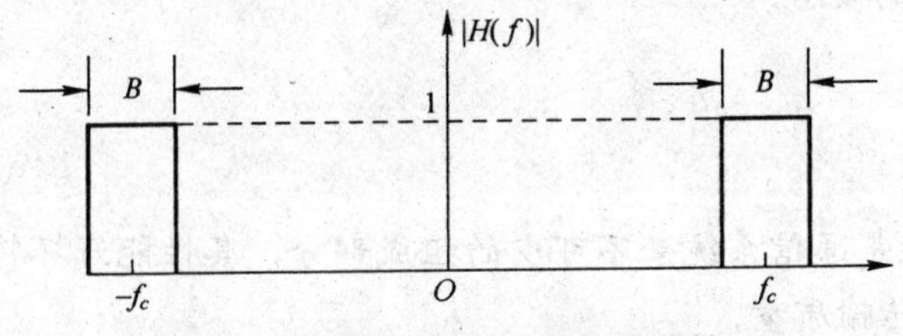

图 2-9　某带通滤波器的传输特性

1）滤波器输出噪声的功率谱密度和平均功率。

2）滤波器输出噪声的一维概率密度函数。

第三章 信道与容量

学习目标：

- 熟悉信道的类型和特点（重点）。
- 了解电磁波谱和传播特性（难点）。
- 了解广义信道的定义范围。
- 掌握信道的数学模型（重点）。
- 了解信道对信号的影响。
- 掌握香农公式的内涵和计算（重点）。
- 了解多路复用的概念。

建议学时：

6～8 学时

本章导读：

信道（Channel）是通信系统必不可少的组成部分，其性能好坏将在很大程度上决定通信系统的传输容量和传输质量。

不同类型的信道具有不同的属性或传输能力，涉及所能提供的带宽、最高传输速率、最大传输距离、传输损耗、抗干扰能力、成本和安装维护等。选用何种信道，还应考虑信号类型、通信业务、通信技术、传输方式、环境条件等因素。因此，对信道的研究是研究通信系统的重要环节。

内容主线：

定义与分类 ⇨ 模型与特性 ⇨ 影响与措施 ⇨ 容量和香农公式

第一节 信 道 分 类

所谓信道（Channel）是以传输媒质为基础的信号通道。根据信道或传输媒质的特性以及分析问题的需要，可以对信道进行不同的分类。例如，狭义和广义信道、有线和无线信道、恒参和随参信道、调制与编码信道、物理与逻辑信道、无记忆和有记忆信道、功率与带宽受限信道。下面介绍几种常见分类。

一、狭义信道

狭义信道是指可以传输电或光信号的各种物理传输媒质，可分为有线和无线两大类，如图 3-1 所示。

有线信道——有形的传输媒质。例如，双绞线、同轴电缆和光纤等。传统的固定电话网、有线电视、海底电缆通信就是有线通信的例子。

无线信道——无形的传输媒质。例如，能够传输电磁波或光波的空间。无线电广播就是利用无线信道传输电台节目的。

若按照信道的特性随时间变化的快慢，还可分为恒参和随参两大类，如图 3-1 所示。

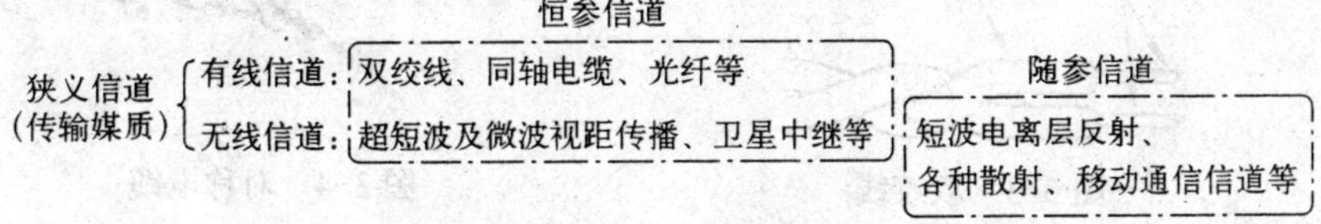

图 3-1　狭义信道（传输媒质）类型

恒参信道的特性随时间缓慢变化或不变。它对传输信号中不同频率分量的衰减和延时基本上为常数。例如，各种有线信道；中长波地波传播、超短波及微波视距传播、卫星中继、光波视距传播等部分无线信道。

随参信道的特性随时间随机快速变化，因而存在多径效应，且每条路径对信号的衰减和延时随时间随机变化，从而使输出信号产生衰落现象，所以随参信道也称**衰落**信道或**变参**信道。例如，短波电离层反射信道、各种散射信道（如超短波流星余迹散射、超短波及微波对流层散射、超短波电离层散射）、超短波超视距绕射信道、移动通信信道等。

二、广义信道

广义信道是指除了传输媒质外，还包括一些变换装置（如馈线与天线、放大器、调制器与解调器等）所定义的信道。目的是为了方便研究通信系统的一些基本问题。常用的有调制信道和编码信道，如图 3-2 所示。

调制信道——用来研究调制与解调问题。其定义范围从调制器输出端至解调器输入端。

编码信道——用来研究编码与译码问题。其定义范围从编码器输出端至译码器输入端。

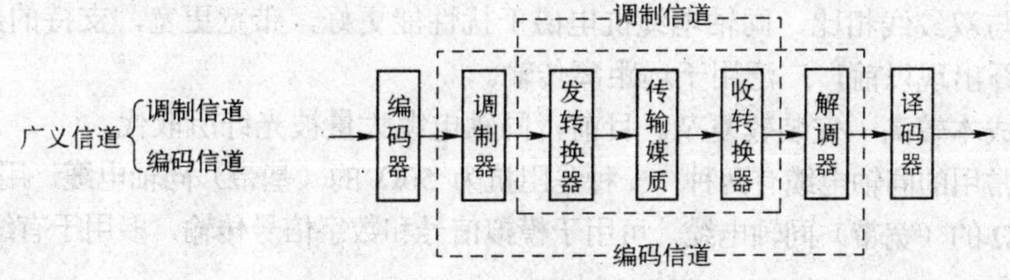

图 3-2　广义信道类型及定义范围

应该指出，广义信道必定包含传输媒质（狭义信道），因而无论何种广义信道，其通信质量在很大程度上依赖于传输媒质的特性。我们有必要了解一些常用的传输媒质。

第二节　有 线 信 道

常用的有线信道有双绞线、同轴电缆和光纤。其中，双绞线和同轴电缆采用金属（铜）导体传输电信号，光纤是玻璃纤维或塑料制成的缆线，用以传输光信号。

一、双绞线

双绞线（Twisted Pair，TP）是由两根具有绝缘层的金属（铜）导线按一定规则绞合而成的，如图 3-3 所示。将若干对双绞线放在同一个保护套内，则可制成双绞线电缆，也称对称电缆，如图 3-4 所示。

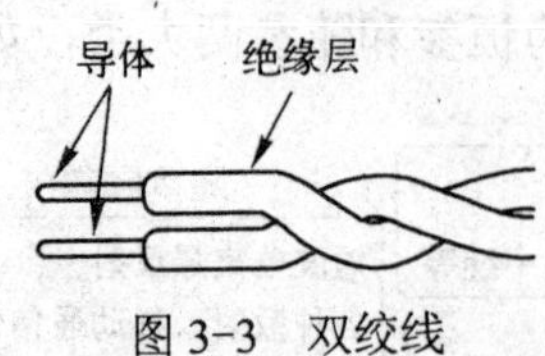

图 3-3　双绞线

图 3-4　对称电缆

优点：成本较低、易弯曲、易安装。

缺点：传输衰减较大，且有来自邻近信道的串话干扰。

应用：双绞线主要用于电话线路，传输语音和数据。它是本地环路（如连接用户到中心电话机房的线路）、局域网及综合布线工程中常用的传输媒质。

二、同轴电缆

同轴电缆（Coaxial Cable）是由同轴的两个导体构成的，如图 3-5 所示，内导体是金属导线，外导体是一根空心导电管或金属编织网。内外导体之间填充绝缘介质（塑料或空气）。

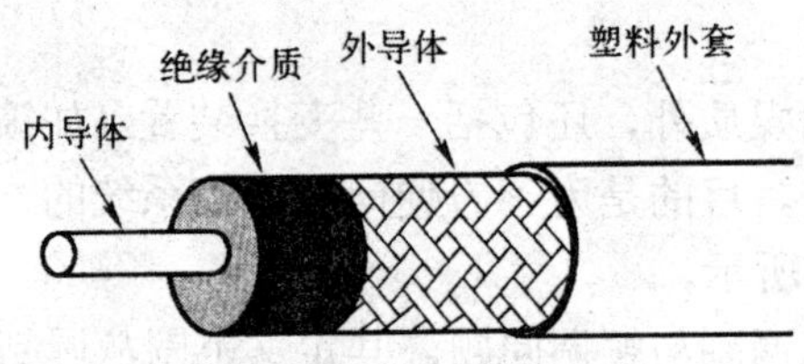

图 3-5　同轴电缆

优点：与双绞线相比，同轴电缆抗电磁干扰性能更好，带宽更宽，支持的数据传输速率更高，在光纤出现以前，广泛用于远距离传输。

缺点：成本较高，安装较复杂。目前，同轴电缆大量被光纤所取代。

应用：常用的同轴电缆有两种：一种是阻抗为 50Ω 的（基带）同轴电缆，用于数字传输；另一种是 75Ω 的（宽带）同轴电缆，可用于模拟信号和数字信号传输，多用于有线电视网中。

三、光纤

光纤是光导纤维的简称，是一种能传输光信号的玻璃纤维。其基本结构由纤芯、包层和涂敷层构成，如图 3-6 所示。纤芯由折射率较高的导光介质（高纯度的石英玻璃）纤维制成，纤芯外面包有一层折射率较低的玻璃封套（称为包层），以使光线束缚在光纤内传输。涂敷层的作用是增强光纤的柔韧性。在实用中，光纤的外面还有一层塑料保护层，并将多根光纤扎成一束构成光缆。

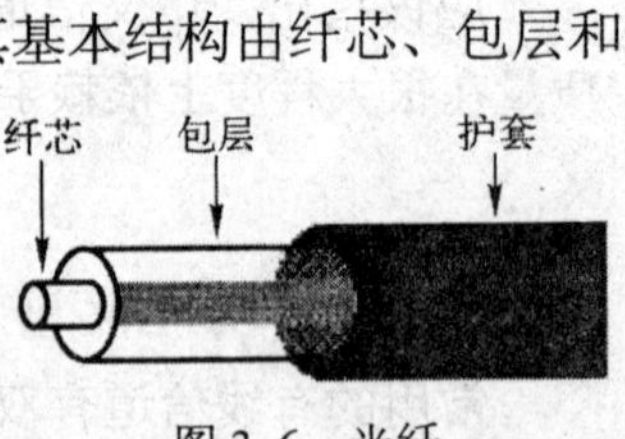

纤芯　包层　护套

图 3-6　光纤

优点：光缆能够提供远大于金属电缆（双绞线或同轴电缆）的传输带宽和通信容量；传输衰减小，无中继传输距离远；抗电磁干扰，传输质量好；耐腐蚀（这一特点使其特别适用于沿海区域和海底跨洋远程通信）；不易被窃听，因而对军事通信和保密性强的商业通信极具吸引力；体积小和重量轻，这一特点使其在航空航天以及一些特殊应用领域具有重要的意义；节约有色金属，有利于环保。

缺点：易碎、接口昂贵、安装和维护需要专门技能。

应用：光纤通常用在主干线络中。例如，在有线电视网中，光纤提供主干线路，而同轴电缆则提供到用户的连接。目前，光纤到楼、光纤到户的技术也已实现。

第三节 无线信道

无线信道是指可以传输电磁波的空间，确切地说是指电磁波在收、发天线之间的传播路径。

在空间传播的**电磁波**也称**无线电波**。**光**也是一种电磁波，可在空间传播，也可在导光的媒质（光纤、光波导）中传播。

一、电磁波的频谱

什么是电磁波？变化的电场产生磁，变化的磁场产生电，两者一体两面不可分割，相互激励相互转化，构成了统一的场——**电磁场**，并以波——**电磁波**的形式传播。

频率（或波长）是电磁波的重要特性。电磁波由低频到高频主要分为：无线电波、微波、红外线、可见光、紫外线、X 射线和 γ 射线。其中，可见光（波长 380～780nm）是电磁波的一种可见的辐射形态。将这些电磁波按照频率或波长的大小顺序排列起来，就是**电磁波谱**，如图 3-7 所示。

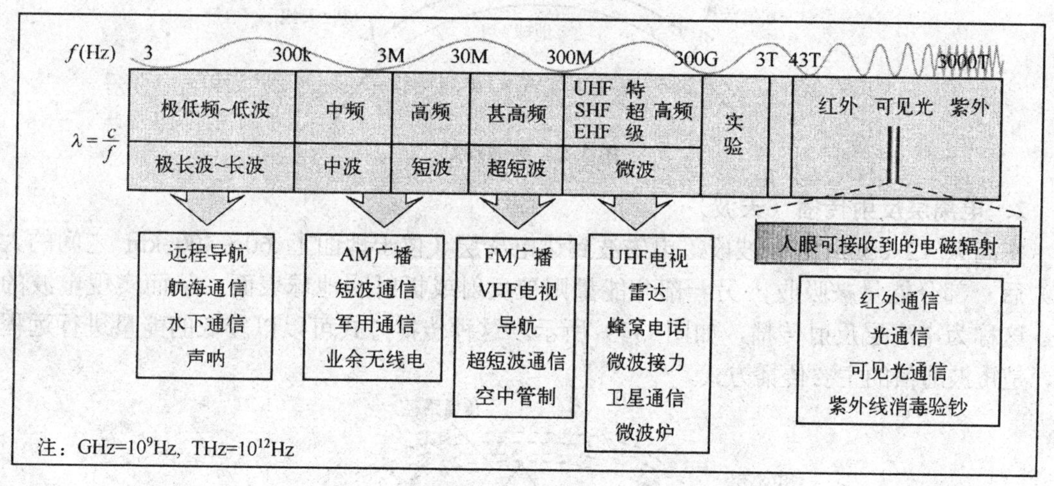

图 3-7 电磁波谱的划分及主要用途

波长是电波在一个周期内行进的距离。**频率**是电波在每秒完成的周期数，用“赫兹（Hz）”作为单位，以纪念德国物理学家海因里希·鲁道夫·赫兹。波长和频率与波速相关

$$\lambda = \frac{v}{f} \quad \text{或} \quad \lambda = \frac{c}{f} \tag{3-1}$$

式中，$c = 3 \times 10^8$ m/s；电磁波在自由空间中的传播速度 v 近似等于光速 c。

波段指波长范围，**频段**指频率范围。由于波长和频率呈反比关系，即频率越高，波长越短，所以低频电磁波可称为**长波**，高频电磁波可称为**短波**，而**微波**（包括分米波、厘米波和毫米波）是指频率为吉赫（GHz）的电磁波。

低频电磁波，主要束缚在有形的导电体内传递。高频电磁波，既可在空间，也可在导电体内传递。无线电波是一种在空间传播的电磁波，为了有效地发射或接收无线电波，要求天线的尺寸不小于电波波长的1/10。因此，频率不能过低，否则天线难于实现。

频率资源是被各国政府的相关部门进行严格管制、指配、监测和协调使用的资源，不得私自滥用。在国际上，频率的指配及技术标准的制定由国际电信联盟（ITU）负责。ITU 的每个成员国在其国家领土范围内，拥有频谱使用和采用某种通信标准的权利。同时，还应遵守 ITU 制定的频率规划和建议采用的通信标准。

二、电磁波的传播

不同频段的电磁波具有不同的传播特性和适宜的传播方式。根据通信距离、频率和位置的不同，电磁波的传播方式主要有：地波传播、电离层反射传播（天波）、视线传播等。

1. 地波传播

频率较低（约 2MHz 以下）的电磁波有一定的绕射能力，能弯曲地沿着地球表面传播，如图 3-8 所示。它是调幅广播的主要传播方式。

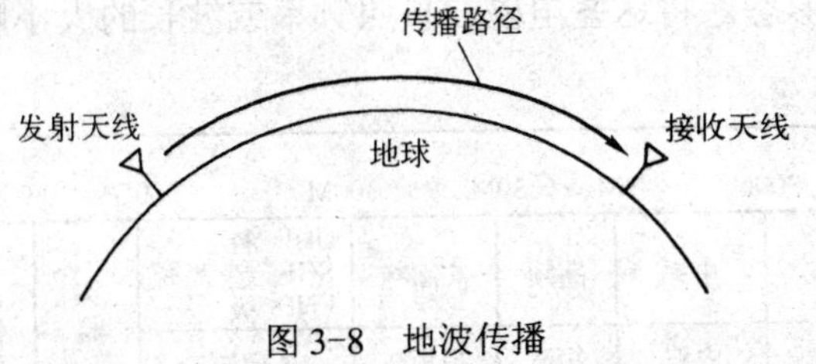

图 3-8 地波传播

2. 电离层反射传播（天波）

在高频（2～30MHz）波段，电磁波到达电离层（位于地面上 60～400 km 之间的大气层）后一部分能量被吸收，另一部分能量则被反射或折射回地球表面，从而实现电波的传播，这称为电离层反射传播，如图 3-9 所示。这种传播方式可以以较低的能量进行远程通信，是短波通信的主要传播方式。

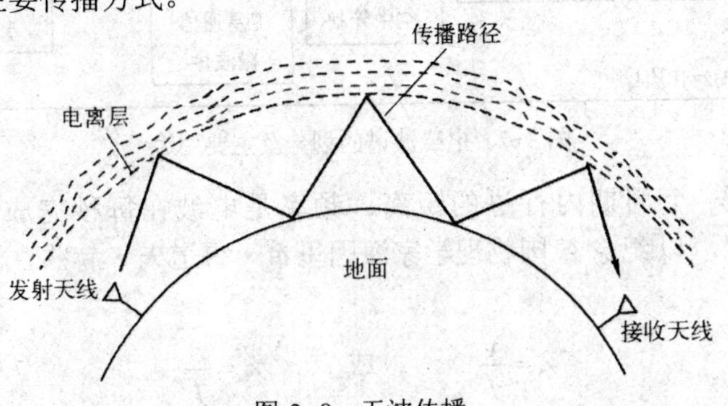

图 3-9 天波传播

3. 视线传播

这是频率高于 30MHz 的电磁波的主要传播方式。当电波的频率高于 30MHz 时，将会穿透电离层不能被反射回来，因而只能采用视线传播——即在“看得见”的距离内进行直线传播。这种传播方式主要用于超短波及微波通信。

当在两个地球站之间进行通信时，信号的传播路径必须位于水平线之上，否则地球曲率就会挡住视线路径。为了让接收天线能“看见”发射天线，通常把收发天线架设在高层建筑物、高塔或山顶上。由于受地形和天线高度的限制，地面两点间的视线距离一般为30~50km，当进行更远距离通信时，需要采用微波中继（见图 3-10）、卫星中继（见图 3-11）等办法。

除了以上三种传播方式，电波还可以借助于电离层散射和对流层散射的方式进行远距离传播。

三、无线信道举例

常用的无线信道（无线传输媒质）有短波电离层反射信道、超短波或微波视距中继信道、卫星中继信道、超短波或微波对流层散射信道、无线电广播与无线移动通信信道等。

1. 微波视距中继信道

微波是指频率范围为 300MHz~300GHz 的电磁波，它具有在自由空间沿直线传播的特点。由于视距一般为 30~50km，因此需要每间隔 30~50km 建立一个中继站作为转发站，如图 3-10 所示。中继站把前一站送来的信号进行再生放大后再转发到下一站，故称为“接力”。这样，经过多次转发，就能实现远程通信。

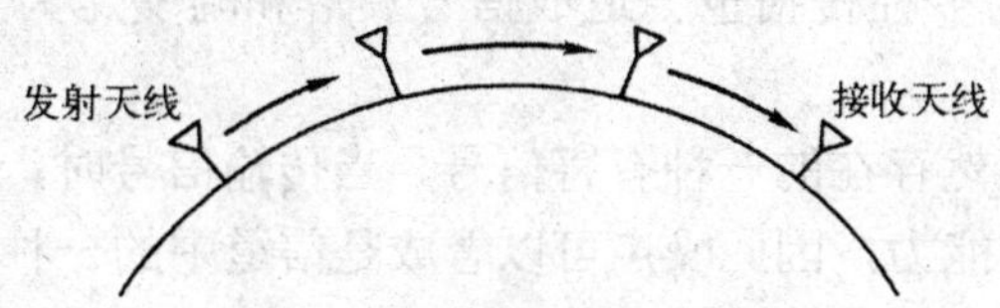

图 3-10　地面微波中继信道

微波中继（也叫微波接力）可用于传输电话、电报、图像、数据等信息，具有通信容量大、传输质量高等特点。

2. 卫星中继信道

卫星通信是在地球站之间利用位于 35866km 高空的人造卫星作为中继站（或称基站）的一种微波接力通信。卫星中继信道的构成如图 3-11 所示。由于卫星像一个超高的天线和转发器，因此极大地扩展了电波的覆盖范围。若在同步轨道上安放三颗相差 120° 的同步静止卫星，就能基本上提供全球通信服务（两极盲区除外）。卫星通信常用于传输多路电话、电报、图像、数据和电视节目，具有传输距离远、通信容量大、不受地理条件限制、性能可靠稳定等优点。缺点是有较大的传输时延、卫星本身造价昂贵。

3. 对流层散射信道

对流层是指从地面到 10~15km 范围内的大气层。由于对流层中的大气存在强烈的垂直热对流现象，使大气中形成不均匀的湍流，好像一个个不均匀气团。当电波作用于收发天线射束相交空间内的不均匀气团（散射区域）时就会产生散射，如图 3-12 所示。对流层散射通信的频率范围主要为 100MHz～4GHz，可以达到的有效散射传播距离最大约为 600km。由于其传播距离大大超过视线传播，因此成为超短波以及微波波段远距离通信的有力手段。

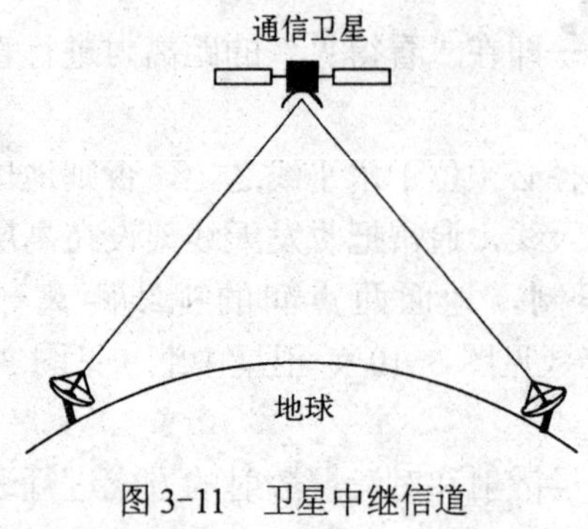

图 3-11　卫星中继信道

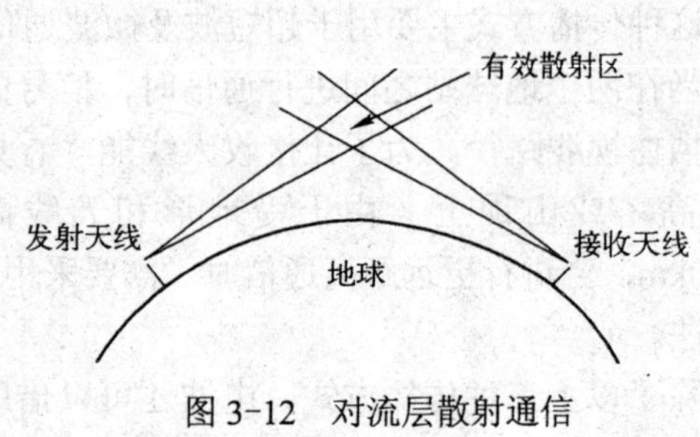

图 3-12　对流层散射通信

第四节　信道对信号的影响

任何一种信道都不具备理想的传输特性，因此信号通过信道时总会受到某种程度的影响或损害，如衰减、失真和噪声干扰。

衰减是指信号能量的损失。例如，携带电信号的导线会发热这一现象，就是能量损失的表现，这是因为导线电阻使信号的一些能量转变为热能的缘故。同样，电磁波在自由空间或大气层中传播时也存在着能量衰减。为了补偿损失，可用放大器对信号进行放大。

失真意味着信号变形（畸变）。信道传输特性的不理想可以使信号发生某种形式的失真。例如，信道对信号的不同频率分量产生不同的衰减和延迟，就会使信号产生幅度失真和相位失真；无线信道中的多径传播也会造成信号衰落和畸变。为了减小失真，可以采用均衡、分集接收等措施。

噪声是通信系统中必然存在的一种有害信号。当传输信号时，它叠加于信号之上，干扰了接收机正确接收信息的能力，因此噪声可以看成是信道中的一种**加性干扰**。信道噪声是损害信号的外部能量，对信号的传输有严重的不良影响，它能使模拟信号失真，使数字信号发生错码，并限制信息的传输速率。

噪声的来源和种类有很多。例如，电钻或汽车点火系统产生的噪声（人为噪声）；雷电和大气噪声（自然噪声）；通信设备中的电子元器件、传输线等产生的**热噪声**（内部噪声）。由于热噪声是影响通信系统性能的主要因素，因此常把它作为信道加性噪声的主要代表。热噪声是一种均值为零的加性高斯白噪声（详见第 2.6 节）。为了减小噪声的影响，可以采用滤波、信道编码等措施。

第五节　信道的数学模型

建立信道的数学模型，是为了方便分析物理信道的特性及其对信号传输带来的影响。

一、调制信道模型

调制信道的一般模型如图 3-13 所示。图中，$C(\omega)$ 为信道单位冲激响应 $c(t)$的傅里叶变换，反映了信道本身的特性。对于信号来说，$C(\omega)$ 可看成是**乘性干扰**（它与信号共存共失）；信道噪声 $n(t)$ 是独立于信号而始终存在的，因此可视之为**加性干扰**。可见，调制信道对信号的影响程度取决于 $C(\omega)$ 与 $n(t)$ 的特性。

不同的物理信道具有不同的特性 $C(\omega)$，根据特性随时间变化的快慢，信道可以分为恒参和随参信道。当 $C(\omega)$ 为常数 k（通常可取 1）时，信道模型可简化为图 3-14，这时信道的输出为

$$r(t)=s_i(t)+n(t) \tag{3-2}$$

由于加性噪声 $n(t)$ 通常是一种加性高斯白噪声，因此图 3-14 所示的信道模型称为**加性高斯白噪声信道**。它是分析通信系统抗噪声性能最常用的信道模型。

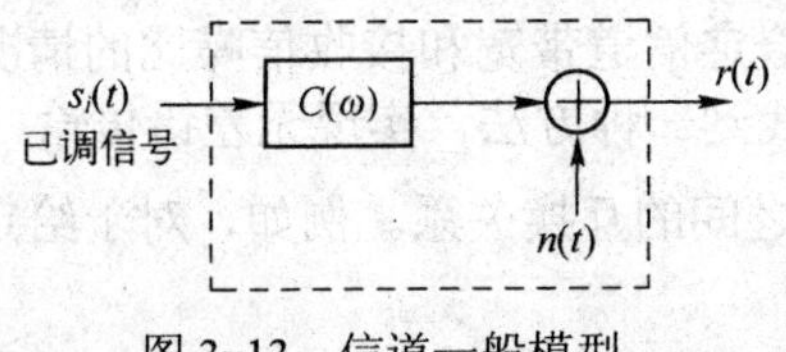

图 3-13　信道一般模型

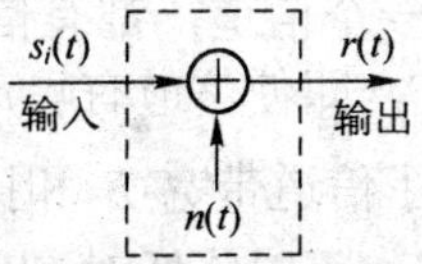

图 3-14　加性高斯白噪声信道模型

二、编码信道模型

编码后的信号是数字序列，这里要关心的是数字信号经过信道传输后的差错情况，即误码概率，因此编码信道的模型一般用**数字转移概率**来描述。

图 3-15 描述了一个二进制无记忆编码信道模型。图中，$P(0/0)$和 $P(1/1)$为正确转移概率，$P(1/0)$和 $P(0/1)$为错误转移概率，且有以下关系：

$$\begin{aligned}P(0/0)&=1-P(1/0)\\P(1/1)&=1-P(0/1)\end{aligned} \tag{3-3}$$

系统的总误码率为

$$P_e=P(0)P(1/0)+P(1)P(0/1) \tag{3-4}$$

其中，$P(0)$和 $P(1)$分别是信源发送符号 0 和 1 的概率。显然，$P(0/0)$和 $P(1/1)$越大（接近 1），误码率就越小，系统性能就越好。

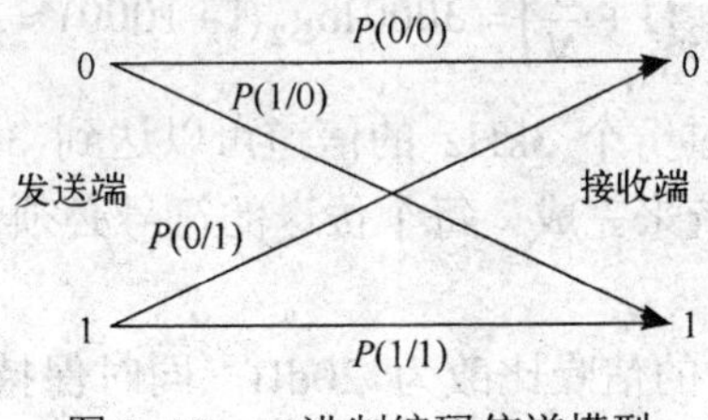

图 3-15　二进制编码信道模型

第六节　信 道 容 量

信道容量是指信道的极限传输能力，可用信道的最大信息传输速率来衡量。

一、香农公式

根据香农（Shannon）信息论可以证明，高斯白噪声背景下的连续信道的容量为

$$C = B\log_2\left(1+\frac{S}{N}\right) = B\log_2\left(1+\frac{S}{n_0 B}\right) \quad \text{(bit / s)} \tag{3-5}$$

式中，B 为信道带宽（Hz）；S 为信号功率（W）；n_0 为噪声单边功率谱密度（W/Hz）；$N=n_0B$ 为噪声功率（W）。该式就是著名的香农信道容量公式，简称**香农公式**，它包含以下结论。

1）信道容量 C 取决于三要素“B、S、n_0”。提高信噪比 S/N，可以增大 C；但是增大带宽 B，并不能使容量 C 无限增大。

2）任何一个信道，都有信道容量 C。在给定信道带宽和接收信噪比的情况下，只要信息速率 $R_b \leqslant C$，即使信道有噪声，理论上也能找到一种方法，实现无差错传输。

3）提供了信道带宽 B 和接收信噪比 S/N 之间的互换关系。例如，对于给定的 C，用增大带宽的方法，可以降低对 S/N 的要求。

香农公式指出了通信系统所能达到的理论极限，却没有指出这种通信系统的实现方法。实践证明，系统要接近香农的理论极限，必须要借助信道编码和调制等技术。

二、容量计算

【例 3-1】 对于带宽为 3kHz，信噪比为 30dB 的话音信道，求在该信道上进行无差错传输的最高信息速率，即信道容量。

解： 信噪比（SNR，Signal to Noise Ratio），即 S/N，通常用 dB（分贝）表示

$$\left(\frac{S}{N}\right)_{\text{dB}} = 10\log\left(\frac{S}{N}\right) \tag{3-6}$$

或写成

$$\text{SNR}_{\text{dB}} = 10\lg_{10}\text{SNR} \tag{3-7}$$

但是，在香农公式（3-5）中，S/N 是值，而不是分贝数。因此，由 $\text{SNR}_{\text{dB}}=10\lg_{10}1000$ =30dB 可知，SNR 的值为 1000，所以信道容量为

$$C = B\log_2\left(1+\frac{S}{N}\right) = 3000\log_2(1+1000) \approx 30 \ \text{kbit/s}$$

评注： 上述结果表明，通过一个 3kHz 的信道可以达到 30kbit/s 的信息传输速率。但应注意，它不能用一个二进制系统来完成。每个传送的符号必须包含大于 1bit 的信息，即必须采用多进制的数字传输系统。

【例 3-2】 将【例 3-1】中的信噪比改为 20dB，同时保持信道容量仍为 30kbit/s，求此时所需带宽为多大?

解： 已知信噪比值为 S/N=100（20dB），由香农公式可得所需的信道带宽为

$$B = \frac{C}{\log_2\left(1+\frac{S}{N}\right)} = \frac{C}{3.32\lg\left(1+\frac{S}{N}\right)} = \frac{30\times10^3}{3.32\times2} \approx 4.52\,\text{kHz}$$

评注： 与【例 3-1】进行比较可知，带宽与信噪比可以互换，其理论依据就是香农公式。

【例 3-3】 具有 6.5MHz 带宽的高斯信道，若信道中信号功率与噪声功率谱密度之比为 45.5MHz，试求其信道容量。若不断增加带宽，观察信道容量的变化情况。

解：已知$S/n_0 = 45.5\text{MHz}$，根据香农公式可得

$$C = B\log_2\left(1+\frac{S}{n_0 B}\right) = 6.5\times10^6\times\log_2\left(1+\frac{45.5}{6.5}\right)$$
$$= 6.5\times10^6\times3 = 19.5\ \text{Mbit/s}$$

若增大带宽为 45.5MHz，则信道容量提高为

$$C = B\log_2\left(1+\frac{S}{n_0 B}\right) = 45.5\times10^6\times\log_2\left(1+\frac{45.5}{45.5}\right)$$
$$= 45.5\times10^6\times1 = 45.5\ \text{Mbit/s}$$

若增大带宽为 455MHz，则信道容量提高为

$$C = B\log_2\left(1+\frac{S}{n_0 B}\right) = 455\times10^6\times\log_2\left(1+\frac{45.5}{455}\right)$$
$$= 455\times10^6\times0.137 = 62.53\ \text{Mbit/s}$$

若继续加大带宽为 4550MHz，则信道容量的提高明显趋缓

$$C = B\log_2\left(1+\frac{S}{n_0 B}\right) = 4550\times10^6\times\log_2\left(1+\frac{45.5}{4550}\right)$$
$$= 4550\times10^6\times0.0143 = 65.28\ \text{Mbit/s}$$

若进一步加大带宽为 9100MHz，则信道容量几乎不再提高

$$C = B\log_2\left(1+\frac{S}{n_0 B}\right) = 9100\times10^6\times\log_2\left(1+\frac{45.5}{9100}\right)$$
$$= 9100\times10^6\times0.00719 \approx 4550\times10^6\times0.0144 = 65.52\ \text{Mbit/s}$$

若再加大带宽为 45500MHz，则信道容量不再提高

$$C = B\log_2\left(1+\frac{S}{n_0 B}\right) = 45500\times10^6\times\log_2\left(1+\frac{45.5}{45500}\right)$$
$$= 45500\times10^6\times0.00144 = 65.52\ \text{Mbit/s}$$

评注：信道容量 C 随着 B 的适当增大而增大，但不能无限增大。当 $B\to\infty$时，$C\to$定值，即

$$\lim_{B\to\infty} C \approx 1.44\frac{S}{n_0}\ \text{(bit/s)} \tag{3-8}$$

究其原因：由香农公式可知，带宽和信噪比 S/N 是信道容量的决定因素。当 S/n_0 给定时，提高带宽会带来两种相反的影响：一方面，更高带宽的信道也会有更高的传输速率；另一方面，更高的带宽使得更多的噪声通过信道到达接收端，使系统性能降低。从香农公式中包含的两个 B 也可以预见到这一结果。因此，经过分析已经证明，无限增大带宽得到的容量只是趋近于一个有限定值，如式（3-8）所示。这表明，仅仅依靠增加带宽并不能获得任意需求的信道容量。图 3-16 给出了信道容量 C 随 B 变化的曲线。

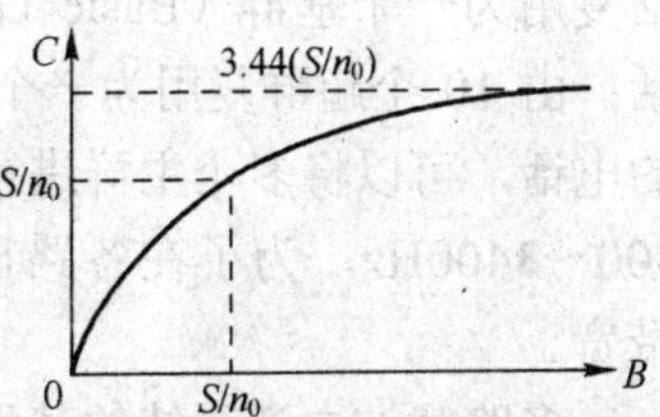

图 3-16 信道容量和带宽关系

第七节 信道多路复用

生活常识告诉我们，一条宽的公路上划分有多条车道，可以行驶多辆汽车。若将信道类比公路，信号类比车辆，则当一条物理信道（如一根同轴电缆、一条光纤、一个微波无线电频段）的带宽或容量大于单个信号的需求时，也能同时传输多路信号，这就是**多路复用**的概念。为了使各路信号互不干扰，需要将多个信号按照一定的规律或方式组合起来。常用的复用方式有频分复用（FDM）、时分复用（TDM）和码分复用（CDM）。

一、频分复用

频分复用（Frequency Division Multiplexing，FDM）是一种按频率来划分信道的复用方式。在 FDM 中，信道的带宽被分成多个相互不重叠的频段（称为子通道），通过频谱搬移的方法使各路信号占据各自的子通道，并且各路之间留有防护频带（如同隔离带），以防止信号重叠。

频分复用系统组成原理图如图 3-17 所示。在发送端，首先使各路基带信号通过低通滤波器（LPF），以限制信号的带宽。然后，利用调制器将各路信号调制到不同的载波频率上，使得各路信号的频谱搬移到各自的子通道内，合成后送入信道传输。在接收端，采用一系列不同中心频率的带通滤波器分离出各路已调信号，经过解调后恢复出相应的基带信号。

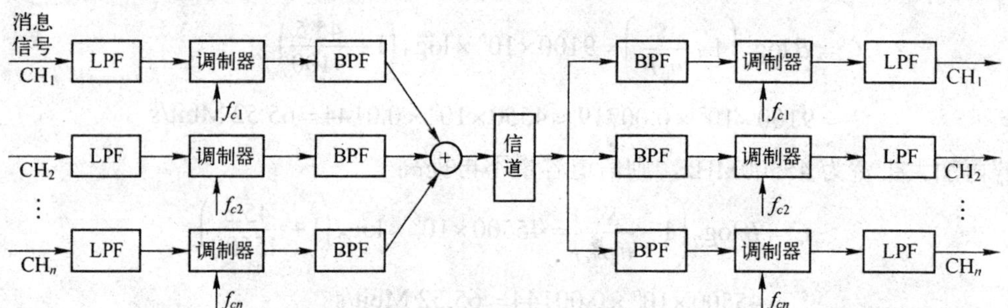

图 3-17 频分复用系统组成原理图

FDM 技术主要用于模拟信号的多路传输，如在多路载波电话系统、立体声调频广播、电视广播系统、蜂窝移动电话系统、微波中继系统等得到了广泛应用。

最典型的应用是在一条物理线路上传输多路话音信号的多路载波电话系统。该系统一般采用单边带调制频分复用，旨在最大限度地节省传输频带，并且使用层次结构：由 12 路电话复用为一个基群（Basic Group）；5 个基群复用为一个超群（Super Group），共 60 路电话；由 10 个超群复用为一个主群（Master Group），共 600 路电话。如果需要传输更多路数的电话，可以将多个主群进行复用，组成巨群（Jumbo Group）。每路电话信号的频带限制在 300～3400Hz，为了在各路已调信号间留有防护频带，每路电话信号取 4000Hz 作为标准带宽。

多路载波电话系统的基群频谱结构示意图如图 3-18 所示。该电话基群由 12 个下边带信号组成，占用 60~108kHz 的频率范围，其中每路电话信号取 4 kHz 作为标准带宽。

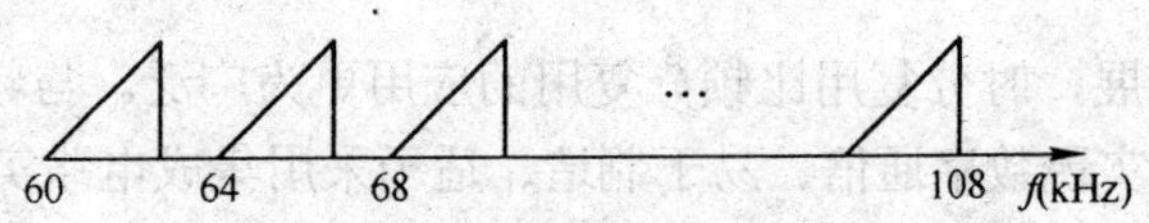

图 3-18　12 路电话基群的频谱结构示意图

目前，有线载波电话已基本上被数字电话（采用时分复用技术）所取代。

二、时分复用

时分复用（Time-Division Multiplexing，TDM）是利用分时方式来实现在同一信道中传输多路信号的方法。在 TDM 中，各路信号按分配的时隙依次定时传送，即在任意时刻信道上只有一路信号在传输。

TDM 通常用于数字信号的多路传输。对于多路数字电话信号的时分复用，则是根据抽样定理通过脉冲调制等技术来实现的。时分多路复用的原理示意图如图 3-19 所示。在发送端和接收端，分别有一个机械旋转开关，并以抽样频率同步地旋转。发送端的开关依次对各路输入信号进行抽样，开关每旋转一周所采集到的多路信号抽样值的组合称为 1 帧。抽样信号一般都在量化和编码后以数字信号的形式传输。故图 3-19a 仅示出了时分复用的基本原理。

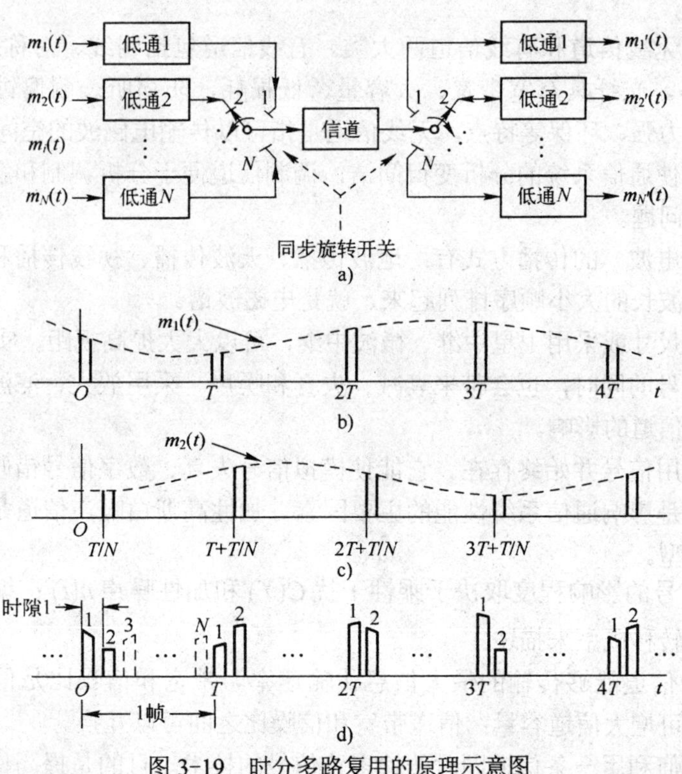

图 3-19　时分多路复用的原理示意图

a) 时分多路复用原理　b) 信号 $m_1(t)$的采样　c) 信号 $m_2(t)$的采样　d) 旋转开关采集到的样值信号

TDM 的特点是各路信号在频率上是重叠的，而在时间上是分开的，即在任一时刻，信道上只有一路信号在传输。FDM 的特点是各路信号在频率上是分开的，即频谱互不重叠，而在时间上是重叠的。

随着数字通信的发展，时分复用比频分复用的应用更为广泛。与频分复用相比，时分复用的主要优点是：便于实现数字通信、易于制造、适于采用集成电路实现、生产成本较低。

三、码分复用

码分复用（Code Division Multiplexing，CDM）中，各路信号码元在频谱上和时间上都是重叠的，但是不同用户传输的信号是靠各自不同的（正交）编码序列来区分的。

码分复用是用正交的脉冲序列分别携带不同信号。这种复用方式多用于空间通信的扩频通信和移动通信系统中。

此外，还有**波分复用**和**空分复用**。2019 年 2 月 13 日，我国光通信技术再次取得突破性进展：首次实现 1.06Pbit/s 超大容量波分复用及空分复用的光传输系统实验，可以实现一根光纤上近 300 亿人同时通话。

本 章 小 结

本章重点介绍了信道的类型、特性、模型和影响；信道容量和香农公式。

1．重要概念

传输媒质分为无线信道和有线信道两大类。有线信道包括明线、对称电缆（双绞线）、同轴电缆和光纤等。光纤具有宽带宽、大容量、低损耗、防窃听、耐腐蚀、体积小、重量轻、抗电磁干扰能力强、环保等特点。无线信道是指可以传输电磁波的空间。

广义信道可以使通信系统的分析变得简洁，调制信道便于分析调制和解调问题，编码信道便于分析编译码问题。

电磁波（无线电波）的传播方式有：地波传播、天波传播、视线传播和散射传播等。将电磁波按照频率或波长的大小顺序排列起来，就是电磁波谱。

增高架设天线尺寸或采用卫星中继、微波中继，可以大大提高视距，实现远程通信。

信道在传输信号的同时，也会带来衰减、失真和噪声。采用放大、滤波、均衡、信道编码等措施可以减小信道的影响。

噪声独立于有用信号并始终存在。它能使模拟信号失真、数字信号错码、并限制信息的传输速率。热噪声是影响通信系统性能的主要因素。加性高斯白噪声信道是分析通信系统性能时常用的信道模型。

调制信道对信号的影响程度取决于乘性干扰 $C(f)$ 和加性噪声 $n(t)$；编码信道对信号的影响程度可用数字转移概率来描述。

信道容量是指信道能够传输的最大信息传输速率。带宽和信噪比是信道容量的决定因素；提高信噪比，可增大信道容量；信道带宽和信噪比之间可以互换。

复用是解决如何利用一条信道同时传输多路信号的技术。目的是提高信道的利用率，扩大通信容量。复用技术有：频分、时分、码分复用等。

2．重要公式

$$C = B\log_2\left(1+\frac{S}{N}\right) = B\log_2\left(1+\frac{S}{n_0 B}\right) \ \text{(bit/s)}; \qquad \lim_{B\to\infty} C \approx 1.44\frac{S}{n_0} \ \text{(bit/s)}$$

$$\lambda = \frac{c}{f},\ \ c = 3\times 10^8\ \text{m/s} \quad ; \quad \left(\frac{S}{N}\right)_{\text{dB}} = 10\log\left(\frac{S}{N}\right)$$

思考与练习

3-1　按信道特性随时间变化的快慢，可分为________和________信道。

3-2　调制信道的定义范围是从________到________。

3-3　双绞线是由________组成的。

3-4　频率是指________，单位是________。

3-5　频率越高，波长越________。

3-6　电离层反射传播是________波段的电磁波的主要传播方式。

3-7　微波是指频率为________的电磁波。

3-8　信道容量是指信道能够传输的________，单位是________。

3-9　有线信道和无线信道举例。（各举 3 种）

3-10　光纤的主要优点有哪些？（说出 5 个）

3-11　无线电波的传播方式有哪些？

3-12　增大视线传播距离的手段有哪些？

3-13　当通信系统的信噪比下降时，可以采用什么办法来保持信道容量不变？并指出这种方法的理论依据。

3-14　设有一条带宽为 1MHz，信噪比为 63 的信道，求信道容量。

3-15　设有一条带宽为 3000Hz，信噪比（S/N）为 40dB 的电话线路，求该信道容量，并与【例 3-1】进行比较。

3-16　已知某连续信道的传输带宽为 50MHz，且信号噪声功率比等于 3000，试求该信道的信道容量。

3-17　画出加性高斯白噪声信道模型。

3-18　画出二进制编码信道模型。

3-19　复用的含义、目的和分类？

3-20　频分复用和时分复用的特点与区别？

第四章 模拟调制系统

学习目标：

- 了解调制的目的、作用和分类。
- 掌握 AM、DSB-SC、SSB 和 VSB 的波形和频谱，调制与解调方法（重点）。
- 熟悉角度调制（FM 与 PM）的概念，卡森公式（难点）。
- 了解各种模拟调制系统的抗噪声性能。
- 掌握各种调制方式的优缺点和应用场合（重点）。

建议学时：

8 学时

本章导读：

调制是许多通信系统（尤其是无线通信）的关键技术。例如，无线电广播、载波电话、电视系统等都离不开调制技术。调制的基本作用是将信号的频谱进行搬移，从而把信号转换成适合在信道中传输的形式。调制如同乘客坐上了飞机，可以快捷地到达远方的目的地。那么，什么是调制，为什么要进行调制，都有哪些调制方式？其原理、性能、特点及应用场合？这些问题都将在本章中逐一讨论。

模拟调制的理论与技术也是数字调制的基础，所以这一章的内容对第六章（数字调制）的学习也会有帮助。

内容主线：

调制作用与分类 ⇨ 调制解调原理 ⇨ 抗噪声性能 ⇨ 特点与应用

第一节 调 制 简 介

一、什么是调制

这里不妨借助一个生活例子来引喻调制：若要把一件货物（比喻消息信号）运送到遥远的地方，就需要利用飞机或车船等运输工具（比喻载波）把货物装载到运载工具上（比喻调制过程）。到达目的地后，则要从运载工具上卸下货物（比喻解调过程）。

通过这个引喻可知，调制就好比把所要传输的消息信号（如同货物）装到载波（如同飞机）上。**载波**通常是一种高频周期信号，如图 4-1b 所示的正弦波，它有三个参量“幅度、频率、相位”（如同飞机上的不同座位），让消息信号“坐在”载波的某个参量上，使该参量随着消息信号的规律而变化——这一过程称为**调制**。简言之，调制就是使载波的某个参数随着消息信号的规律而变化。经过调制的载波（如同载有货物的飞机）称为**已调信号**，它含有消息信号的全部特征。

调制过程中涉及三种信号——消息信号、载波和已调信号，如图 4-1 所示。

在接收端，需要从已调信号中还原消息信号，这一过程称为**解调或检波**，它是调制的逆过程（图 4-1 是以幅度调制作为示例）。

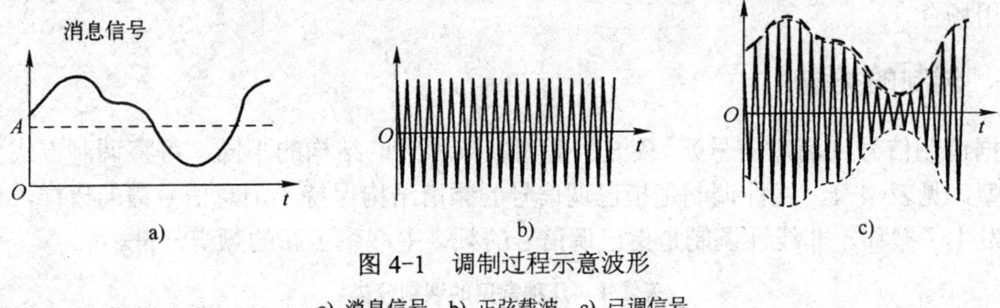

图 4-1　调制过程示意波形

a) 消息信号　b) 正弦载波　c) 已调信号

需要说明：利用载波进行传输的消息信号也可称为**调制信号**。此外，由于消息信号的频率相对于载波来说很低，其频谱通常称为基带（参看第 1.2 节），所以消息信号也可称为基带信号。因此，**“消息信号、调制信号和基带信号”**这三个术语对于已调信号来说是同义词，用哪个都可以。

二、调制的作用

为什么要进行调制？先来思考一个问题：最低的可用无线电频率是多少？答案是：取决于想制造多长的天线。由第 3.3 节可知，在无线传输中，信号是以无线电波的形式通过天线辐射到空间的。根据天线理论：当天线尺寸（h）与被辐射信号的波长（λ）相比拟，即

$$h \approx \frac{\lambda}{10} \sim \frac{\lambda}{4} \tag{4-1}$$

时，信号才能被天线有效地辐射出去。然而，消息信号通常包含较低频率的分量，如语音信号（300~3400Hz）、图像信号（0~6MHz）。由波长（λ）与频率（f）的关系

$$\lambda = \frac{c}{f} = \frac{3\times10^8(\mathrm{m/s})}{f} \tag{4-2}$$

可知，若直接发射这些信号，则需要很长的天线（约几十千米），因而难以实现；但若把这些信号调制到高频载波上，即把信号的频谱搬移到较高的频率位置，则可使信号波长变短，所需的天线尺寸随之减小。例如，GSM900 体制的移动通信使用的工作频段为 900MHz，所需天线尺寸仅为 8cm。

第二个问题：在一条频带很宽的信道中，能否**同时传输多路**信号？回答是肯定的。如第 3.7 节所述，通过调制，可以把多个消息信号分别搬移到不同的载频处，以实现信道的多路复用，提高信道利用率。

第三个问题：听说过“猫——Modem”吗，知道它的作用吗？Modem 是调制解调器的英文名，也是调制器和解调器的合称，当用户想通过电话线把自己的计算机连入 Internet 时，就会用到它。因为计算机之间的语言是数字信号，而电话线中适合传输的是模拟波形，所以必须使用 Modem 来“翻译”两种不同的信号。Modem 中调制器的作用是把计算机发送的数字信号转换成可在电话线中传输的模拟信号，解调器则是把通过电话线传过来的模拟信号转换成计算机可以识别的数字信号。

此外，通过调制可以扩展信号频谱，提高系统的抗干扰和抗衰落能力；通过调制还可以实现带宽与信噪比（即有效性与可靠性）的互换等，调制的作用不胜枚举。

可见，调制在通信系统中起着至关重要的作用。不同的调制方式，具有不同的特点、性能和适用场合。

三、调制的类型

根据调制信号（消息信号）、载波、受调参数和频谱结构的不同，可将调制方式分为不同的类型，见表 4-1。线性调制是指已调信号的频谱结构保持了消息信号谱的模样，只是频谱位置发生了搬移。非线性调制是指已调信号的频谱中产生了新的频谱分量。

表 4-1　几种常见的调制分类

按调制信号的类型分	按载波信号的类型分	按正弦载波的受调参数分	按已调信号的频谱结构分
模拟调制 数字调制	连续波调制 （常用正弦波） 脉冲调制	幅度调制 频率调制 相位调制	线性调制 非线性调制

本章将要介绍的是用正弦波作为载波的模拟调制，包括幅度调制和角度调制。角度调制是频率调制和相位调制的统称。

下面，将从时域和频域两个角度来研究幅度调制和角度调制的原理（包括波形和频谱、调制与解调方法、特点与应用）及其抗噪声性能。

第二节　幅 度 调 制

幅度调制——是指正弦载波的振幅随调制信号的变化规律成比例地变化，它有 4 种方式：调幅（AM）、双边带调制（DSB）、单边带调制（SSB）和残留边带调制（VSB）。

一、调幅（AM）

调幅（Amplitude Modulation，AM）是常规双边带调幅的简称。

1. AM 基本原理

设 $m(t)$ 为模拟基带信号（调制信号），其平均值 $\overline{m(t)}=0$ 。将 $m(t)$ 外加直流偏置 A_0，然后与载波相乘，如图 4-2 所示，即可产生 AM 信号。由图 4-2 不难写出 AM 信号的时域表示式

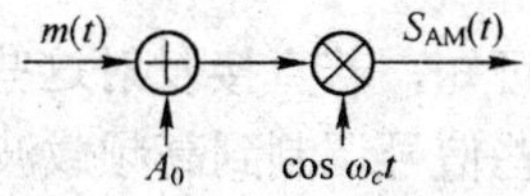

图 4-2　AM 调制模型

$$s_{\rm AM}(t)=[A_0+m(t)]\cos\omega_c t=A_0\cos\omega_c t+m(t)\cos\omega_c t \tag{4-3}$$

式中，$\omega_c=2\pi f_c$ 为载波角频率。设 $m(t)$ 的频谱为 $M(\omega)$，并利用以下傅里叶变换对：

$$\cos\omega_c t\leftrightarrow\pi[\delta(\omega+\omega_c)+\delta(\omega-\omega_c)]$$

$$m(t)\cos\omega_c t\leftrightarrow\frac{1}{2}[M(\omega+\omega_c)+M(\omega-\omega_c)]$$

则可由式（4-3）写出 AM 信号的频域表达式

$$S_{\rm AM}(\omega)=\pi A_0[\delta(\omega+\omega_c)+\delta(\omega-\omega_c)]+\frac{1}{2}[\boldsymbol{M}(\omega+\omega_c)+\boldsymbol{M}(\omega-\omega_c)] \tag{4-4}$$

图 4-3 给出了调幅过程的波形和频谱（幅度谱）示意图。

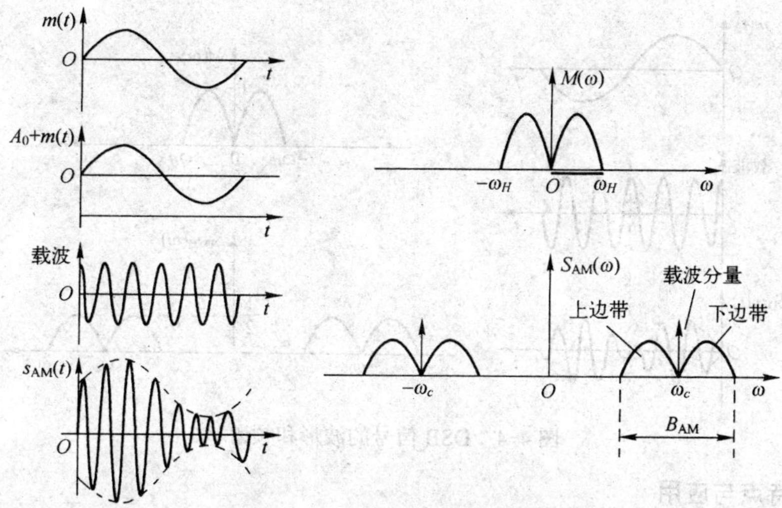

图 4-3　AM 信号的波形和频谱

2．AM 特点与应用

1）由图 4-3 中时间波形可以看出，当满足条件

$$\left|m(t)\right|_{\max} \leqslant A_0 \tag{4-5}$$

时，AM 波的包络与基带信号 $m(t)$ 的形状完全一样，故可采用简单的包络检波（见第 4.2.5 小节）进行解调。

2）AM 的频谱由载频分量和上、下对称的两个边带组成，因此，AM 信号是含有载波的双边带信号，它的带宽是基带信号带宽 f_H （$=\omega_H/2\pi$）的两倍，即

$$B_{\mathrm{AM}} = 2f_H \tag{4-6}$$

3）AM 的优势在于解调器简单，价格低廉，因而广泛用于中短波的调幅广播中；缺点是调制效率很低（即功率利用率很低），因为它所含的载波分量并不携带消息信号的信息，却要占用一半以上的发射功率。

二、双边带调制（DSB）

AM 的缺点是调制效率低。若将图 4-2 中的直流 A_0 去掉，则已调信号中就没有载波分量了，即可得到一种高调制效率的调制方式——抑制载波双边带（Double Side-Band Suppressed Carrier，**DSB-SC**）信号，简称双边带（**DSB**）信号。

1．DSB 基本原理

在 AM 表达式中令 $A_0=0$，则可得到 DSB 信号的表达式

$$s_{\mathrm{DSB}}(t) = m(t)\cos\omega_c t \tag{4-7}$$

式中，$m(t)$ 的平均值为 0。

DSB 信号的频谱与 AM 的频谱相近，只是没有了载波分量，即

$$S_{\mathrm{DSB}}(\omega) = \frac{1}{2}[M(\omega+\omega_c) + M(\omega-\omega_c)] \tag{4-8}$$

DSB 调制过程的波形及频谱（幅度谱）如图 4-4 所示。

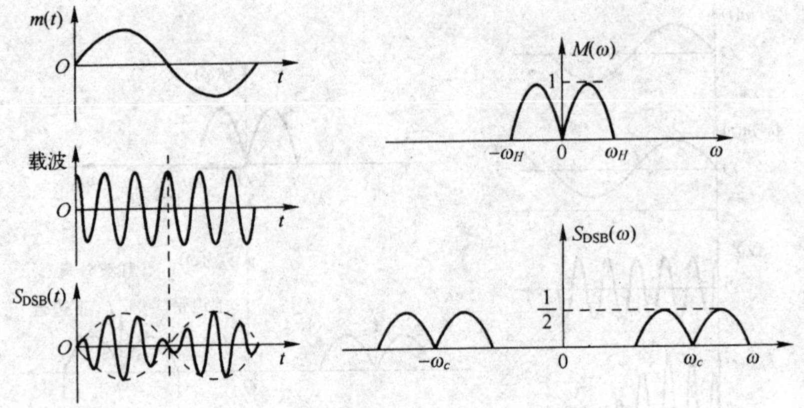

图 4-4　DSB 信号的波形和频谱

2．DSB 特点与应用

1）由图 4-4 可见，DSB 信号的包络不再与 $m(t)$ 成正比，故不能采用简单的包络检波，而需采用相干解调（见第 4.2.5 小节）。

2）DSB 频谱中没有载波分量，因此发送功率可全部用于信息传输，调制效率达到 100%。但是，DSB 信号的带宽与 AM 相同，仍是基带信号带宽的两倍，即

$$B_{\mathrm{DSB}} = B_{\mathrm{AM}} = 2f_H \tag{4-9}$$

3）DSB 方式主要用于调频立体声广播中的差信号调制，彩色电视系统中的色差信号调制，还可作为产生单边带信号和残留边带信号的中间过程。

三、单边带调制（SSB）

由于 DSB 的上、下两个边带都分别携带了基带信号 $m(t)$ 的信息，因此可以只传输其中一个边带，这样既节省发送功率，还可节省传输带宽，这种方式称为单边带（Single Side-Band，SSB）调制。

1．SSB 信号的产生

产生 SSB 信号的方法通常有滤波法和相移法。

滤波法——产生 SSB 信号最直观的方法：先产生一个 DSB 信号，然后用边带滤波器滤掉一个边带，即可得到 SSB 信号。其数学模型如图 4-5 所示。

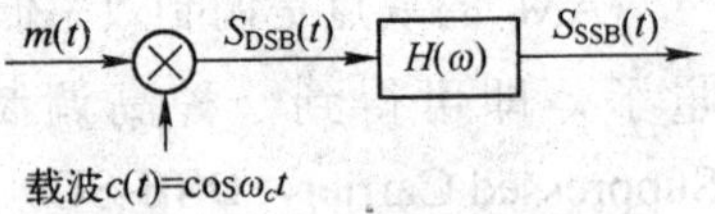

图 4-5　SSB 滤波法调制器

图中，$H(\omega)$ 为边带滤波器的传输函数，其滤波特性如图 4-6 所示。若 $H(\omega)$ 为高通滤波器，则可产生上边带（Upper SideBand，USB）信号；若 $H(\omega)$ 为低通滤波器，则可产生下边带（Lower SideBand，LSB）信号。相应的 SSB 频谱如图 4-7 所示。

滤波法的技术难点：基带信号通常含有丰富的低频分量，经调制后得到的 DSB 信号的上、下边带之间的间隔很窄，这就要求边带滤波器在载频 ω_c 处必须具有非常陡峭的截止特性，才能有效地抑制掉另一个边带，但是这样的滤波器很难制作。因此，在实际中往往采用多级调制滤波的方法来产生 SSB 信号。

相移法——产生 SSB 信号的另一种方法，如图 4-8 所示。其原理是利用相移网络，使 DSB 信号的上下边带的相位符号相反，以便在合成过程中消除其中的一个边带。

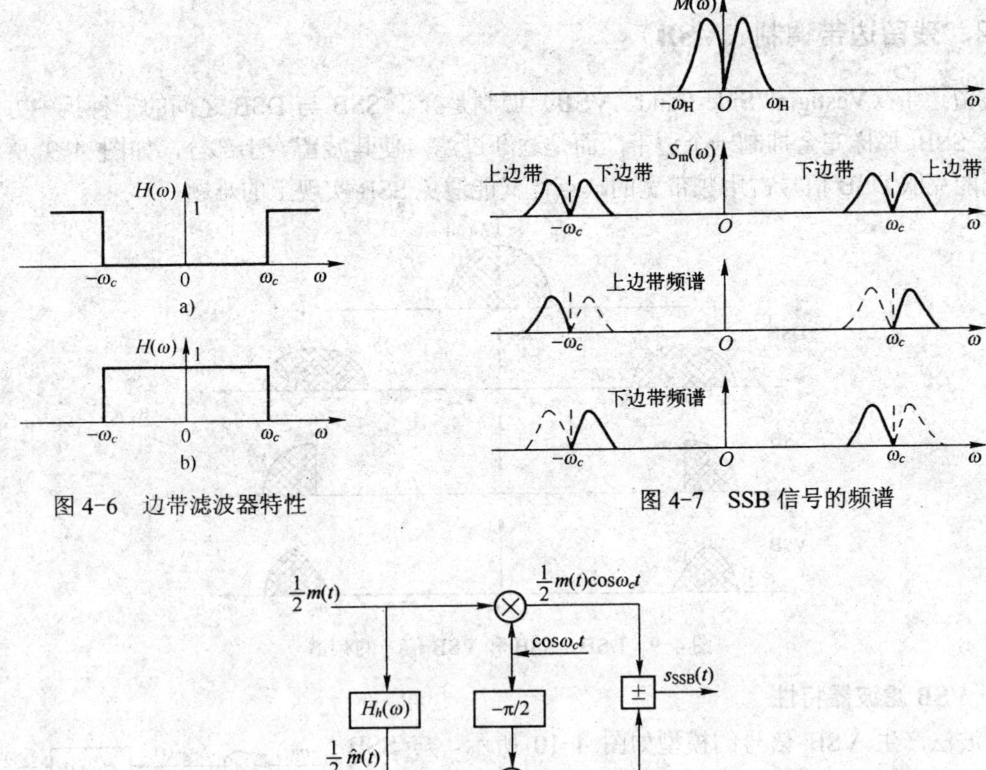

图 4-6　边带滤波器特性

图 4-7　SSB 信号的频谱

图 4-8　相移法产生 SSB 的模型

由图 4-8，不难写出 SSB 信号的时域表达式

$$s_{\mathrm{SSB}}(t)=\frac{1}{2}m(t)\cos\omega_c t\mp\frac{1}{2}\hat{m}(t)\sin\omega_c t \tag{4-10}$$

式中，“-”成立时，为上边带信号，“+”成立时，为下边带信号；$\hat{m}(t)$ 是 $m(t)$ 的希尔伯特变换。希尔伯特滤波器 $H_h(\omega)$ 实质上是一个宽带相移网络，它的作用是将 $m(t)$ 的所有频率分量都精确移相 $\frac{\pi}{2}$，因而不易实现。

2．SSB 特点与应用

1）SSB 最突出的优点是对频谱资源的有效利用。因为 SSB 所需的传输带宽仅为 DSB 的一半，即

$$B_{\mathrm{SSB}}=\frac{1}{2}B_{\mathrm{DSB}}=f_H \tag{4-11}$$

所以，SSB 方式适用于频谱拥挤的通信场合，尤其在短波通信和多路载波电话中占有重要的地位。

2）SSB 的另一个优点是由于不发送载波和仅发送一个边带所节省的功率。这一优点带来的低功耗特性和设备重量的减轻对于移动通信系统尤为重要。

3）SSB 的缺点是陡峭的边带滤波特性或宽带相移网络难以实现。另外，SSB 信号的解调也不能采用简单的包络检波，而需采用相干解调。

四、残留边带调制（VSB）

残留边带（**V**estigial **S**ide-**B**and，**VSB**）调制是介于 SSB 与 DSB 之间的一种折中方式。它不像 SSB 那样完全抑制一个边带，而是逐渐过滤，使其残留一小部分，如图 4-9 所示，这样既能克服 DSB 信号占用频带宽的缺点，又能避免 SSB 实现上的难题。

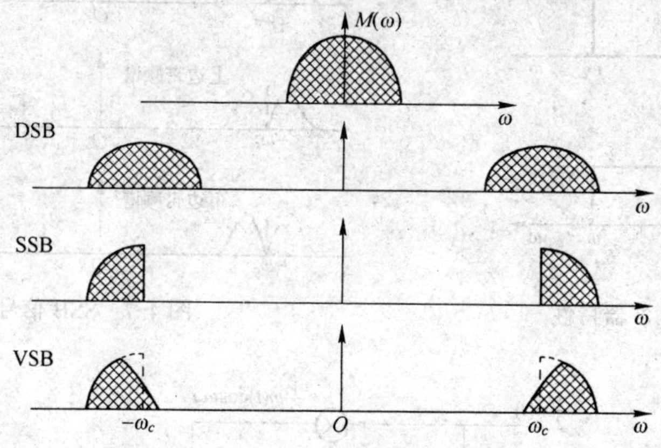

图 4-9 DSB、SSB 和 VSB 信号的频谱

1. VSB 滤波器特性

滤波法产生 VSB 信号的模型如图 4-10 所示。与 SSB 的模型图 4-5 相比，两者的区别仅在于滤波器的特性不同。SSB 的滤波器必须在载频处具有陡峭的截止特性，而 VSB 的滤波器特性 $H_V(\omega)$ 只需在载频附近具有圆滑的滚降特性，因而比单边带滤波器容易制作。

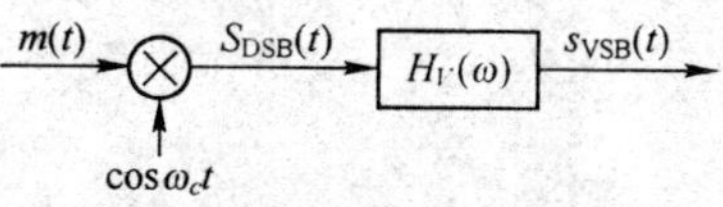

图 4-10 滤波法产生 VSB 的模型

为了保证接收端解调 VSB 信号时能够无失真地恢复基带信号 $m(t)$，要求：VSB 滤波器的传输函数 $H_V(\omega)$ 必须满足

$$H_V(\omega+\omega_c)+H_V(\omega-\omega_c)=\text{常数}，\quad |\omega|\leqslant\omega_H$$

即 $H_V(\omega)$ 应在载频两边具有互补对称（奇对称）的滚降特性，如图 4-11 所示。

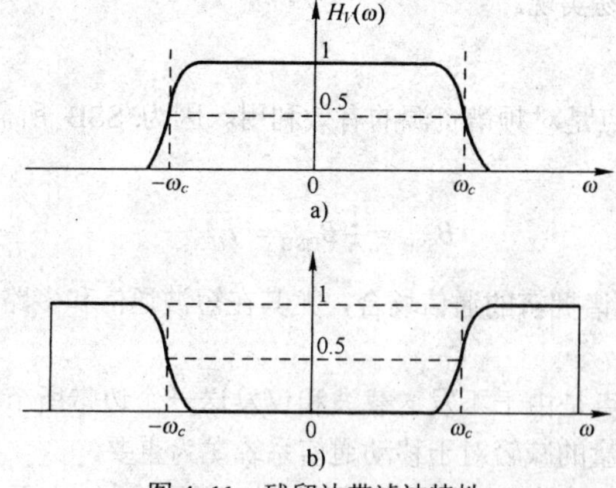

图 4-11 残留边带滤波特性

a) 残留部分上边带 b) 残留部分下边带

2．VSB 特点与应用

1）VSB 比 SSB 所需带宽仅有很小的增加，却换来了电路实现的简化。

2）VSB 在电视广播的电视信号传输中得到了广泛的应用。这是因为电视图像信号的低频分量丰富，且占用 0～6MHz 的频带范围，所以不宜采用 SSB 或 DSB 调制方式。

五、相干解调与包络检波

解调（也称检波）是调制的逆过程，其作用是从接收的已调信号 $s_m(t)$ 中恢复出基带信号 $m(t)$。解调方法有两类：相干解调和非相干解调（如包络检波）。

1．相干解调

相干解调也叫同步检波，其数学模型如图 4-12 所示。它由相乘器和低通滤波器（LPF）组成，适用于 AM、DSB、SSB、VSB 信号的解调。

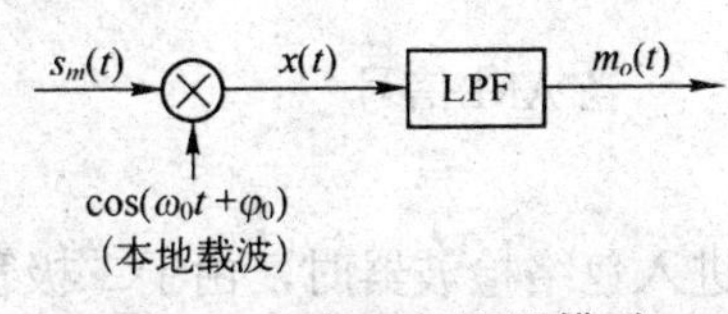

图 4-12　相干解调器模型

例如，设接收的已调信号为双边带（DSB）信号

$$s_m(t)=m(t)\cos(\omega_c t+\theta_0) \tag{4-12}$$

式中，θ_0 为载波初始相位（前面假定 θ_0 为 0）；ω_c 为载波角频率。

当接收端产生的本地载波 $\cos(\omega_0 t+\varphi_0)$ 与发送载波 $\cos(\omega_c t+\theta_0)$ **同频同相**时，即 $\omega_0=\omega_c$，$\varphi_0=\theta_0$，称为收发双方**载波同步**。这时，乘法器的输出为

$$x(t)=m(t)\cos^2(\omega_c t+\theta_0)=\frac{1}{2}m(t)+\frac{1}{2}m(t)\cos(2\omega_c t+2\theta_0) \tag{4-13}$$

经低通滤波器滤掉 $2\omega_c$ 分量后，解调输出为

$$m_o(t)=\frac{1}{2}m(t) \tag{4-14}$$

可见，当载波同步时，接收机能无失真地恢复基带信号 $m(t)$。

若本地载波 $\cos(\omega_0 t+\varphi_0)$ 与发送载波 $\cos(\omega_c t+\theta_0)$ **同频不同相**，即 $\omega_0=\omega_c$，$\varphi_0\neq\theta_0$ 时，乘法器的输出为

$$\begin{aligned}x(t)&=m(t)\cos(\omega_c t+\theta_0)\cos(\omega_c t+\varphi_0)\\&=\frac{1}{2}m(t)\cos(\theta_0-\varphi_0)+\frac{1}{2}m(t)\cos(2\omega_c t+\theta_0+\varphi_0)\end{aligned} \tag{4-15}$$

经低通滤波器滤掉 $2\omega_c$ 分量后，解调输出为

$$m_o(t)=\frac{1}{2}m(t)\cos(\theta_0-\varphi_0) \tag{4-16}$$

式中，$(\theta_0-\varphi_0)$ 称为载波同步误差（相位误差）。由于 $(\theta_0-\varphi_0)\neq 0$，使得 $\cos(\theta_0-\varphi_0)<1$，导致解调输出信号幅度衰减。若 $(\theta_0-\varphi_0)$ 是一个随机量，则解调输出将产生失真。

上述表明，相干解调的关键是接收机必须提供一个与接收信号的载波严格同步（同频同相）的本地载波（称为**相干载波**）。关于载波同步的方法将在第九章中介绍。

2．包络检波

包络检波是从已调波的幅度中直接提取消息信号。在满足 $|m(t)|_{\max}\leqslant A_0$ 的条件下，AM 波的包络与消息信号 $m(t)$ 的形状完全一样。因此，包络检波适用于 AM 信号的解调。

包络检波器通常由整流器和低通滤波器组成。常用的二极管峰值包络检波器如图 4-13b 所示。

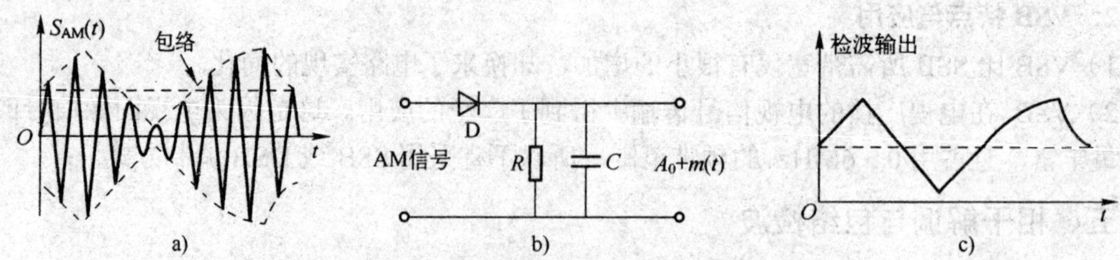

图 4-13　AM 信号通过包络检波器及其输出波形

a) AM 信号　b) 包络检波器　c) 检波器输出波形

当 AM 信号

$$s_{\mathrm{AM}}(t)=[A_0+m(t)]\cos\omega_c t \tag{4-17}$$

进入包络检波器时，由于二极管的单向导电特性，二极管在输入信号的每个高频周期的峰值附近导通，因此检波输出波形与输入信号包络形状相同，如图 4-13c 所示。事实上，检波器的输出波形会出现频率为 f_c 的波纹，但只要适当选择 RC 的数值，使其与消息信号最高频率 f_m 和载波频率 f_c 满足如下关系

$$f_m \ll \frac{1}{RC} \ll f_c \tag{4-18}$$

则波纹就不会太明显，并且还可用低通滤波器加以平滑，因此检波输出信号近似为

$$m_o(t)=A_0+m(t) \tag{4-19}$$

隔去直流 A_0（图 4-13c 中虚线）后，则可还原消息信号 $m(t)$。

包络检波器的电路简单，不需要相干载波，因而 AM 接收机几乎无例外地采用这种电路。

【例 4-1】 消息信号 $m(t)$ 的波形如图 4-14 所示，试画出 DSB 信号及其通过包络检波器后的波形，并与图 4-13 中的 AM 信号通过包络检波器后的波形进行比较。

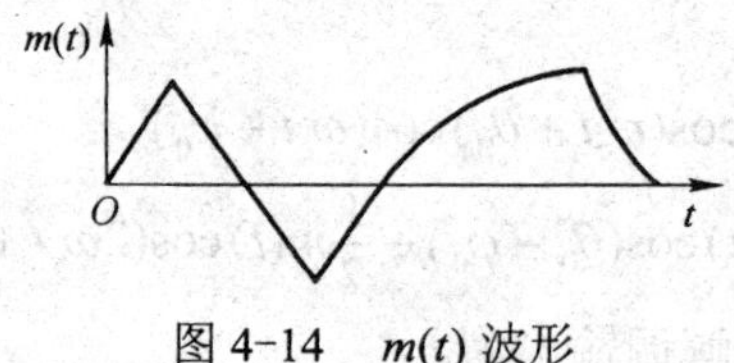

图 4-14　$m(t)$ 波形

解：DSB 信号可表示为

$$s_{\mathrm{DSB}}(t)=m(t)\cos\omega_c t$$

其波形及其通过包检后的波形分别如图 4-15a 和图 4-15b 所示。

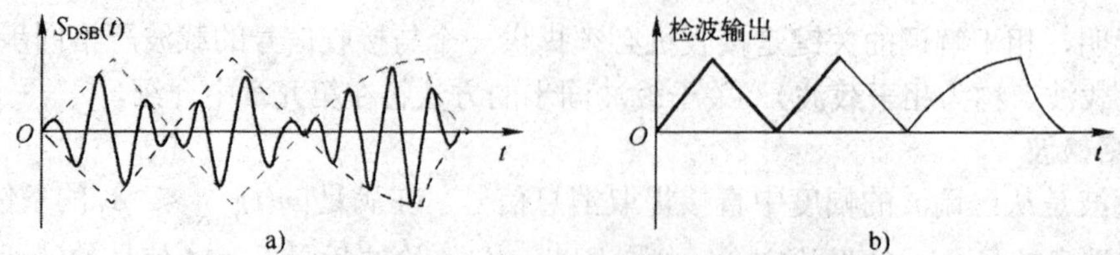

图 4-15　DSB 信号及其通过包检后的波形

评注：DSB 信号的检波输出不再是消息信号 $m(t)$ 的模样，这表示 DSB 信号不能直接采

用包络检波；而 AM 信号在满足$|m(t)|_{\max} \leqslant A_0$的情况下可采用包络检波恢复$m(t)$。

第三节 角度调制

正弦载波有 3 个基本参量：幅度、频率和相位。消息信号不仅可以“坐在”载波的幅度上，还可以“坐在”载波的频率或相位上——分别称为频率调制（Frequency Modulation，**FM**）和相位调制（Phase Modulation，**PM**），简称**调频**和**调相**，统称**角（度）调制**。

一、角调制的基本概念

角调制信号的一般表达式为

$$s_m(t) = A\cos[\omega_c t + \phi(t)] = A\cos\theta(t) \tag{4-20}$$

式中，A 是载波的恒定振幅；$\theta(t)=[\omega_c t+\phi(t)]$是信号的瞬时相位，而$\phi(t)$是相对于$\omega_c t$的瞬时相位偏移；$\omega(t)=\mathrm{d}\theta(t)/\mathrm{d}t=\mathrm{d}[\omega_c t+\phi(t)]/\mathrm{d}t$是信号的瞬时角频率，而$\mathrm{d}\phi(t)/\mathrm{d}t$是相对于$\omega_c$的瞬时角频偏。

1．调相（PM）

PM 是指瞬时相位偏移随着消息信号$m(t)$作线性变化，即

$$\phi(t) = K_p m(t) \tag{4-21}$$

式中，K_p为相移常数，单位是 rad/V。将式（4-21）代入式（4-22），可得 PM 信号的表达式

$$s_{\mathrm{PM}}(t) = A\cos[\omega_c t + K_p m(t)] \tag{4-22}$$

其瞬时相位为

$$\theta(t) = \omega_c t + K_p m(t) \tag{4-23}$$

瞬时角频率为

$$\omega(t) = \omega_c + K_p \frac{\mathrm{d}m(t)}{\mathrm{d}t} \tag{4-24}$$

2．调频（FM）

FM 是指瞬时频率偏移随着消息信号$m(t)$成比例变化，即

$$\frac{\mathrm{d}\phi(t)}{\mathrm{d}t} = K_f m(t) \tag{4-25}$$

式中，K_f为频偏常数，单位是 rad/(s·V)。这时相位偏移为

$$\varphi(t) = K_f \int m(\tau)\mathrm{d}\tau \tag{4-26}$$

代入式（4-20），可得 FM 信号的一般表达式

$$s_{\mathrm{FM}}(t) = A\cos\left[\omega_c t + K_f \int m(t)\mathrm{d}t\right] \tag{4-27}$$

其瞬时相位为

$$\theta(t) = \omega_c t + K_f \int m(t)\mathrm{d}t \tag{4-28}$$

瞬时角频率为

$$\omega(t)=\omega_c+K_f m(t) \tag{4-29}$$

3．单音 PM 与 FM

单音是指基带信号 $m(t)$ 为单一频率的余弦（或正弦）波的特殊情况，即

$$m(t)=A_m\cos\omega_m t=A_m\cos 2\pi f_m t \tag{4-30}$$

将其代入式（4-22），则可得单音调制时的 PM 信号

$$s_{\mathrm{PM}}(t)=A\cos[\omega_c t+K_p A_m\cos\omega_m t]=A\cos[\omega_c t+m_p\cos\omega_m t] \tag{4-31}$$

式中，$m_p=K_p A_m$ 称为调相指数，表示最大的相位偏移。

将其代入式（4-27），则可得单音 FM 信号

$$s_{\mathrm{FM}}(t)=A\cos\left[\omega_c t+K_f A_m\int\cos\omega_m\tau\mathrm{d}\tau\right]$$

$$=A\cos[\omega_c t+m_f\sin\omega_m t] \tag{4-32}$$

式中

$$m_f=\frac{A_m K_f}{\omega_m}=\frac{\Delta\omega}{\omega_m}=\frac{\Delta f}{f_m} \tag{4-33}$$

称为**调频指数**，表示最大的相位偏移；其中的 $\Delta\omega=2\pi\Delta f=A_m K_f$ 为最大角频偏，f_m 为调制频率。单音 PM 信号和单音 FM 信号的波形如图 4-16 所示。

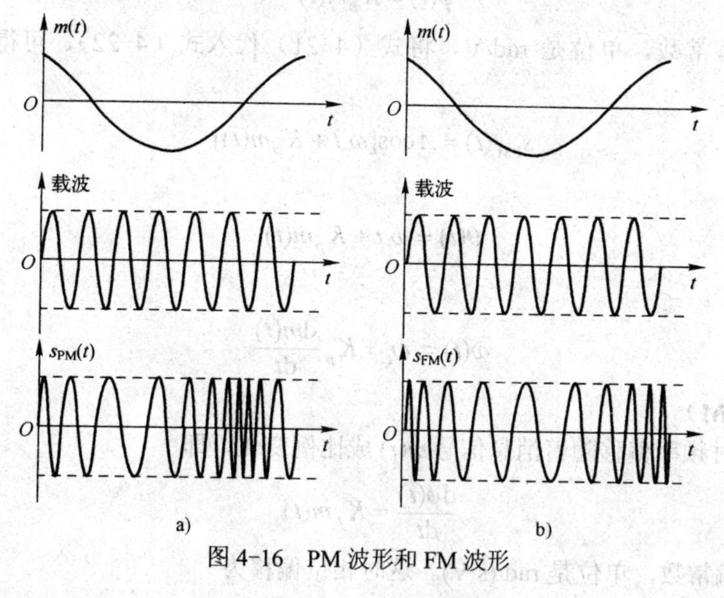

图 4-16　PM 波形和 FM 波形

a) PM 信号波形　b) FM 信号波形

由图 4-16 可见，PM 信号的频率变化（波形的疏密）与 $m(t)$ 的斜率成比例。$m(t)$ 的斜率越大，PM 信号的频率变化越大（波形越密）；FM 信号的频率变化与 $m(t)$ 成比例，而两者的载波幅度都是恒定的。

4．PM 与 FM 的关系

观察式（4-22）和式（4-27）可知，PM 信号的相位偏移随 $m(t)$ 作线性变化，FM 信号的相位偏移随 $m(t)$ 的积分作线性变化。这说明，**PM 与 FM** 之间存在内在联系，即微积分关

系。若将消息信号 $m(t)$ 微分后，再对载波进行调频，则可得 PM 信号，如图 4-17a 所示；若将消息信号 $m(t)$ 积分后，再对载波进行调相，则可得 FM 信号，如图 4-17b 所示。

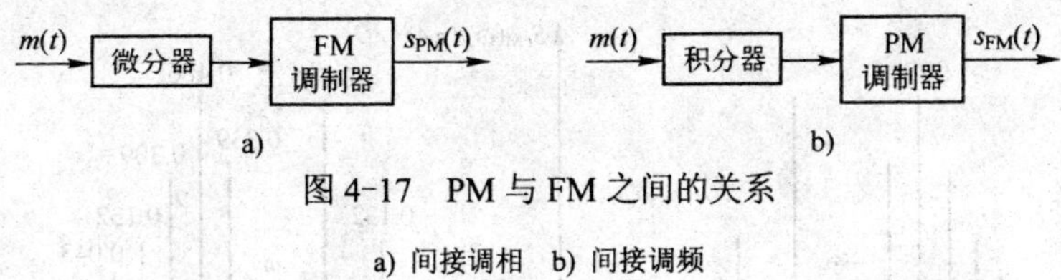

图 4-17　PM 与 FM 之间的关系

a) 间接调相　b) 间接调频

FM 与 PM 这种密切的关系使得两者可以统一分析。下面主要讨论 FM 方式。

二、FM 信号的频谱与带宽

根据调频指数或最大瞬时相位偏移的大小，可将 FM 划分为：窄带调频和宽带调频。

窄带调频是指 FM 信号的调频指数 $m_f \ll 1$，即等同于 FM 信号的最大瞬时相位偏移满足下式

$$\left|K_f \int m(\tau)\mathrm{d}\tau\right| \ll \frac{\pi}{6} \quad （或 0.5） \tag{4-34}$$

这时，FM 信号的频谱宽度比较窄，故称为**窄带调频**（缩写为 NBFM）。当上式不满足时，FM 信号的频谱宽度比较宽，故称为**宽带调频**（缩写为 WBFM）。

单音 NBFM 信号的频谱与 AM 信号的频谱很相似，如图 4-18 所示，两者都有载波分量和位于载频两边的边带，所以它们的带宽相同，都是基带信号最高频率的两倍。不同的是，NBFM 的一个边带和 AM 反相。

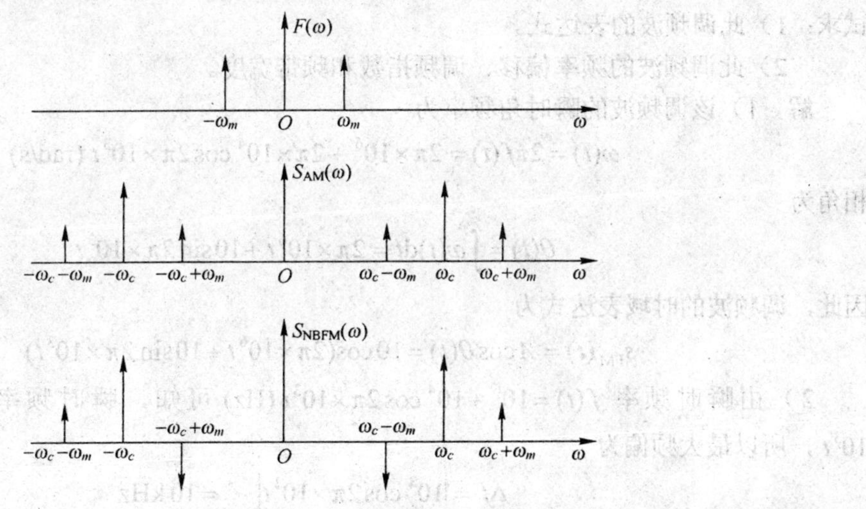

图 4-18　单音调制的 AM 与 NBFM 频谱

单音 WBFM 信号的频谱由载波分量和无数多个对称分布在载频两侧的边频分量组成。因此，FM 信号的频谱不再是基带信号频谱的线性搬移，而是一种**非线性调制**。理论上，调频信号的频带宽度为无限宽；实际上，随着频率的增高，边频分量的幅度会逐渐减小到可以忽略的程度，示意图如 4-19 所示，所以近似认为调频信号具有有限的带宽，其计算公式为

$$B_{\mathrm{FM}} = 2(m_f + 1) f_m = 2(\Delta f + f_m) \tag{4-35}$$

式中，f_m 是基带信号的调制频率，Δf 是最大频偏，m_f 是调频指数，该式称为卡森（**Carson**）公式。

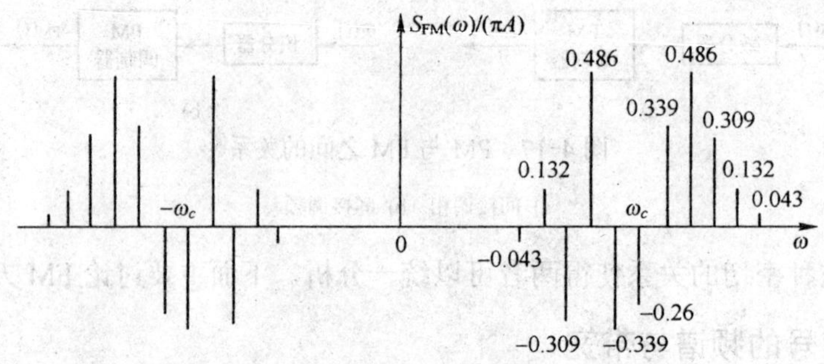

图 4-19　某单音调频信号的频谱（m_f =3）

以上讨论的是单音调频的频谱和带宽。当基带信号不是单一频率时，由于调频是一种非线性调制过程，其频谱分析更加复杂。根据分析和经验，对于多音或任意限带信号时，FM 信号的带宽仍然可用卡森公式来估算。这时，式（4-35）中的 f_m 表示调制信号的最高频率 f_H。

在实际应用中，FM 信号的传输带宽一般由政府机构统一限制和分配。例如，在 FM 广播中规定最大频偏 Δf 为 75kHz，最高调制频率 f_m 为 15kHz，故调频指数 $m_f=5$，由式（4-35）可算出此 FM 信号的频带宽度为 180kHz。

【例 4-2】 已知某单音调频波的振幅为 10V，瞬时频率为

$$f(t)=10^6+10^4\cos 2\pi\times 10^3 t\ (\text{Hz})$$

试求：1）此调频波的表达式。

2）此调频波的频率偏移、调频指数和频带宽度。

解　1）该调频波的瞬时角频率为

$$\omega(t)=2\pi f(t)=2\pi\times 10^6+2\pi\times 10^4\cos 2\pi\times 10^3 t\ (\text{rad/s})$$

相角为

$$\theta(t)=\int\omega(t)\mathrm{d}t=2\pi\times 10^6 t+10\sin 2\pi\times 10^3 t$$

因此，调频波的时域表达式为

$$s_{\text{FM}}(t)=A\cos\theta(t)=10\cos(2\pi\times 10^6 t+10\sin 2\pi\times 10^3 t)$$

2）由瞬时频率 $f(t)=10^6+10^4\cos 2\pi\times 10^3 t\ (\text{Hz})$ 可知，瞬时频率偏移为 $10^4\cos 2\pi\times 10^3 t$，所以最大频偏为

$$\Delta f=\left|10^4\cos 2\pi\times 10^3 t\right|_{\max}=10\ \text{kHz}$$

调频指数为

$$m_f=\frac{\Delta f}{f_m}=\frac{10^4}{10^3}=10$$

频带宽度为

$$B\approx 2(\Delta f+f_m)=2(10+1)=22\ \text{kHz}$$

三、FM 信号的产生与解调

1. FM 信号的产生

产生调频信号的方法通常有两种：直接法和间接法。

直接调频是用消息信号 $m(t)$ 控制压控振荡器（Voltage Controlled Oscillator，VCO）的频率，使其按照 $m(t)$ 的规律线性变化，从而产生 FM 信号，如图 4-20 所示。

间接调频是先将消息信号 $m(t)$ 积分，然后对载波进行调相，从而产生窄带调频（NBFM）信号，若在后面加一个 n 次倍频器，即可得到宽带调频（WBFM）信号，其原理框图如图 4-21 所示。这种方法又称阿姆斯特朗（Armstrong）法。其中，倍频器的作用是提高调频指数 m_f，以实现宽带调频。

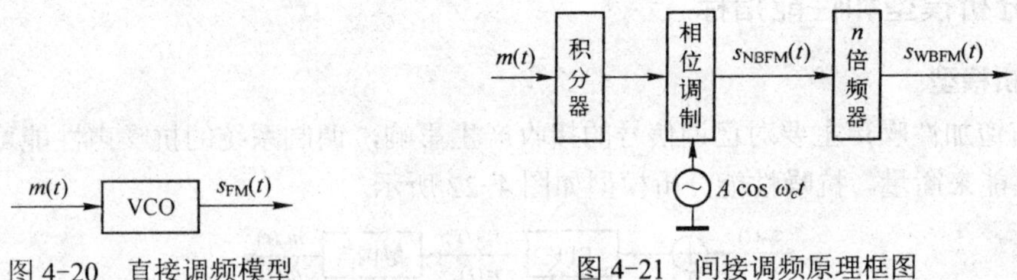

图 4-20　直接调频模型　　　　图 4-21　间接调频原理框图

2. FM 信号的解调

调频信号的解调，也称**鉴频**。由式（4-27）可知，FM 信号的一般表达式为

$$s_{\mathrm{FM}}(t) = A\cos\left[\omega_c t + K_f \int m(t)\mathrm{d}t\right] \tag{4-36}$$

其瞬时角频率为

$$\omega(t) = \omega_c + K_f m(t) \tag{4-37}$$

若在接收端，设法从 FM 信号中取出 $\omega(t)$，并去掉 ω_c 项，即可恢复原来的消息信号 $m(t)$，这就是调频信号的解调器（也称**鉴频器**）的设计思想。

鉴频器的种类很多，如比例鉴频器、锁相环鉴频器等。

四、FM 特点与应用

1）调频是将消息信号 $m(t)$ 的信息调制到载波的频率上，表现为 FM 波的过零点密度与 $m(t)$ 成比例，而幅度保持恒定。幅度恒定事实上也是 FM 的一个优势所在，因为噪声主要是影响载波的幅度，所以在接收机中用限幅器很容易将噪声带来的影响消除掉。

2）FM 属于非线性调制，其频谱结构与调频指数 m_f 密切相关，所需的传输带宽比 AM 信号的带宽大 (m_f+1) 倍，因此，有效性不如调幅系统。

$$B_{\mathrm{FM}} = 2(m_f+1)f_m\text{；}\qquad B_{\mathrm{AM}} = 2f_m$$

3）FM 信号的带宽随 m_f 的变化而改变，m_f 越大，频带越宽。但 m_f 大，调频系统的抗干扰能力也强，因此调频方式可以实现带宽与信噪比的互换（即有效性与可靠性的互换）。

调频指数 m_f 是关乎调频系统性能的一个重要参数。关于 m_f 值的选择，要从通信质量和带宽限制两方面考虑。对于远距离高质量的通信（如调频广播、电视伴音、卫星通信、移动通信、微波通信和蜂窝电话系统），需采用宽带调频，即 m_f 值选得大些；对于一般通信，选用 m_f 较小的调频方式。

第四节　模拟调制系统的抗噪性能

前几节的分析都是在没有噪声条件下进行的。实际上，任何通信系统都避免不了噪声的影响。通信系统常把信道加性噪声中的热噪声作为研究对象。而热噪声是一种高斯白噪声（详见第 2.6 节）。因此，本节将简要讨论在加性高斯白噪声干扰下，各种模拟调制系统的抗噪声性能。

一、分析模型和性能指标

1. 分析模型

由于信道加性噪声主要对已调信号的接收产生影响，调制系统的抗噪声性能可用解调器的抗噪声性能来衡量。抗噪性能分析模型如图 4-22 所示。

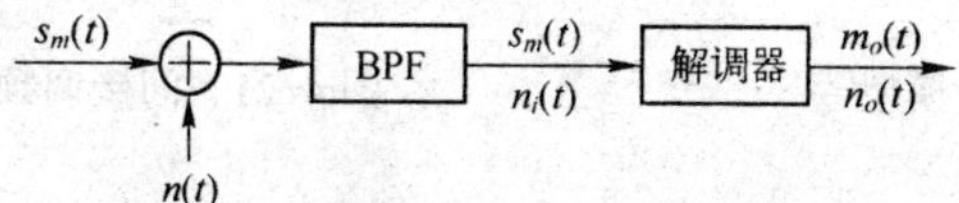

图 4-22　抗噪性能分析模型

图中，$s_m(t)$ 为已调信号，可以是 AM、DSB、SSB、VSB、FM；$n(t)$ 为信道加性高斯白噪声；带通滤波器（BPF）的作用是滤除已调信号频带以外的噪声，因此，经过 BPF 到达解调器输入端的信号仍可认为是 $s_m(t)$，而噪声 $n_i(t)$ 为窄带高斯噪声。若假设 $n(t)$ 的单边功率谱密度为 n_0，带通滤波器的传输特性 $H(f)$是高度为 1，带宽为 B 的理想矩形函数，如图 4-23 所示，则解调器输入噪声 $n_i(t)$ 的平均功率为

$$N_i = n_0 B \tag{4-38}$$

此式对于各种调制方式都成立，只是带宽 B 的大小不同而已。为了保证信号无失真通过的同时，又能最大限度地抑制噪声，B 应等于已调信号的频带宽度。

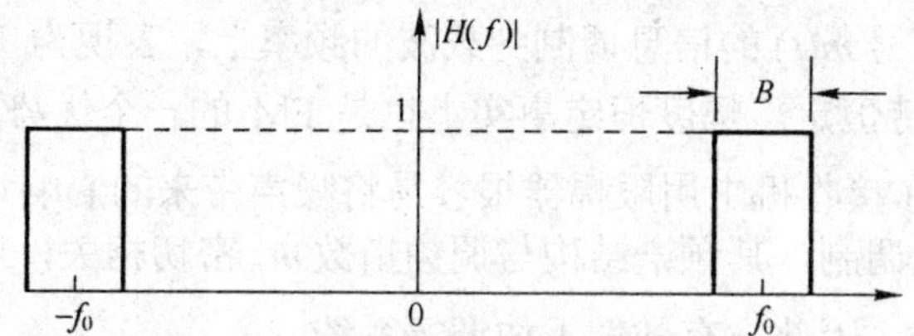

图 4-23　带通滤波器的传输特性

解调器可以是相干解调器（如图 4-12 所示）——用于各种幅度已调信号的解调，或是包络检波器（如图 4-13 所示）——用于 AM 信号的解调，或是鉴频器——用于 FM 信号的解调。

$m_o(t)$ 为解调器输出的有用信号，也就是所要恢复的消息信号 $km(t)$；$n_o(t)$ 为解调器的输出噪声。

2．性能指标

在第 1.5 节中已经指出，模拟通信系统的抗噪声性能（即可靠性）常用接收机最终的输出信噪比来度量。解调器的**输出信噪比**定义为

$$\frac{S_o}{N_o}=\frac{\text{解调器输出信号的平均功率}}{\text{解调器输出噪声的平均功率}}=\frac{\overline{m_o^2(t)}}{\overline{n_o^2(t)}} \tag{4-39}$$

其值与调制方式有关，也与解调方式有关。在一定的输入信号功率和噪声功率谱密度条件下，输出信噪比越大，说明系统的抗噪声性能越好。实际中，不同的通信系统对信噪比的具体要求不同，如传输话音信号要求 S_o/N_o>26dB，传输电视图像要求 S_o/N_o>40dB。

另外，为了反映解调器对信噪比的改善能力，还可引入**信噪比增益**（也叫**制度增益**），它定义为

$$G=\frac{S_o/N_o}{S_i/N_i} \tag{4-40}$$

式中，S_i/N_i 为解调器输入端的已调信号功率与噪声功率之比。

二、分析结果和性能比较

表 4-2 列出了各种模拟调制系统的传输带宽 B、制度增益 G、输出信噪比 S_o/N_o 和主要应用场合。各方面性能比较结果如下所述。

- 抗噪声性能：FM 最好，DSB/SSB、VSB 次之，AM 最差。
- 频谱利用率：SSB 最高，VSB 较高，DSB/ AM 次之，FM 最差。
- 功率利用率：FM 最高，DSB/SSB、VSB 次之，AM 最差。
- 设备复杂度：AM 最简，DSB/FM 次之，VSB 较复杂，SSB 最复杂。

另外，窄带调频（NBFM）的带宽与调幅带宽相同，其抗噪声性能不如宽带调频，但比 AM 的性能要好。

表 4-2　模拟调制系统性能比较

调制方式	传输带宽 B	制度增益 G	输出信噪比 S_o/N_o	主要用途
AM	$2f_m$	2/3	$\frac{1}{3}\cdot\left(\frac{S_i}{n_0 f_m}\right)$	AM 广播
DSB	$2f_m$	2	$\left(\frac{S_i}{n_0 f_m}\right)$	FM 立体声广播中差信号调制 SSB 调制的中间环节
SSB	f_m	1	$\left(\frac{S_i}{n_0 f_m}\right)$	频分复用 载波电话
VSB	略大于 f_m	近似 SSB	近似 SSB	电视广播
FM	$2(m_f+1)f_m$	$3m_f^2(m_f+1)$	$\frac{3}{2}m_f^2\left(\frac{S_i}{n_0 f_m}\right)$	调频广播、电视伴音、卫星通信、移动通信、微波通信和蜂窝电话等高质量通信系统中

注：表中已假设接收机输入端已调信号功率为 S_i；信道高斯白噪声的单边功率谱密度为 n_0；调制信号 $m(t)$ 的最高频率为 f_m，且满足 $\overline{m(t)}=0$；AM 和 FM 均为单音（余弦）调制，且 AM 为满量（100%）调幅。

本 章 小 结

1．调制的定义：

- 调制是使载波的某个参数按照消息信号的规律作变化的过程。
- 从频域角度讲，调制是频谱搬移的过程，即把消息信号（也称调制信号或基带信号）的频谱搬移到载频附近。

2．调制的作用或目的：

- 进行频谱搬移，减小天线尺寸。
- 将信号变换成适合在信道中传输的已调信号。
- 实现信道的多路复用。
- 改善系统抗噪声性能。
- 获得功率效率、频谱效率的折中或互换等。

3．模拟调制分为幅度调制和角度调制；角度调制分为调频和调相。

- 幅度调制——载波的振幅随基带信号的瞬时值而变化。
- 频率调制——载波的频率随基带信号的瞬时值而变化。
- 相位调制——载波的相位随基带信号的瞬时值而变化。

4．**幅度调制**包括 AM、DSB、SSB 和 VSB，其频谱仅仅是调制信号频谱的搬移，属于线性调制。

- AM 信号的包络与调制信号 $m(t)$ 的形状完全一样，因此可采用简单的包络检波器进行解调，被广泛用于调幅广播。
- DSB 信号中无载波分量，因此调制效率是 100%。
- SSB 只传输 DSB 中的一个边带，所以频谱利用率最高，应用广泛。
- VSB 是 SSB 与 DSB 之间的折中方式，广泛用于电视广播系统中。

5．**角度调制**包括调频（FM）和调相（PM）。两者可以相互转换，间接产生。它们属于非线性调制，已调信号的频谱不再保持原来基带频谱的结构。

- FM 信号的瞬时频偏与调制信号 $m(t)$ 成正比。
- PM 信号的瞬时相偏与 $m(t)$ 成正比。
- 与幅度调制相比，角度调制最突出的优势是具有较高的抗噪声性能，其代价是占用比调幅信号更宽的带宽。

6．$B_{\text{DSB}} = B_{\text{AM}} = 2f_H$；$B_{\text{SSB}} = B_{\text{DSB}}/2 = f_H$（基带信号带宽）。

7．$B_{\text{FM}} = 2(m_f+1)f_{\text{H}} = (m_f+1)B_{\text{AM}}$；调频指数 m_f 同时涉及 FM 系统的有效性和可靠性。

8．**解调**是调制的逆过程，其作用是从已调信号中恢复出原调制信号。各种调制方式相应有不同的解调方法，见表 4-3。

表 4-3 解调方法

相干解调 （也称同步检波）	包络检波 （属于非相干解调）	鉴频器 （属于非相干解调）
适用：AM、DSB、SSB 和 VSB 信号 组成：相乘器和低通滤波器（LPF） 要求：接收端需提供同步（相干）载波	适用：AM 信号的解调 组成：整流器和 LPF 要求：接收端不需要同步载波	适用：FM 信号的解调 组成：鉴频器的种类不同，组成也不同

9．抗噪声性能：FM 最好，DSB/SSB、VSB 次之，AM 最差。

10．频谱利用率：SSB 最高，VSB 较高，DSB/ AM 次之，FM 最差。

思考与练习

4-1 何谓调制？调制在通信系统中的作用是什么？

4-2 线性调制与非线性调制的异同是什么？

4-3 AM 信号的波形和频谱有哪些特点？

4-4 SSB 信号的产生方法有哪些？

4-5 VSB 滤波器的传输特性应满足在________两边________对称。

4-6 AM 信号在满足____________条件时，可采用包络检波。为什么？

4-7 已调信号的带宽越________，说明有效性越好；解调器输出信噪比越________，说明可靠性越好。

4-8 比较 AM、DSB、SSB、FM 的可靠性，从优到劣的顺序为：____。

4-9 频分复用（FDM）中的关键技术是________技术，它的各路信号在______域上是分开的。

4-10 假设为某个话音通信系统提供调制方案，试根据下列三种要求分别提出所需使用的调制技术，并解释理由。

1）若要求接收机简单、便宜。

2）若要求频带利用率高或者复用路数多。

3）若要求系统有较强的抗噪声干扰能力。

4-11 已知基带信号带宽为 15kHz。试计算下列几种传输方式的信号带宽。

1）AM 调制方式。

2）DSB 调制方式。

3）SSB 调制方式。

4）FM 调制方式，其中频率偏移为 75kHz。

4-12 已知 FM 信号的表达式为 $S_{\rm FM}=(t)=10\cos(10^6\pi t+8\cos 10^3\pi t)\,\rm V$，试：

1）写出载波角频率 ω_c 和调制频率 f_m。

2）计算调频指数和信号带宽。

3）写出相应的调制信号表达式。

4-13 已知调制信号 $m(t)=\cos(2000\pi t)$，载波为 $2\cos 10^4\pi t$，分别写出 AM、DSB、USB（上边带）、LSB（下边带）信号的表示式，并画出频谱图。

第五章　数字基带传输

学习目标：

- 了解基本码型和频谱特性。
- 掌握线路码型的编码、特点和应用（重点）。
- 掌握基带系统的组成及各部件的作用（重点）。
- 熟悉无码间串扰的条件和内涵（难点）。
- 掌握滚降系数/带宽/频带利用率的计算（重点）。
- 了解基带系统的抗噪声性能。
- 熟悉眼图的观察和性能评价（重点）。
- 了解部分响应和时域均衡的作用。

建议学时：

8～10 学时

本章导读：

数字基带信号是指取值离散、频域能量主要集中在低频附近的信号，如来自计算机等数据终端的信号或模拟信号数字化后的编码信号（如 PCM 信号，详见第七章）等。在某些具有低通特性的有线信道中，特别是传输距离不太远的情况下，基带信号可以不经载波调制而直接传输，这种传输方式称为**数字基带传输**。如许多局域网内、计算机到打印机等外设之间、计算机内芯片间并行总线上的信息传输采用的都是基带传输方式。对于带通信道（如各种无线信道），必须把数字基带信号调制到载波上才能进行传输，这种传输方式称为**数字调制或载波传输**（详见第六章）。

本章内容是数字通信的基础，其分析方法和结论对于学习第六章也很有帮助。因此，要重视本章的概念与研究方法。

本章在介绍数字基带信号的波形、码型及其谱特性的基础上，重点研究如何设计基带传输特性，以消除码间干扰；如何抑制信道噪声，以提高抗干扰能力。然后介绍一种估计系统性能的实验方法——眼图、两个优化系统性能的措施——部分响应和时域均衡。

内容主线：

码型和谱特性⇨两种干扰⇨无 ISI 特性⇨抗噪性能⇨眼图⇨优化措施

第一节　基带信号的码型

数字基带信号是数字消息（如二进制信息码元序列 101101）的电脉冲表示，有多种表示形式（也称码型）。不同码型的数字基带信号具有不同的特性（如频谱结构、同步、检错能力等），只有当选择或设计的码型与信道的传输特性相匹配和满足基带传输的其他需要时，才能保证信号的顺利传输。

数字消息（信码序列）的电脉冲表示过程也称为**码型变换**，或称**线路编码**。这个过程涉及编码规则和脉冲波形成型的问题。下面以矩形脉冲作为成型波形，介绍数字基带信号的常见码型。

一、基本码型

图 5-1 给出了几种基本的码型，它们也属于二元码。

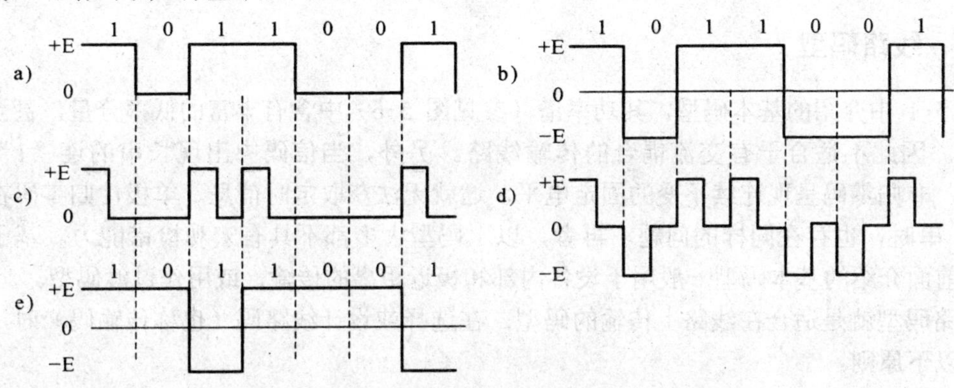

图 5-1 数字基带信号的基本码型

1. 单极性码

单极性码如图 5-1a 所示，正电平和零电平的脉冲分别表示二进制码元“1”和“0”，且在每个码元的持续时间内电平保持不变。单极性码的优点是易于产生，缺点是含有直流分量和丰富的低频分量（参见图 5-6），因而不能在低频特性差的线路中传输，一般只适用于终端设备内或印制电路板内的数据传输。

2. 双极性码

双极性码如图 5-1b 所示，正、负电平的脉冲分别表示“1”码和“0”码。双极性码的优点是无直流分量（等概率发送 1、0 码时），抗噪声能力比单极性强。因此，双极性码的应用广泛。例如，用于 ITU-T 制定的 V.24 接口标准、美国电工协会（EIA）制定的 RS-232C 接口标准和数字调制器中。

3. 单极性归零码

单极性归零码如图 5-1c 所示，它是单极性波形的归零形式。所谓**归零**（Return-to-Zero，**RZ**）是指脉宽 τ 小于码元宽度 T_s，即每个脉冲的电平在一个码元终止前总要回归到零电平。通常，归零波形的**占空比** τ / T_s 为 50%，即半占空。从单极性归零码中可以直接提取位定时（同步）信号，但它仍如单极性码那样不适于在信道上传输，因此它是其他码型提取同步时钟时需要采用的一种过渡码型。

4. 双极性归零码

双极性归零码如图 5-1d 所示，它兼有双极性和归零波形的特点。与归零波形相对应，图 5-1a 和图 5-1b 所示的单、双极性码属于非归零（NRZ），$\tau = T_s$，即占空比 τ / T_B =100%。

观察以上 4 种码型，如图 5-1a～d 所示，可以发现它们有一个共同的特点：信码与本码元的电平极性一一对应，如“1”码都对应正电平脉冲。具有这种特点的码型称为绝对码。

5．差分码

差分码是用相邻码元电平的跳变或不变来表示信息码元，而与本码元的电平极性无关，如图 5-1e 所示。图中，以相邻电平跳变来表示“1”，不变表示“0”，当然上述规定也可以反过来。由于差分码是以相邻脉冲电平的相对变化来表示信码，因此也称它为**相对码**。

相对码的优点是可以消除设备初始状态不确定性的影响，如在相位调制系统中（见第六章）可用于解决载波相位模糊问题。

二、线路码型

图 5-1 中介绍的基本码型，其功率谱（参见图 5-6）中含有丰富的低率分量，甚至有直流分量，因此不适合于有交流耦合的传输线路。另外，当信码中出现长串的连“1”或连“0”时，非归零码呈现连续不变的固定电平，这就无法获取定时信息。单极性归零码在传送连“0”串时，也存在同样的问题。再者，以上码型大多都不具有宏观检错能力。基于这些原因，前面介绍的基本码型一般用于设备内部和极近距离的传输，或用作过渡码型。

线路码型就是适合在线路上传输的码型。在选择或设计线路码（也称传输码）时，一般应遵循以下原则。

1）无直流分量，且低频分量也要小。基带信号的传输线路通常是双绞线或同轴电缆，接口处通常需要耦合变压器，因此对零频率附近的低频成分有较大的衰减，这就要求信号的频谱中不能含有直流分量和低频成分，否则将对信号的波形造成很大的失真。

2）含有同步（定时）信息，且信号能量大。数字信号的接收恢复通常采用抽样判决再生的方法，因此，接收端需提供定时（同步）时钟信号。通常，这种定时的时钟信号需要从接收的基带信号中提取，若传输码本身含有定时信息且有足够大的能量，将有助于从中提取定时时钟。信号的能量大也有助于提高抗噪声能力。

3）功率谱主瓣窄。这样可以节省传输频带和减小码间串扰。

4）具有一定的宏观检错能力。

5）编译码简单。

满足或部分满足以上原则的线路码有很多。下面，介绍几种常用的线路码及其特点和应用场合。

1．AMI 码

AMI（Alternative Mark Inverse）码的全称是传号交替反转码。其编码规则是将信码中的“1”（传号）交替编成“+1”和“−1”，而“0”（空号）保持不变。例如：

信码：　　　　　1 0 0 0 0　1 0 0 0 0　1 1 0 0 0 0 0 0 0 0　1 1…

AMI 码：　　　　+1 0 0 0 0 −1 0 0 0 0 +1 −1 0 0 0 0 0 0 0 0 +1 −1…

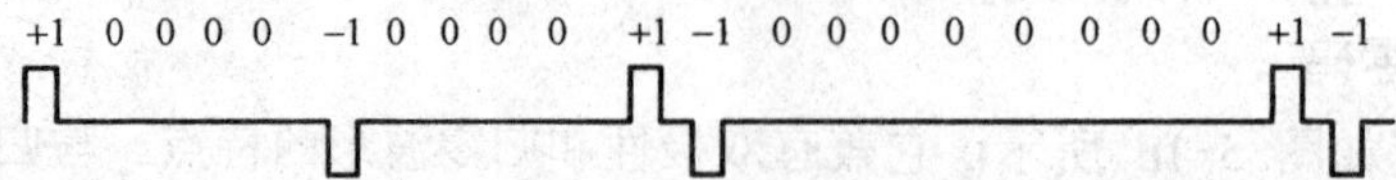

可见，AMI 码的波形是三电平（正、负和零电平）的脉冲序列。它的功率谱如图 5-2 所示。

AMI 码的优点是没有直流成分，且高、低频分量少，能量集中在频率为 $1/2f_s$（f_s 在数值上等于码元速率 R_B）处；编译码电路简单，且可利用传号极性交替这一规律发现误码。虽然它本身不含定时分量，但在接收端用全波整流的方法把它变成单极性归零码，从中可提取位定时信息。鉴于以上优点，AMI 码是较常用的传输码型之一，如北美电话系统中时分复用基群的线路接口码型。

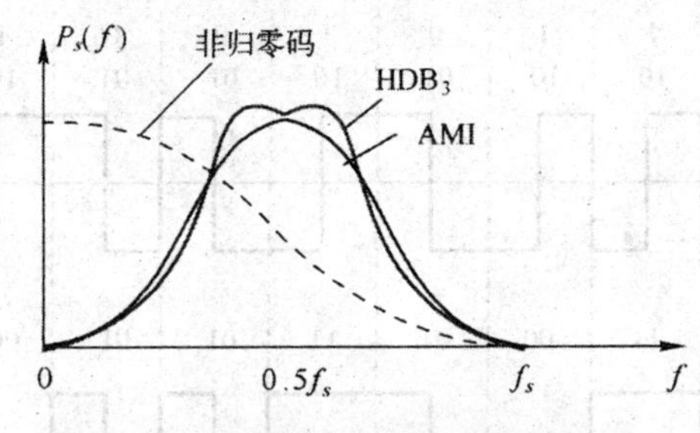

图 5-2　AMI 码、HDB$_3$ 码的功率谱

AMI 码的缺点是它的功率谱形状与信源统计特性有关（随“1”码的概率而变，图中未画出），且当信码出现连“0”串时，信号的电平长时间不跳变，造成提取定时信息的困难。解决连“0”码的方法之一是进行扰码，即将发送序列进行随机化处理，使其不再出现连“0”码；另一个有效方法是采用 HDB$_3$ 码。

2．HDB$_3$ 码

HDB$_3$（High Density Bipolar of Order 3）码的全称是 3 阶高密度双极性码，它是 AMI 码的一种改进型，可以使连“0”个数不超过 3 个。其编码规则如下。

1）当信码中的连“0”数目小于等于 3 时，仍按 AMI 码的规则编码。

2）当连“0”数目超过 3 个时，则将每 4 个连“0”，即“0000”用“000V”替代。V 码（取值为+1 或-1）的极性应与其相邻的前一个非“0”脉冲的极性相同。因为这破坏了极性交替规则，所以称 V 为“破坏脉冲”。

3）相邻 V 码的极性必须交替出现（为了保证无直流）。当 V 码的取值能满足 2）中的要求，但不能同时满足 3）中的要求时，将“0000”用“B00V”替代。B 的取值（+1 或-1）与同组的 V 脉冲一致，用以解决这对矛盾，因此称 B 为“调节脉冲”。

4）V 码后面的传号码极性也要交替。例如：

信息码　1 000 1 1 0 000　1　0 000　1 1　0000　0000　1　1

HDB$_3$ 码　-1000+1-1 0 00 V_- +1 0 00 V_+ -1 +1 B_-00V_-　B_+00 V_+ -1 +1

需要说明，±V 和±B 的脉冲波形与±1的脉冲波形相同。用 V 或 B 符号的目的是示意它是由原信码的“0”变换成非“0”脉冲的。因此，HDB$_3$ 码的波形也是三电平（正、负、零）的半占空归零码波形，其功率谱如图 5-2 所示。

HDB$_3$ 码保留了 AMI 码的优点，且能使连“0”个数不超过 3，有利于定时信息的提取。因此，HDB$_3$ 码被广泛应用。国际电信联盟（ITU）建议 HDB$_3$ 码为 A 律 PCM-TDM 四次群以下的线路接口码型。

3．双相码

该码的编码规则见表 5-1，对应的波形和功率谱分别如图 5-3a 和图 5-4a 所示。

表 5-1 双相码编码表

信息码	0	1
双相码	0 1	1 0
对应波形	π 相位的一个周期方波	0 相位的一个周期方波

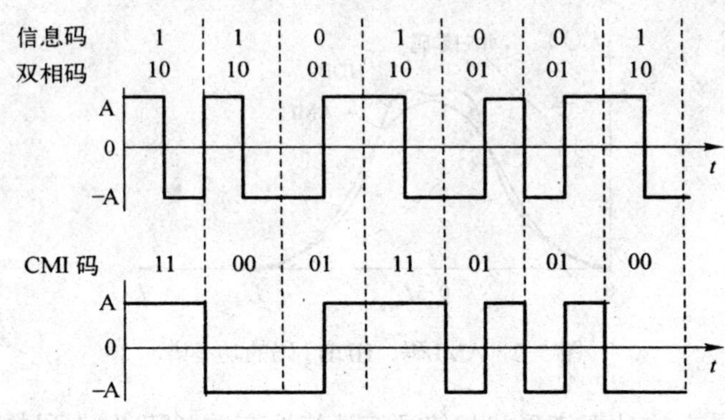

图 5-3 双相码、CMI 码的波形

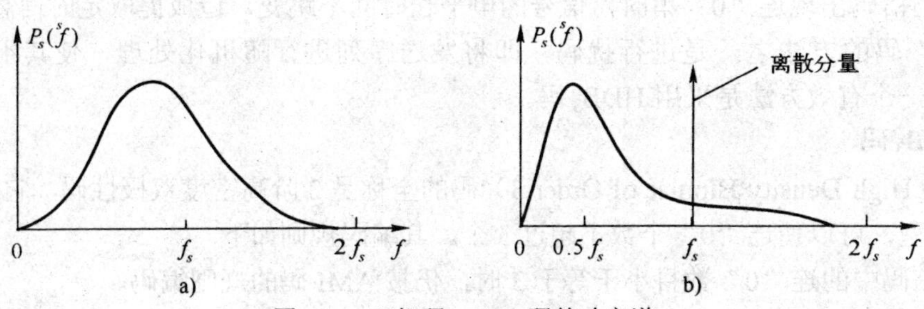

图 5-4 双相码、CMI 码的功率谱

a) 双相码 b) CMI 码

双相码是一种二电平的非归零码，它的优点是没有直流分量，含有丰富的定时信息，编码也简单。缺点是占用的频带宽度加倍了，因为信号中最窄脉冲的宽度是半个码元长度。

双相码适用于数据终端设备的近距离上传输。在 10Mbit/s 的以太网中，常用该码作为电缆中的传输码型。

4．CMI 码

CMI（Coded Mark Inversion）码的全称是传号反转码。编码规则是：信码中的“1”交替用“11”和“00”表示；而“0”用“01”表示。

CMI 码的波形和功率谱分别如图 5-3b 和图 5-4b 所示。可见，CMI 码也是双极性二电平非归零码，也没有直流分量。此外，由于 10 为禁用码组，不会出现 3 个以上的连码，这个规律可用来宏观检错。CMI 码的应用广泛，是 PCM 四次群采用的线路接口码型，也可用在速率低于 8.448Mbit/s 的光纤传输系统中。

5．nBmB 码

双相码和 CMI 码均可视为 lB2B 码，它们都是将一位二进制符号转换成了两位二进制码元。

*n*B*m*B 码可视为 lB2B 码的推广，即把信码中的 *n* 个二进制符号分为一组，并置换成 *m*

个二进制码元的新码组，其中 $m>n$ 。通常选择 $\boldsymbol{m}=\boldsymbol{n}+\mathbf{1}$ ，例如，5B6B 码，这是一种在高速光纤传输系统中常采用的传输码型。由于 6>5，新码组有 2^6=64 种组合，原来只有 2^5=32 种组合，选择余地多出了（2^6-2^5）种组合。在 64 种组合中挑选出可用码组，其余为禁用码组，以获得较好的传输性能。

6．多电平码

多电平码（也称多进制码）的每个脉冲可携带更多比特的信息。如图 5-5 所示是一种四电平码，它的每种电平脉冲可以代表两位二进制码元，比如 10 对应+3，11 对应+1，01 对应-1，00 对应-3，这种四电平码也称为 2B1Q 码。

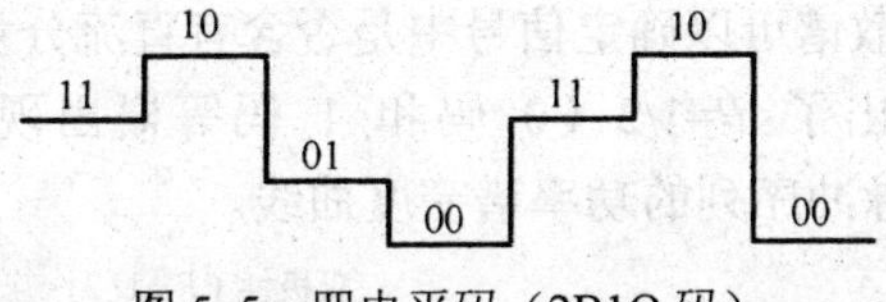

图 5-5　四电平码（2B1Q 码）

采用多电平码可以压缩传输频带，换言之，在波特率 R_B 一定时，比特率 R_b 随进制数 M 而提高。因此，多电平码在频带受限的高速数据传输系统中得到了广泛应用。

第二节　基带信号的频谱

研究数字基带信号的频谱是为了观察信号中的频谱成分（如直流分量、定时分量）以及占据的频带宽度等。

观察图 5-1，数字基带信号可表示为

$$s(t)=\sum_{n=-\infty}^{\infty} a_n g(t-nT_s) \tag{5-1}$$

式中，T_s 为码元持续时间；$g(t)$ 为某种脉冲波形；a_n 为第 n 个码元所对应的电平值，例如，对于双极性基带信号，有

$$a_n=\begin{cases}+E, & \text{以概率} P \\ -E, & \text{以概率（} 1-P \text{）}\end{cases} \tag{5-2}$$

由于 a_n 是一个随机量，所以数字基带信号 $s(t)$ 通常是一个随机的脉冲序列，其频谱特性需要用功率谱来描述。根据第二章介绍的维纳-辛钦定理或计算机仿真等方法均可得到基带信号的功率谱。下面，以二进制数字基带信号为例，省去推导过程直接给出推导结果，从中探讨所需要的结论，从而达到研究功率谱的目的。

假设基带信号 $s(t)$是一个二进制的随机脉冲序列。“0”出现的概率为 P，波形用 $g_1(t)$ 表示；“1”出现的概率为（1-P），波形用 $g_2(t)$ 表示，则可得到二进制数字基带信号 $s(t)$的双边功率谱密度为

$$\begin{aligned}P_s(f)=&f_s P(1-P)\left|G_1(f)-G_2(f)\right|^2 \\ &+\sum_{m=-\infty}^{\infty}\left|f_s[PG_1(mf_s)+(1-P)G_2(mf_s)]\right|^2 \delta(f-mf_s)\end{aligned} \tag{5-3}$$

式中，$f_s=1/T_s$；T_s 为码元持续时间；$G_1(f)$ 和 $G_2(f)$ 分别为 $g_1(t)$ 和 $g_2(t)$ 的频谱（即傅里

叶变换）。

由式（5-3）可以得出以下结论。

1）功率谱 $P_s(f)$ 通常包含连续谱（第一项）和离散谱（第二项）。

2）连续谱总是存在的，这是因为 $g_1(t)$ 和 $g_2(t)$ 波形不可能完全相同，故有 $G_1(f) \neq G_2(f)$。通常，根据连续谱可以确定信号的频带宽度，而频谱的形状取决于 $g_1(t)$ 和 $g_2(t)$ 的频谱。

3）离散谱是否存在，取决于 $g_1(t)$ 和 $g_2(t)$ 及其出现的概率。例如，对于双极性信号 $g_1(t) = -g_2(t) = g(t)$，且 P=1/2（等概）时，式（5-3）中的线谱 $\delta(f - mf_s)$ 前面的系数为零，即没有离散谱。根据离散谱可以确定信号中是否含有直流分量和定时分量。

作为示例，图 5-6 给出了 P=1/2（0 码和 1 码等概出现）时，单、双极性非归零（NRZ）和归零（RZ）矩形脉冲序列的功率谱密度曲线。

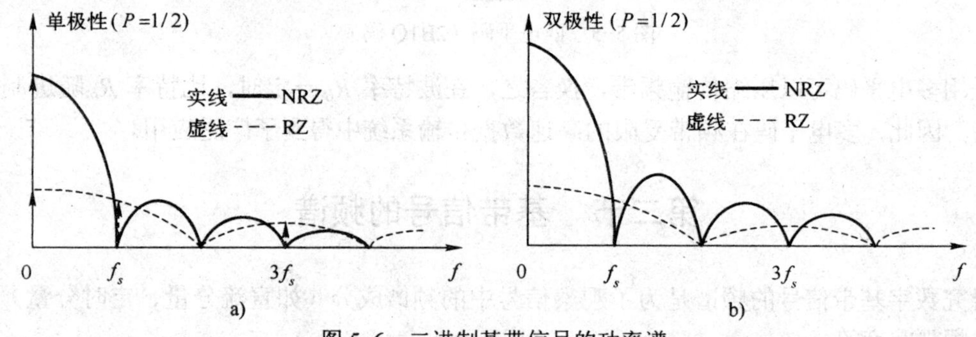

图 5-6 二进制基带信号的功率谱

a) 单极性矩形脉冲序列的功率谱 b) 双极性矩形脉冲序列的功率谱

从上例进一步得到以下结论。

1）信号带宽主要取决于单个脉冲的频谱。脉冲的占空比越小，信号带宽越宽。若以谱的第一个零点计算，NRZ（$\tau = T_s$）基带信号的带宽为 $B_s = 1/\tau = f_s$；RZ（$\tau = T_s/2$）基带信号的带宽为 $B_s = 1/\tau = 2f_s$。其中，$f_s = 1/T_s$ 是位定时信号的频率，在数值上与码元速率 R_B 相等。

2）单极性 RZ 信号中有定时分量（即 f_s 分量），可直接提取。单极性 NRZ 信号中无定时分量。无论 RZ 还是 NRZ 的单极性信号都含有直流分量和丰富的低频分量。

3）双极性 NRZ 或 RZ 信号没有离散谱（默认等概时），既没有直流分量，也没有定时分量。

应当指出，式（5-3）中没有限定 $g_1(t)$ 和 $g_2(t)$ 的波形。在实际应用中，由于矩形脉冲的功率谱有较大的拖尾，所以需要通过脉冲成型电路生成有利于传输的其他脉冲波形，如升余弦脉冲等。

第三节 基带信号的传输

前两节介绍了数字基带信号的码型及其谱特性。从本节开始，将研究基带信号的传输问题和基带系统的性能。

一、基带传输模型

数字基带传输系统的基本组成，如图 5-7 所示。各部件的作用简述如下。

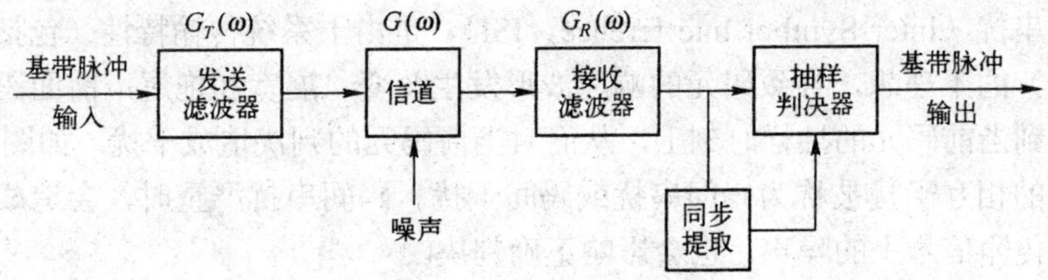

图 5-7 数字基带传输系统模型

1）发送滤波器（也称信道信号形成器）：作用是形成适合于信道传输的基带信号波形。进行波形成型，可以与接收滤波器级联设计无码间串扰的基带系统。

2）信道：允许信号通过的传输媒质，通常是双绞线、同轴电缆等有线信道。

3）接收滤波器：用来接收信号、滤除信号带外噪声和其他干扰，对信道特性进行均衡，使输出的基带信号有利于判决。

4）抽样判决器：对接收滤波器的输出波形进行抽样判决，以恢复或再生基带信号。

5）同步提取：从接收信号中提取用来抽样的位定时脉冲。位定时的准确与否将直接影响判决效果（详见第九章）。

图 5-8 画出了基带传输系统各点的示意波形。其中 a 是输入的基带信号，这是最常见的单极性非归零信号；b 是进行码型变换后的波形；c 对 a 而言进行了码型变换及脉冲成型，形成了适合在信道中传输的信号；d 是信道输出信号，显然由于信道传输特性的不理想和噪声的影响，波形产生了失真；e 为接收滤波器输出波形，它与 d 相比，失真和噪声减弱了许多；f 是位定时同步脉冲；g 为恢复的信息，其中第 7 个码元发生误码。

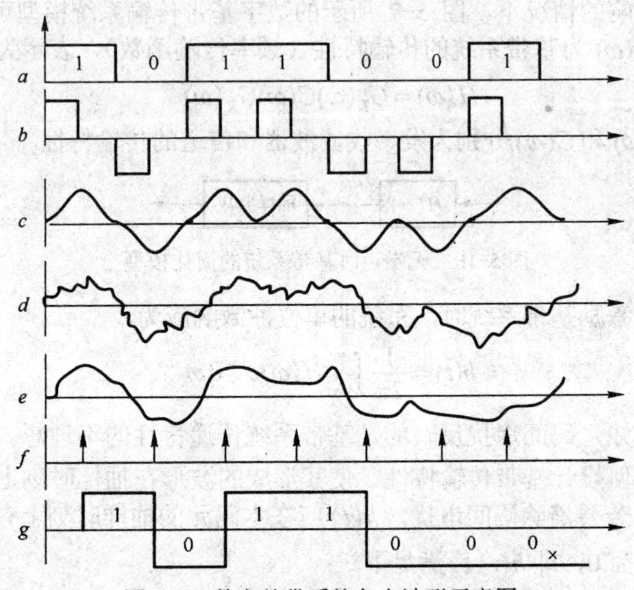

图 5-8 数字基带系统各点波形示意图

误码是抽样判决器的错误判决造成的，而造成错误判决的主要原因是：码间串扰和信道噪声。

二、码间串扰及产生原因

所谓码间串扰（Inter Symbol Interference，ISI），是由于系统传输特性（包括发、收滤波器和信道特性）的不理想，导致码元的响应波形发生畸变、展宽和拖尾，前面码元的响应波形的拖尾蔓延到当前码元的抽样时刻上，从而对当前码元的判决造成干扰，如图 5-9 所示。这种码元之间的相互干扰被称为码间串扰或码间干扰。码间串扰严重时，会造成错误判决。此外，叠加在传输信号上的噪声，也会影响正确判决。

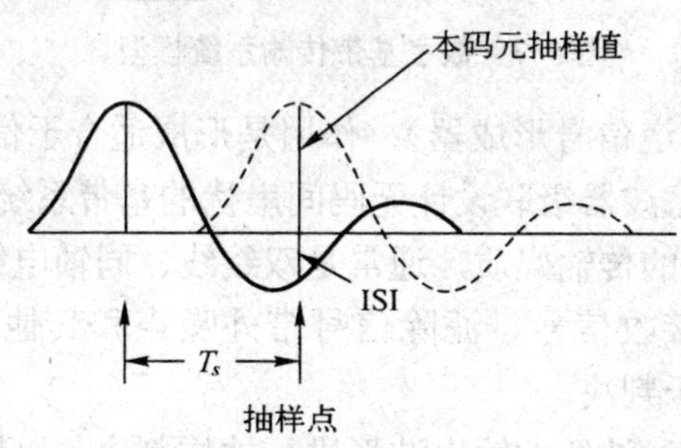

图 5-9　码间串扰示意图

综上所述，对某个码元抽样时，实际得到的抽样值不仅有本码元的样值，还有其他码元在该码元抽样时刻上的串扰值（ISI）及噪声的抽样值（图中未画出）。因此，为了减少误码，必须最大限度地减小码间串扰和噪声的影响。

本节重点研究如何消除码间串扰，关于如何减小信道噪声的影响，将在第 5.4 节中讨论。

三、无码间串扰的条件

在不考虑噪声影响的情况下，图 5-7 所示的数字基带传输系统模型可简化为图 5-10 所示的形式。图中，$H(\omega)$ 为基带系统的传输特性（频率传输函数），表示为

$$H(\omega) = G_T(\omega)C(\omega)G_R(\omega) \tag{5-4}$$

式中，$G_T(\omega)$、$G_R(\omega)$ 和 $C(\omega)$ 分别为发、收滤波器和信道的传输特性。

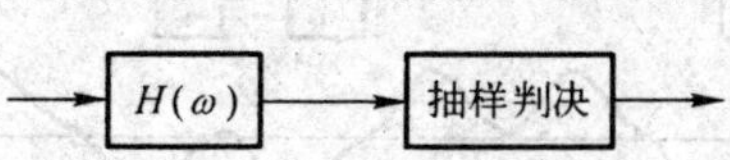

$\rightarrow$ [$H(\omega)$] $\rightarrow$ [抽样判决] $\rightarrow$

图 5-10　无噪声时基带系统的简化模型

当单位冲激信号激励基带系统时，系统的单位冲激响应为

$$h(t) = \frac{1}{2\pi}\int_{-\infty}^{\infty} H(\omega)\mathrm{e}^{\mathrm{j}\omega t}\mathrm{d}\omega \tag{5-5}$$

由第 5.3.2 节可知，码间串扰反映的是基带系统传递特性的不理想。因此，能否消除码间串扰，关键在于如何设计基带传输特性，使其形成的波形在抽样时刻上没有码间串扰。观察图 5-9 不难看出，若要消除码间串扰，$h(t)$ 应在本码元的抽样时刻上有最大值，而在其他码元的抽样时刻上均为 0，即 $h(t)$ 应满足下式：

$$h(kT_s) = \begin{cases} 1, & k = 0 \\ 0, & k\text{为其他整数} \end{cases} \tag{5-6}$$

式（5-6）称为**无 ISI 的时域条件**。它表明，无 ISI 的系统响应波形的过零点应在T_s整数倍的位置上。其中，T_s为发送码元的时间间隔或码元周期。

根据式（5-6）及$h(t) \Leftrightarrow H(\omega)$的关系，不难推出基带传输总特性$H(\omega)$应满足的无 ISI 的频域条件

$$\sum_i H\left(\omega + \frac{2\pi i}{T_s}\right) = C\,,\quad |\omega| \leqslant \frac{\pi}{T_s} \tag{5-7}$$

该条件称为**奈奎斯特（Nyquist）第一准则**。它是设计或检验$H(\omega)$能否消除码间串扰的理论依据。

式（5-7）的含义是：将$H(\omega)$在 ω 轴上以$2\pi / T_s$为间隔分段，然后把各段沿 ω 轴平移到（$-\pi / T_s$、π / T_s）区间内进行叠加，其结果应当为一常数，如图 5-11 所示。这一过程可简述为：若一个实际的$H(\omega)$特性能等效成一个理想低通滤波器，则可实现无码间串扰。

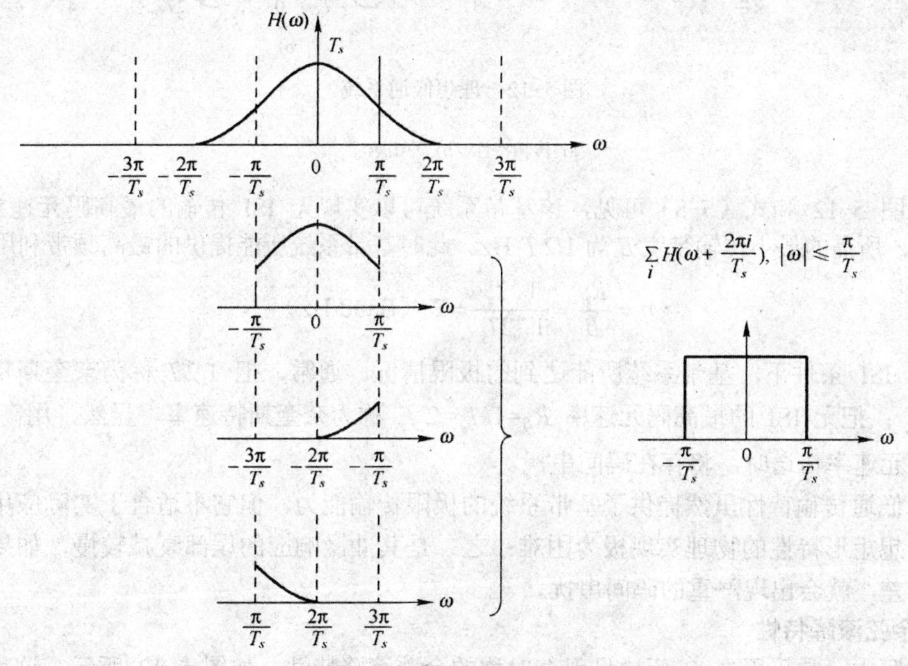

图 5-11　$H(\omega)$特性的检验

满足奈奎斯特第一准则的$H(\omega)$特性有多种。如何设计或选择$H(\omega)$是接下来要讨论的问题。

四、基带传输特性的设计

1．理想低通特性

容易想到的一种，就是式（5-7）中只有 i=0 项，即

$$H(\omega) = \begin{cases} 1\text{或常数}, & |\omega| \leqslant \dfrac{\pi}{T_s} \\ 0, & |\omega| > \dfrac{\pi}{T_s} \end{cases} \tag{5-8}$$

$H(\omega)$ 本身就是理想低通特性，如图 5-12a 所示，它的冲激响应为

$$h(t)=\frac{\sin\frac{\pi}{T_s}t}{\frac{\pi}{T_s}t}=Sa\left(\frac{\pi t}{T_s}\right) \tag{5-9}$$

$h(t)$在 $t=\pm kT_s$ $(k\neq 0)$ 时有周期性零点，当发送序列以 $R_B=1/T_s$ Baud 的速率进行传输时，则在抽样时刻 $t=kT_s$ 上不存在码间串扰，如图 5-12b 所示。

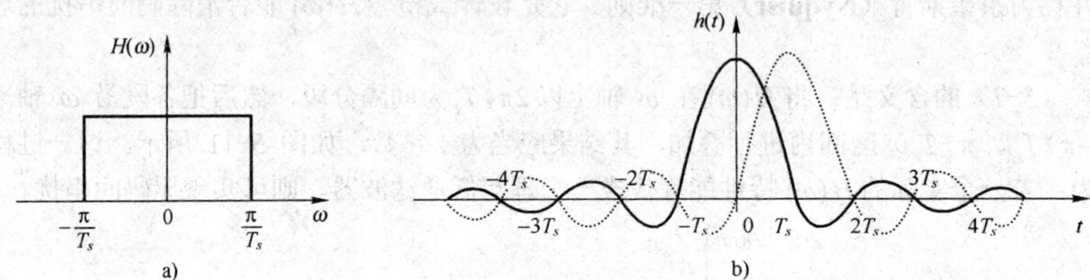

图 5-12　理想低通系统

a) 传输特性　b) 冲击响应

观察图 5-12 和式（5-8）可见，该基带系统可以实现无 ISI 传输的最高码元速率 R_B 为 $1/T_s$ Baud，所需的最小传输带宽 B 为 $1/2T_s$ Hz。此时基带系统所能提供的最高频带利用率为

$$\eta=\frac{R_B}{B}=\frac{1/T_s}{1/2T_s}=2\ \text{（Baud/Hz）} \tag{5-10}$$

这是在无 ISI 条件下，基带系统所能达到的极限情况。通常，把 $1/2T_s$ 称为**奈奎斯特带宽**，并记为 f_N；把无 ISI 的最高码元速率 $R_B=1/T_s=2f_N$ 称为**奈奎斯特速率**。显然，用高于 $2f_N$ 波特的码元速率传送时，将存在码间串扰。

理想低通传输特性虽然提供了基带系统的极限传输能力，但它不适合于实际应用，原因之一是理想矩形特性的物理实现极为困难；之二是其冲激响应的尾部衰减较慢，如果抽样定时稍有偏差，就会出现严重的码间串扰。

2．余弦滚降特性

在实际中，常采用在 f_N 两边呈现奇对称的余弦滚降特性，如图 5-13 所示。这种设计可看成是理想低通特性（图中虚线）按奇对称进行滚降的结果，因此，它必然满足奈奎斯特第一准则。

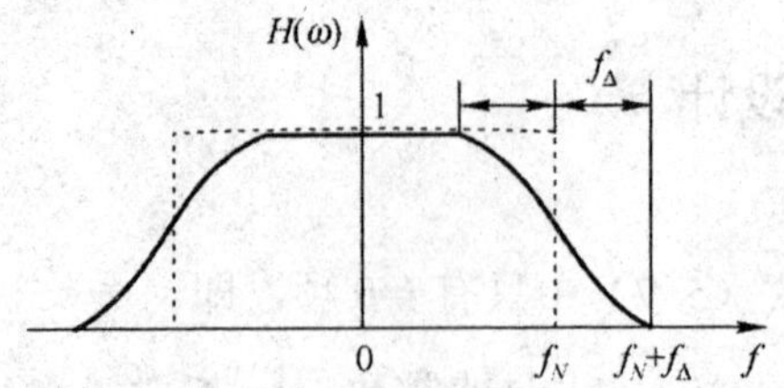

图 5-13　奇对称的余弦滚降特性

由于奇对称的滚降特性有多种，所以需要定义一个滚降系数

$$\alpha=f_\Delta/f_N \tag{5-11}$$

用来描述滚降程度。式中，f_N 为奈奎斯特带宽，f_Δ 为超出 f_N 的扩展量。

显然，α 取值的范围为[0, 1]。不同的 α 对应有不同的滚降特性 $H(\omega)$ 和冲激响应 $h(t)$，如图 5-14 所示。可以看出：α=0 时，就是理想低通特性；α 越大，$h(t)$ 的拖尾衰减越快。但随着 α 的增加，所占带宽由 f_N 增大为 $B = f_N + f_\Delta = (1+\alpha)f_N$，相应的频带利用率也由 2 降低为

$$\eta = \frac{R_B}{B} = \frac{2f_N}{(1+\alpha)f_N} = \frac{2}{1+\alpha} \quad \text{(Baud/Hz)} \tag{5-12}$$

当 α=1（升余弦特性）时，$h(t)$ 的尾部衰减最快，这有利于减小码间串扰和位定时误差的影响，但所占带宽是理想低通特性（α=0）的 2 倍，因此频带利用率降低为 1Baud/Hz。

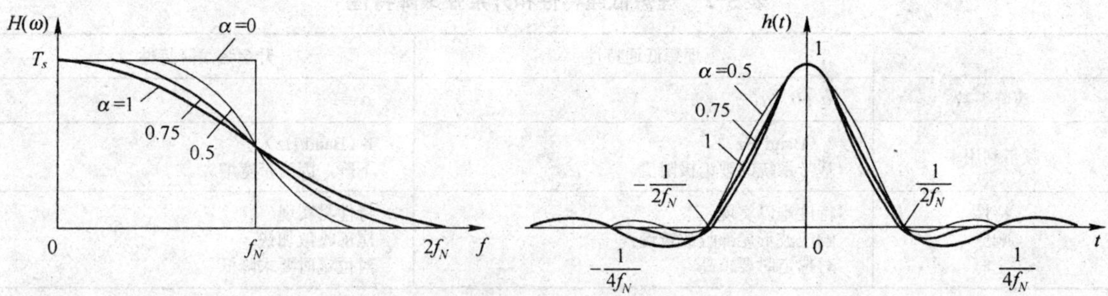

图 5-14　滚降特性的 $H(\omega)$ 和 $h(t)$

【例 5-1】 设某基带系统的总传输特性 $|H(\omega)|$ 如图 5-15 所示。试检验并计算：

1）该系统能否实现无码间串扰的传输。

2）滚降系数 α、奈奎斯特带宽 f_N 和系统（绝对）带宽 B。

3）无 ISI 传输时的最高码元速率和最高频带利用率。

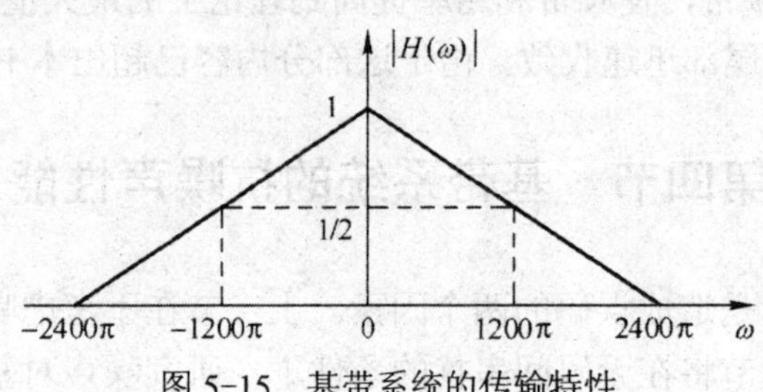

图 5-15　基带系统的传输特性

解　1）由于该系统可等效为理想低通特性，满足式（5-7）表述的奈奎斯特第一准则，所以可实现无码间串扰传输。

2）由 $|H(\omega)|$ 特性曲线可以看出奈奎斯特带宽为

$$f_N = \frac{1200\pi}{2\pi} = 600(\text{Hz})$$

超出奈奎斯特带宽的扩展量 $f_\Delta = (2400\pi - 1200\pi)/2\pi = 600\text{Hz}$，因此，滚降系数为

$$\alpha = f_\Delta / f_N = 1$$

系统带宽为

$$B = \frac{2400\pi}{2\pi} = 1200(\text{Hz})$$

3）无 ISI 的最高传码率为

$$R_B = 2f_N = 1200(\text{Baud})$$

最高频带利用率为

$$\eta = \frac{R_B}{B} = \frac{2}{1+\alpha} = 1(\text{Baud / Hz})$$

本节以奈奎斯特第一准则为指导方针，重点分析了两种可以实现无码间串扰的基带传输特性，归纳见表 5-2。

表 5-2　理想低通特性和升余弦滚降特性

	理想低通特性	升余弦滚降特性
滚降系数	α =0	α =1
频带利用率	2（Baud/Hz） 基带系统的理论极限值	1（Baud/Hz） 下降，因为带宽增大
特性 响应 定时	特性难以实现 响应波形尾部收敛较慢 对位定时要求高	特性易实现 尾部收敛加快 对位定时要求降低

可见，理想低通特性的频带利用率最高，但实际上无法实现；滚降特性能够实现，但所需带宽加大，频带利用率下降，因此不能适应高速传输的发展。

思考：能不能把这两种系统的优点集于一身呢？

回答是肯定的。这种技术称为**部分响应技术**（也称相关编码技术），它的理论依据是奈奎斯特第二准则。该准则指出，通过人为有规律的引入码间串扰（在接收端能够加以消除），可以达到压缩传输频带，使频带利用率提高到理论上的最大值（2Baud/Hz），并能使特性滚降易实现，响应波形尾部迅速收敛。由于这部分内容已超出本书范畴，故不赘述。

第四节　基带系统的抗噪声性能

码间串扰和信道噪声是造成误码的两个因素。上一节在不考虑噪声影响的条件下，研究了如何消除码间串扰。本节将在无码间串扰的条件下，研究噪声对基带信号传输的影响，即计算信道噪声引起的误码率。其分析模型如图 5-16 所示。

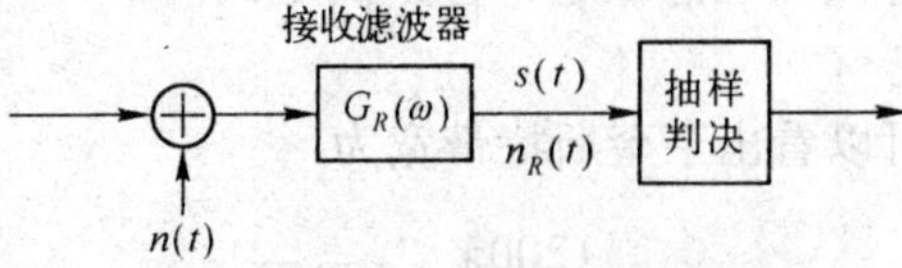

图 5-16　抗噪声性能分析模型

设信道噪声 $n(t)$ 是均值为 0、双边功率谱密度为 $n_0/2$ 的平稳高斯白噪声，由于接收滤波器是一个线性网络，所以到达抽样判决器前端的噪声 $n_R(t)$ 也是均值为 0 的平稳高斯噪声。

设接收信号波形为 $s(t)$，则接收滤波器的输出是信号加噪声的混合波形，即

$$x(t) = s(t) + n_R(t) \tag{5-13}$$

抽样判决器对 $x(t)$ 进行抽样判决，由于噪声的影响，可能造成误码。下面，分析二进制基带传输系统的误码率 P_e 与相关参数的关系式。

一、双极性基带系统的误码率

对于二进制双极性基带信号 $s(t)$，设它在抽样时刻的电平取值分别为+A 和−A（对应“1”和“0”），则由式（5−13）可得 $x(t)$ 在抽样时刻的取值为

$$x(kT_s)=\begin{cases}A+n_R(kT_s)\text{，发送“1”时}\\-A+n_R(kT_s)\text{，发送“0”时}\end{cases}\tag{5-14}$$

设判决电路的判决门限为 V_d，判决规则为

$x>V_d$，判为“1”码

$x\leqslant V_d$，判为“0”码

则根据判决规则，将会出现以下几种情况：

$$\text{发送“1”码时}\begin{cases}\text{若 } x>V_d \quad \text{判为“1”码 （正确）}\\\text{若 } x\leqslant V_d \quad \text{判为“0”码 （错码）}\end{cases}$$

$$\text{发送“0”码时}\begin{cases}\text{若 } x\leqslant V_d \quad \text{判为“0”码 （正确）}\\\text{若 } x>V_d \quad \text{判为“1”码 （错码）}\end{cases}$$

可见，在二进制基带信号传输过程中，由噪声引起的误码有两种差错形式。这两种差错的概率分别是：

发送“1”错判为“0”的概率

$$P(0/1)=P(x\leqslant V_d)=\int_{-\infty}^{V_d}f_1(x)\mathrm{d}x\tag{5-15}$$

发送“0”错判为“1”的概率

$$P(1/0)=P(x>V_d)=\int_{V_d}^{\infty}f_0(x)\mathrm{d}x\tag{5-16}$$

式中，$f_0(x)$ 和$f_1(x)$ 分别是发“0”和发“1”时，x 的一维概率密度函数。

若信源发送“1”码的概率为 $P(1)$，发送“0”码的概率为 $P(0)$，则二进制基带传输系统的总误码率为

$$P_e=P(1)P(0/1)+P(0)P(1/0)=P(1)\int_{-\infty}^{V_d}f_1(x)\mathrm{d}x+P(0)\int_{V_d}^{\infty}f_0(x)\mathrm{d}x\tag{5-17}$$

由式（5−17）可见，误码率 P_e 与 P(1)、P(0)、$f_0(x)$、$f_1(x)$ 和门限 V_d 等参数有关。在参数一定时，可以找到一个使误码率最小的最佳判决门限电平。

若令

$$\frac{\partial P_e}{\partial V_d}=0\tag{5-18}$$

则经过推导（省略）可求得最佳门限电平

$$V_d^*=\frac{\sigma_n^2}{2A}\ln\frac{P(0)}{P(1)}\tag{5-19}$$

当 $P(1)=P(0)$=1/2 时，有

$$V_d^* = 0 \tag{5-20}$$

这时，由式（5-17）可推出双极性基带系统的误码率

$$P_e = \frac{1}{2} erfc\left(\frac{A}{\sqrt{2}\sigma_n}\right) \tag{5-21}$$

式中，$erfc(x)$是互补误差函数（见第二章表 2-4），它是自变量 x 的递减函数，即自变量越大，函数值越小，误码率也越小。

二、单极性基带系统的误码率

设单极性信号在抽样时刻的电平取值分别为+A 和 0（对应“1”和“0”），则信号加噪声的混合波形 $x(t)$ 在抽样时刻的取值为

$$x(kT_s) = \begin{cases} A + n_R(kT_s)，发送“1”时 \\ 0 + n_R(kT_s)，发送“0”时 \end{cases} \tag{5-22}$$

这时，式（5-19）、式（5-20）和式（5-21）相应变为

$$V_d^* = \frac{A}{2} + \frac{\sigma_n^2}{A} \ln \frac{P(0)}{P(1)} \tag{5-23}$$

当 $P(1) = P(0) = 1/2$ 时，有

$$V_d^* = \frac{A}{2} \tag{5-24}$$

$$P_e = \frac{1}{2} erfc\left(\frac{A}{2\sqrt{2}\sigma_n}\right) \tag{5-25}$$

比较式（5-21）与式（5-25）可知，当 A/σ_n（代表信噪比）一定时，双极性基带系统的误码率比单极性的低，说明双极性系统的抗噪声性能更好。

第五节　估计系统性能的实验手段——眼图

眼图是一种直观估计系统性能的实验手段。

观察方法：用一个示波器跨接在接收滤波器的输出端，并调整示波器的水平扫描周期，使其与接收码元的周期同步。由于示波器的余辉作用，扫描所得的多个码元波形将重叠在一起，此时可以从示波器显示的图形上，观察码间干扰和信道噪声等因素影响的情况，从而估计系统性能的优劣程度。由于在传输二进制信号波形时，示波器显示的图形很像人的眼睛，故名“眼图”。

眼图作用：通过观察接收信号的眼图形状，可以定性地评估码间串扰的大小和噪声影响的程度。若眼图中的“眼睛”张开得越大，则表示码间串扰越小；“眼睛”张开得越小，则意味着码间串扰大；当存在噪声时，眼图的线迹将变成比较模糊的带状线，噪声越大，线条越宽，越模糊，“眼睛”张开得越小，甚至闭合。

眼图模型：眼图不仅可以定性地反映干扰的大小，还可用于指示接收端滤波器如何调整，以减小码串，改善系统性能。为了说明眼图和系统性能之间的关系，可以将眼图简化为一个模型，如图 5-17 所示。由该图可以获得以下信息。

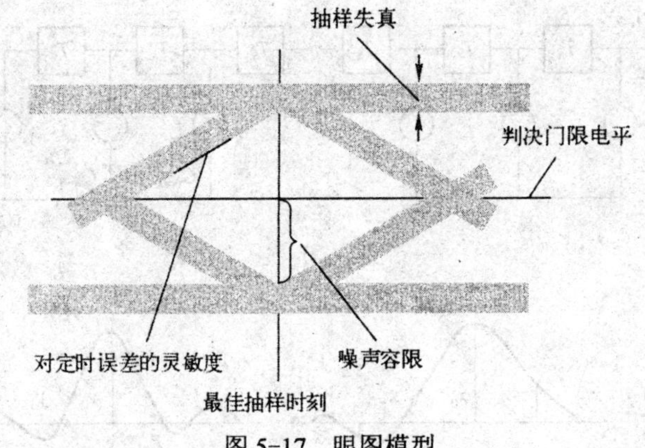

图 5-17　眼图模型

1）最佳抽样时刻是眼睛张开最大的时刻。

2）眼眶的斜率反映对定时误差的灵敏度。斜率越大，说明越易受定时误差的影响。

3）图的阴影区的垂直高度表示在抽样时刻上信号幅度的畸变程度，也称抽样失真。

4）图中央的横轴位置对应于判决门限电平。

5）抽样时刻上，上下两阴影区的间隔距离之半为噪声容限（容忍噪声的极限），若噪声的瞬时值超过它就可能发生错判。噪声容限越大越好。

第六节　减小码间串扰的有效措施——均衡

实际的基带传输系统中总会存在码间串扰（ISI）。为了消除或减小 ISI，通常需要在传输系统中插入一种可调（或不可调）滤波器，用来补偿系统特性。这种起补偿作用的滤波器称为均衡器。

1．均衡原理

均衡分为频域均衡和时域均衡。频域均衡是从频域上补偿系统的频率特性，使包括均衡器在内的基带系统的总特性满足奈奎斯特第一准则。时域均衡则是直接校正失真的响应波形，使包括均衡器在内的整个系统的冲激响应满足无 ISI 的时域条件。如图 5-18 所示，当实际的基带传输特性 $H(\omega)$ 不满足奈奎斯特第一准则时，就会形成有 ISI 的响应波形 $x(t)$，若插入均衡器 $T(\omega)$，并使包括 $T(\omega)$ 在内的总特性 $H'(\omega)=T(\omega)H(\omega)$ 满足奈奎斯特第一准则，则 $H'(\omega)$ 所形成的响应波形 $y(t)$ 在抽样时刻上无 ISI。

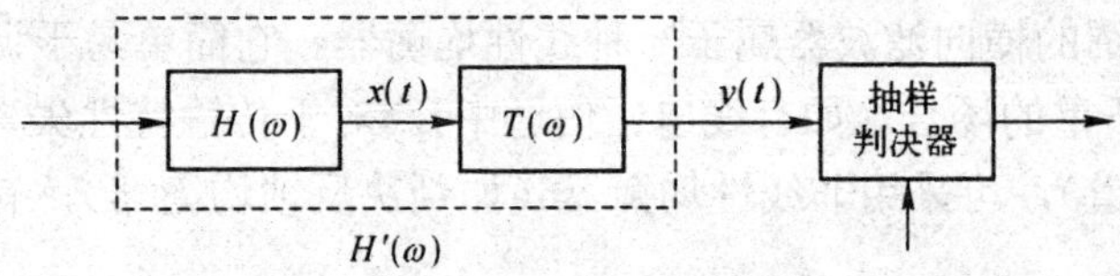

图 5-18　时域均衡原理

2．横向滤波器

时域均衡器通常采用抽头延迟滤波器实现，如图 5-19 所示。由于该均衡器是由多个横向排列的迟延单元和 $2N+1$ 个抽头系数 C_i 组成的，故名横向滤波器。

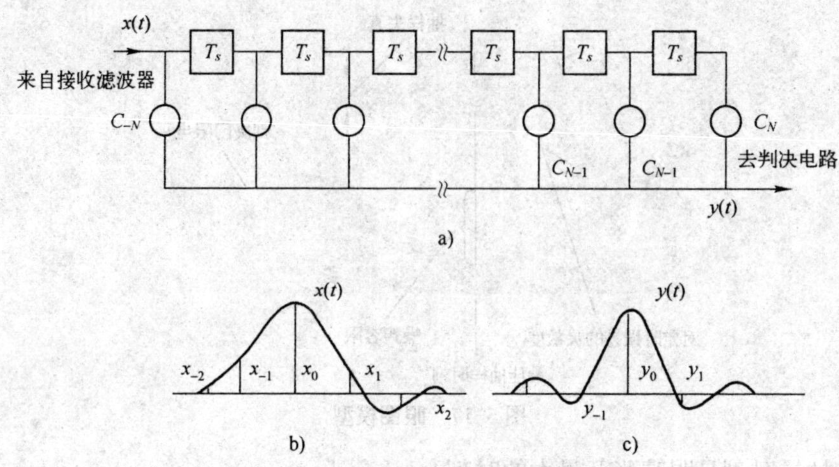

图 5-19　横向滤波器及其输入输出波形

该均衡器的单位冲激响应为

$$e(t)=\sum_{i=-N}^{N}C_i\delta(t-iT_s) \tag{5-26}$$

均衡后的输出波形为

$$y(t)=x(t)*e(t)=\sum_{i=-N}^{N}C_i x(t-iT_s) \tag{5-27}$$

它在抽样时刻 $t=kT_s$ 的取值为

$$y(kT_s)=\sum_{i=-N}^{N}C_i x(kT_s-iT_s)=\sum_{i=-N}^{N}C_i x[(k-i)T_s]$$

简记为

$$y_k=\sum_{i=-N}^{N}C_i x_{k-i} \tag{5-28}$$

上式表明，均衡后的样值 y_k 由均衡器的抽头系数 C_i 与均衡前的样值 x_{k-i} 乘积之和来确定。其中，除 y_0 以外的所有 y_k 都属于波形失真引起的码间串扰。因此，均衡器设计的目标是：按照某种算法或准则，求出抽头系数 C_i，使得 $i\neq 0$ 的所有 y_k 为零，从而消除（实际上无法完全消除，但可以充分减小）码间串扰。

目前，已提出多种不同的均衡算法和均衡器结构，其目标在于更好的均衡效果和更有效的工程实现。前面介绍的横向滤波器属于一种线性均衡器。它简单易于调节，适用于信道特性较平坦，ISI 不太严重的场合（如有线电话信道中）。对于传输特性失真严重的信道（如存在多径效应的无线信道），可采用非线性均衡器（如判决反馈均衡器），有关内容可参阅相关资料。

本 章 小 结

本章是数字通信的基础。重点介绍了线路码型和功率谱、无 ISI 条件（奈奎斯特准则）、抗噪声能力（误码率）、眼图。

1．码型和功率谱

数字基带传输首要考虑的问题是：选择什么样的码型和波形来匹配信道的传输特性，并满足基带传输的需要（如定时、检错）。

选码原则：无直流且低频分量小；含有丰富的定时信息；占用带宽窄；抗噪声性能好；具有一定的检错能力；编译码简单。

单极性码～双极性码、归零码～非归零码、绝对码～相对码、二电平码～多元码的特点与区别。

AMI 码、HDB_3 码、双相码、CMI 码、nBmB 码的编码规则、特点和应用场合。

分析基带信号功率谱的目的：确定有无直流、定时分量及信号带宽等。

2．基带传输性能

误码因素：码间串扰和信道噪声。如何消除码间串扰和减小信道噪声的影响是数字基带传输的核心问题。

码间串扰（ISI）是指抽样时刻上码元之间的相互干扰。它反映的是基带传输特性的不理想。

奈奎斯特第一准则奠定了消除码间串扰的理论基础。在实际系统中，还需插入均衡器，用于补偿传输特性的不良，减小码间串扰。

$\alpha=0$ 的理想低通系统可以达到 2 Baud/Hz 的理论极限值，但它不能物理实现；实际中常采用 $\alpha>0$ 的余弦滚降特性，其中 $\alpha=1$ 的升余弦频谱特性易于实现，且响应波形的尾部衰减收敛快，有利于减小码间串扰和位定时误差的影响，但占用带宽最大，频带利用率下降为 1 Baud/Hz。采用部分响应技术可以将两个系统（$\alpha=0$ 和 $\alpha=1$）的优点集于一身。

信道噪声引起的误码有两种差错形式（二进制传输系统）：发送“1”错判为“0”和发送“0”错判为“1”。在相同条件下，双极性基带系统的误码率比单极性的低，抗噪声性能好。

眼图是观测接收信号质量的一种有效的实验手段。当“眼睛”张大时，表示码间串扰小，当“眼睛”闭合时，表示码间串扰大。

均衡是一种减小码间串扰的有效措施。

思考与练习

5-1　什么是数字基带传输？

5-2　单极性码和双极性码的特点和区别是什么？

5-3　什么是归零码？占空比是什么？

5-4　单极性归零码的特点与应用是什么？

5-5　差分码的特点与优点是什么？

5-6　多电平码的特点与应用是什么？

5-7　选择线路码的原则是什么？

5-8　AMI 码和 HDB_3 码的特点与应用是什么？

5-9　双相码和 CMI 码的特点与应用是什么？

5-10　什么是码间串扰？产生它的主要原因？

5-11　什么是时域均衡？它的作用是什么？

5-12　某基带信号的功率谱如图 5-20 所示，试问该信号中有无直流分量？有无定时分量？信号的谱零点带宽为多大？

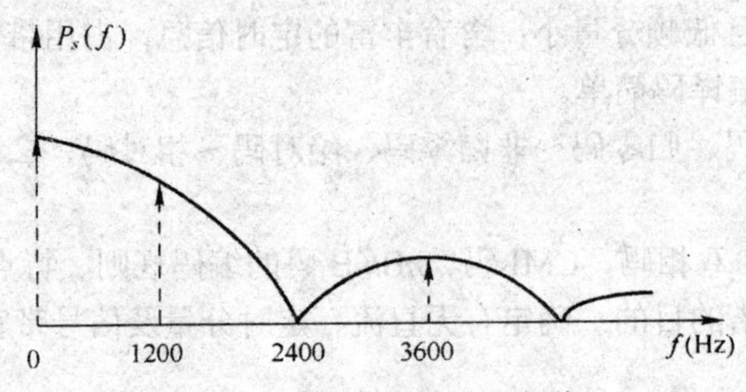

图 5-20　基带信号的功率谱

5-13　图 5-21 所示是两个基带系统的眼图，试问哪个系统的码间串扰小？并说出理由。

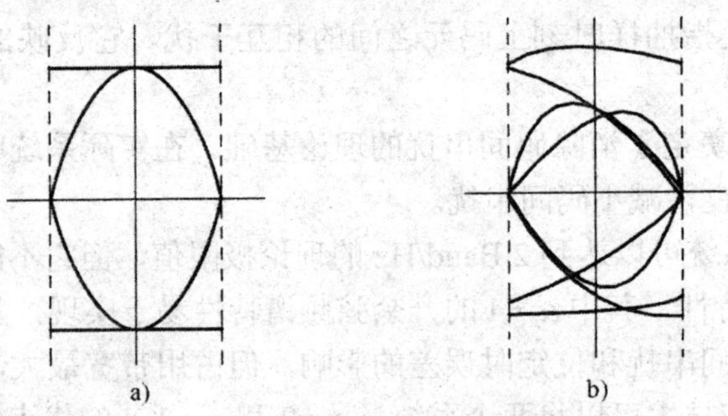

图 5-21　两个基带系统的眼图

5-14　在图 5-21a 所示的眼图中，标出最佳抽判时刻、判决门限、噪声容限。

5-15　设二进制符号序列为 101110010001110，试画出相应的单极性、双极性、单极性归零、双极性归零及八电平码的波形。

5-16　设二进制符号序列为 101101，试画出相应的差分码波形。

5-17　已知信息码为 1011000000000101，试确定相应的 AMI 码和 HDB_3 码，并画出它们的波形。

5-18　已知信息码为 101100101，试确定相应的双相码和 CMI 码，并画出它们的波形。

5-19　比较单极性和双极性基带系统的误码率和最佳判决门限电平。

5-20　已知基带传输系统总特性为图 5-22 所示的升余弦滚降特性。试检验并计算：

1）该系统能否实现无码间串扰的传输。

2）无 ISI 传输时的最高码元速率和最高频带利用率。

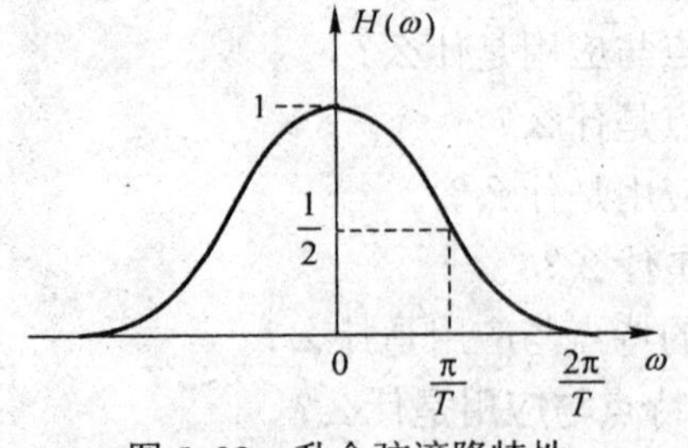

图 5-22　升余弦滚降特性

第六章　数字调制系统

学习目标：

- 了解数字调制与模拟调制的异同。
- 掌握二进制数字调制原理（表达式/波形/调制/解调器）。（重点）
- 熟悉二进制已调信号的频谱和带宽。
- 比较二进制数字调制系统的性能。（重点）
- 了解采用多进制数字调制的目的和代价。
- 了解 QPSK/QDPSK 信号的相位关系和调制解调原理。（难点）
- 了解现代数字调制方式与应用场合。

建议学时：

8～10 学时

本章导读：

本章的内容与前面第五章（数字基带）和第四章（模拟调制）有着密切关系，在学习过程中，要善于借用这两章的思想、方法和结论；还要注意比较不同调制方式之间的共性和个性。

比照模拟调制的定义，**数字调制**就是使正弦载波的某个参数按照数字基带信号的变化规律而变化的过程，即把数字基带信号变换为适合在信道中传输的数字已调信号。当然，数字信号有离散取值的特点，因此数字调制技术有以下两种。

1）相乘法——利用模拟调制的方法。

2）键控法——利用数字信号离散取值的特点，通过开关键控正弦载波的参量，从而实现数字调制。基本调制方式有：**幅移键控**（Amplitude Shift Keying，ASK）、**频移键控**（Frequency Shift Keying，FSK）和**相移键控**（Phase Shift Keying，PSK）。注：**幅移键控**常称为**振幅键控**。

内容主线：

二进制调制原理（时域/频域）⇨ 抗噪性能 ⇨ 特点与应用
⇨ 多进制调制目的 ⇨ 四进制调相

第一节　二进制数字调制原理

本节将从时域角度介绍 2ASK、2FSK、2PSK/2DPSK 的表达式、时间波形、调制和解调原理。

一、二进制振幅键控（2ASK）

ASK 是用数字基带信号控制载波的振幅随之变化，而载波的频率和初始相位保持不变。在 2ASK 中，载波的振幅只有两种变化状态，分别表示二进制符号“0”和“1”。若取 A 和 0 两种振幅，则 2ASK 信号可表示为

$$e_{2\mathrm{ASK}}(t)=\begin{cases}A\cos\omega_c t, & \text{发送“1”时}\\ 0, & \text{发送“0”时}\end{cases} \tag{6-1}$$

相应的时间波形如图 6-1 所示。

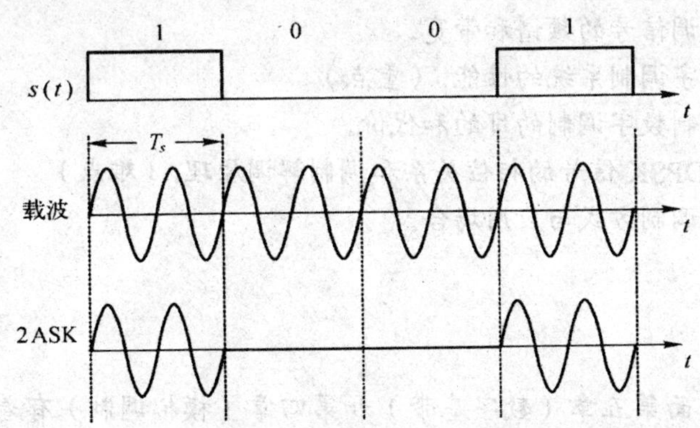

图 6-1　2ASK 信号的波形

观察图 6-1 可知，2ASK 信号还可表示成一个单极性非归零脉冲序列 $s(t)$ 与一个正弦载波的乘积，即

$$e_{2\mathrm{ASK}}(t)=s(t)\cos\omega_c t \tag{6-2}$$

2ASK 信号的产生（调制）方法有两种：模拟相乘法和键控法，如图 6-2 所示。在键控法中，二进制基带信号 $s(t)$ 通过电子开关去控制载波振荡器断续地输出，所以 2ASK 信号又称作 OOK（On-Off Keying）信号。

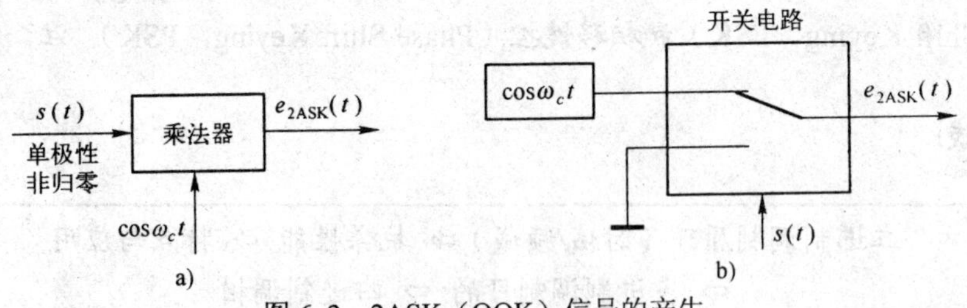

图 6-2　2ASK（OOK）信号的产生

a) 相乘法　b) 键控法

OOK 信号的解调与 AM 信号的解调相似，可采用非相干解调（包络检波）和相干解调（同步检波），如图 6-3 所示。与模拟信号的接收系统相比，这里增加了一个**“抽样判决器”**方框，其作用是对接收到的基带信号进行抽样并判决每个接收码元的状态。

OOK 信号非相干解调过程的时间波形，如图 6-4 所示。

2ASK（OOK）是 20 世纪初最早运用于无线电报中的数字调制方式之一。ASK 抗噪性

能差，现在很少应用，目前被正交振幅调制（QAM，详见第 6.4.1 节）所替代。

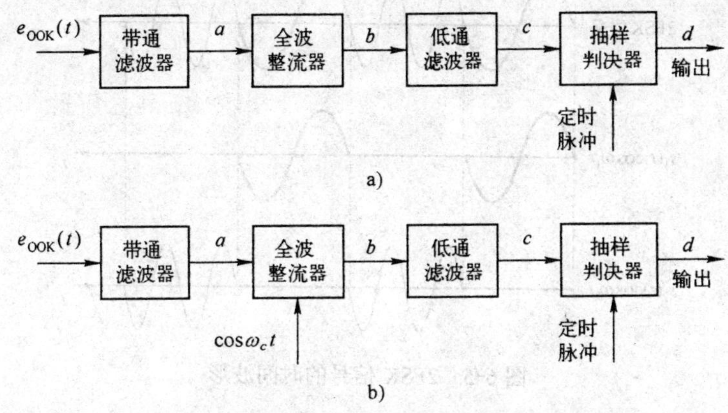

图 6-3　OOK 信号的解调

a) OOK 信号的非相干解调　b) OOK 信号的相干解调

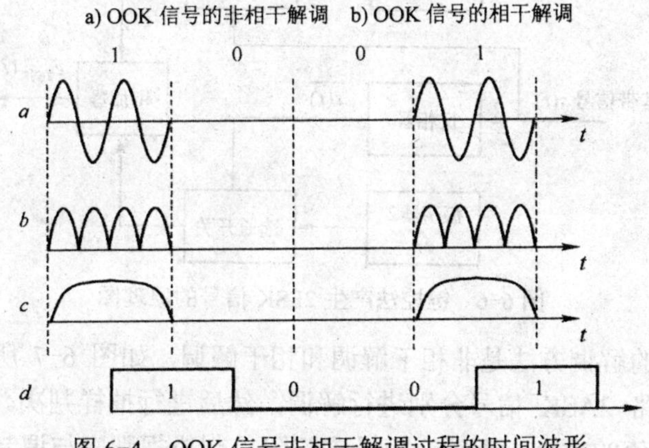

图 6-4　OOK 信号非相干解调过程的时间波形

二、二进制频移键控（2FSK）

FSK 是用数字基带信号控制载波的频率随之变化，而载波的振幅保持不变。在 2FSK 中，正弦载波的频率随二进制基带信号在 f_1 和 f_2 两个频率点上变化，故其表达式为

$$e_{2FSK}(t)=\begin{cases} A\cos\omega_1 t, & \text{发送“1”时} \\ A\cos\omega_2 t, & \text{发送“0”时} \end{cases} \tag{6-3}$$

相应的时间波形如图 6-5 所示。由图可见，2FSK 信号的波形可分解为图 6-5 下两个波形，换言之，**2FSK 信号可视为两个不同载频的 2ASK 信号的叠加**。因此，2FSK 信号又可表示为

$$e_{2FSK}(t)=s_1(t)\cos\omega_1 t+s_2(t)\cos\omega_2 t \tag{6-4}$$

式中，$s_1(t)$ 和 $s_2(t)$ 均为单极性非归零脉冲序列，只是两者对应 1、0 码的取值相反。

2FSK 信号的产生（调制）可用模拟调频法，也可用键控法来实现。键控法是用基带信号 $s(t)$ 及其反相 $\overline{s(t)}$ 分别控制两个选通开关，从而对两个独立的载波振荡器进行选通，使其在每一个码元 T_s 期间输出频率为 f_1 或 f_2 的两个载波之一，如图 6-6 所示。键控法的特点是转换速度快、电路简单、产生的波形好、频率稳定度高，故被广泛采用。但这种方法产生的 2FSK 信号在相邻码元交界处的相位不一定连续。

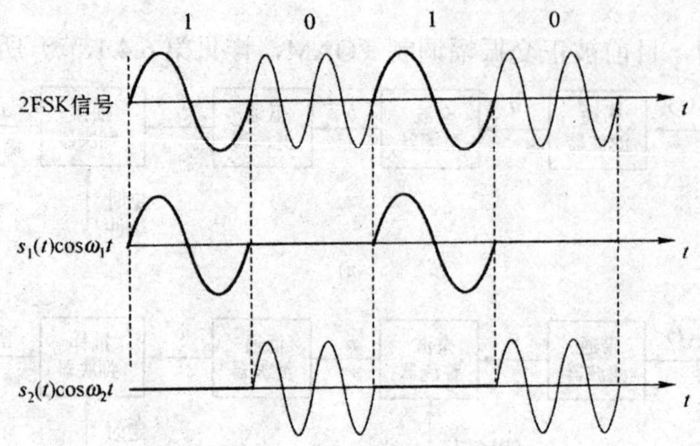

图 6-5 2FSK 信号的时间波形

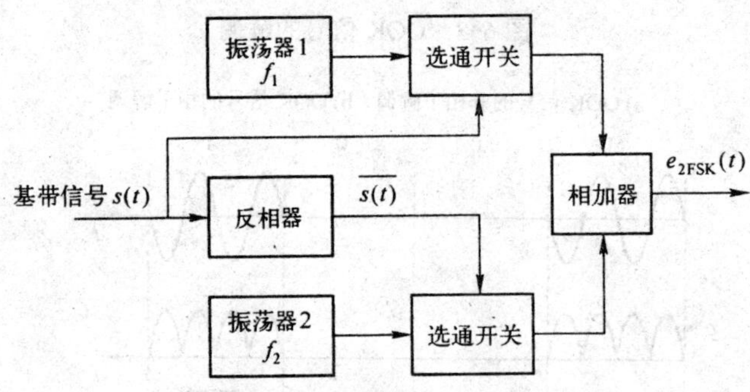

图 6-6 键控法产生 2FSK 信号的原理图

2FSK 信号常用的解调方法是非相干解调和相干解调，如图 6-7 所示。其解调原理是将 2FSK 信号分解为两路 2ASK 信号分别进行解调，然后进行抽样判决。这里的抽样判决是直接比较两路信号抽样值的大小，无须专门设置门限。判决规则应与调制规则相呼应。例如，调制时若规定“1”符号对应载波频率 f_1，则判决时应规定：上支路的抽样值较大时，判为“1”；反之判为“0”。

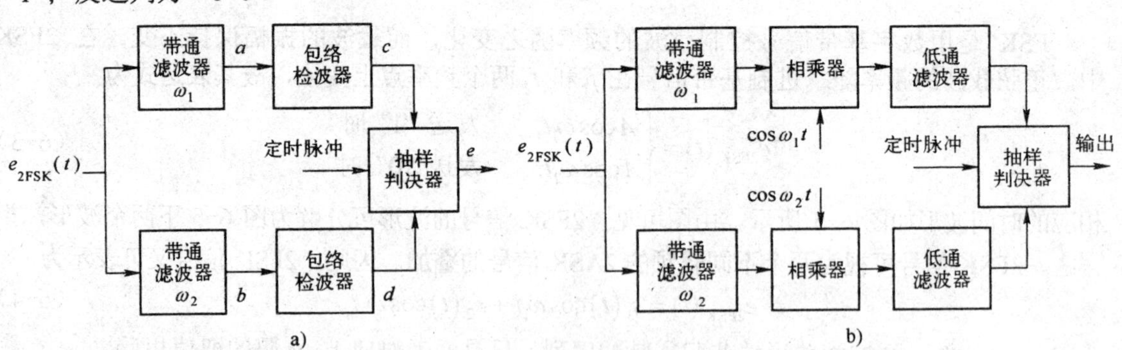

图 6-7 2FSK 解调原理框图

a) 2FSK 信号的非相干解调 b) 2FSK 信号的相干解调

2FSK 非相干解调过程的时间波形如图 6-8 所示。

此外，2FSK 信号还有其他解调方法，如鉴频法、差分检测法、过零检测法等。

2FSK 在数字通信中应用较为广泛，尤其适用于衰落信道（如短波无线电信道）的场合。衰落信道会引起信号相位和振幅随机起伏，但非相干接收 2FSK 时不必利用信号的相位信息。国际电信联盟（ITU）建议在数据率低于 1200bit/s 时采用 2FSK 体制。

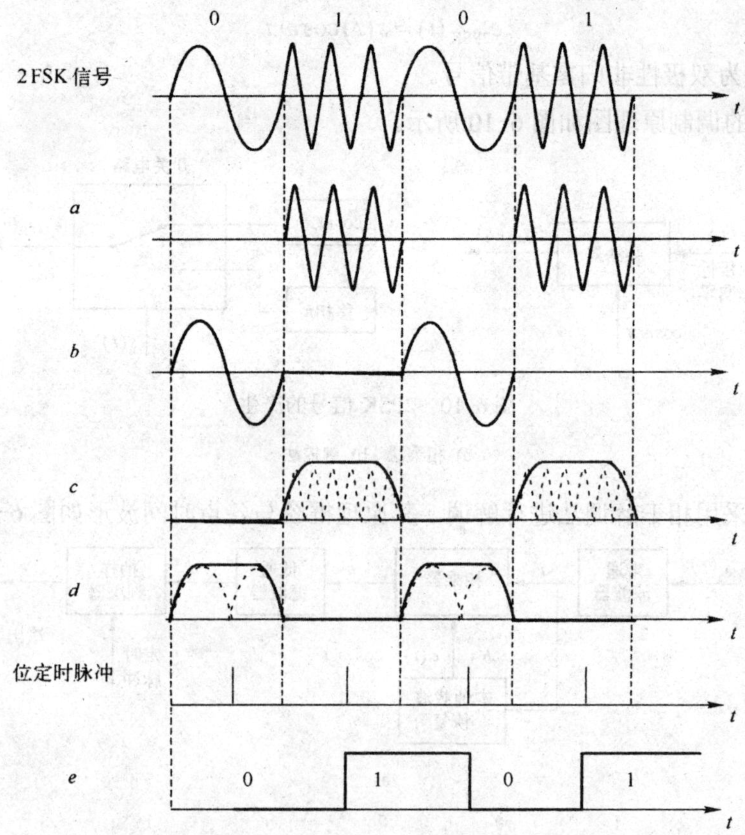

图 6-8　2FSK 非相干解调过程的时间波形

三、二进制相移键控（2PSK）

PSK 是用数字基带信号控制载波的相位随之变化，而载波的振幅和频率保持不变。

2PSK 也称 BPSK（Binary-Phase Shift Keying）调制，通常用初始相位为 0 和π（或 +π/2 和-π/2）的载波信号分别表示二进制符号“1”和“0”。因此，2PSK 信号可表示为

$$e_{2\mathrm{PSK}}(t)=\begin{cases}\cos\omega_c t, & \text{发送“0”时}\\ -\cos\omega_c t, & \text{发送“1”时}\end{cases} \tag{6-5}$$

其时间波形如图 6-9 所示。

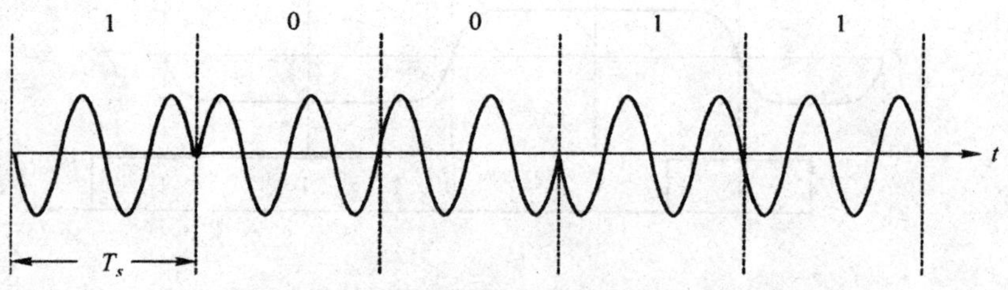

图 6-9　2PSK 信号的时间波形

由于表示“1”“0”符号的波形相同，极性相反，所以 2PSK 信号还可表述为一个双极性基带信号与一个正弦载波的相乘，即

$$e_{2PSK}(t)=s(t)\cos\omega_c t \tag{6-6}$$

其中，$s(t)$ 为双极性非归零基带信号。

2PSK 信号的调制原理图如图 6-10 所示。

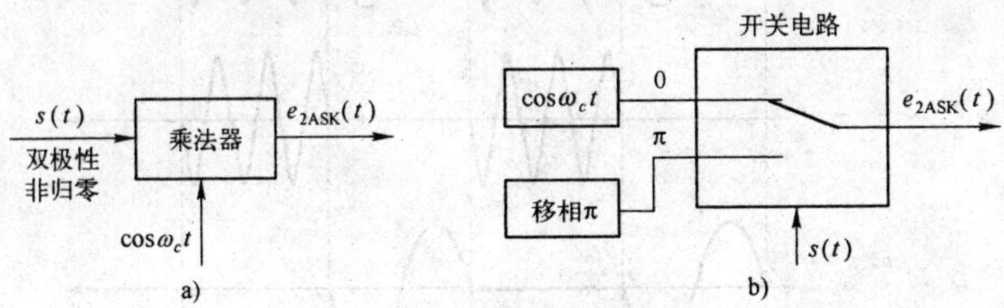

图 6-10 2PSK 信号的产生

a) 相乘法 b) 键控法

2PSK 信号采用相干解调法进行解调，其原理框图与各点时间波形如图 6-11 所示。

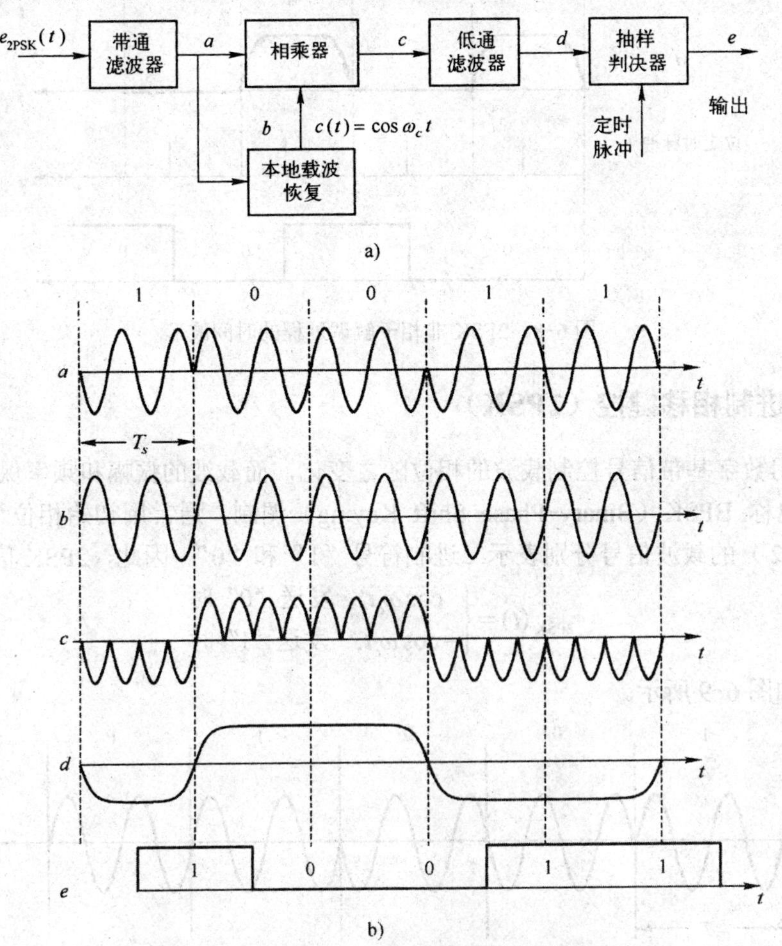

图 6-11 2PSK 信号的解调原理图与各点波形

a) 2PSK 信号的相干解调 b) 2PSK 相干解调的各点波形

注意，在相干解调中，接收端需提供一个与调制载波同频同相的本地载波，即同步载波或相干载波 $c(t)$。但实际中，本地载波恢复存在 0、π 相位模糊（原因详见第九章）的问题，即 b 点的载波可能会反相，这种相位关系的不确定性将会造成解调出的数字基带信号与发送的数字基带信号正好相反，即“1”变为“0”，“0”变为“1”，输出信号全部出错，这种现象称为 2PSK 方式的**“反相工作”**或**“倒 π”现象**。这正是 2PSK 方式在实际中很少采用的主要原因。为了解决上述问题，可以采用差分相移键控（DPSK）体制。

四、二进制差分相移键控（2DPSK）

2DPSK（Differential PSK）是利用相邻码元载波相位的相对变化传递数字信息的，所以又称作相对相移键控。假设 $\Delta\phi$ 为当前码元与前一码元的载波相位差，则可定义一种数字信息与 $\Delta\phi$ 之间的关系为

$$\Delta\phi=\begin{cases}0, & \text{表示“0”码}\\ \pi, & \text{表示“1”码}\end{cases} \tag{6-7}$$

这种关系反之亦然。作为示例，下面给出了一组二进制数字信息与其对应的 2DPSK 信号的载波相位关系：

二进制数字信息：		1	1	0	1	0	0	1	1	0
2DPSK信号相位：	(0)	π	0	0	π	π	π	0	π	π
或	(π)	0	π	π	0	0	0	π	0	0

相应的 2DPSK 信号时间波形如图 6-12 所示。

由此示例可知，对于相同的数字信息，由于初始参考相位不同，2DPSK 信号的相位也可以不同。也就是说，2DPSK 信号的相位并不直接代表信息，而相邻码元载波相位的相对变化才是唯一决定信息符号的因素。

2DPSK 信号的产生（调制）方法是，先进行差分编码（把绝对码变换成相对码），然后进行绝对调相（即 2PSK）。其调制器原理框图及信号波形如图 6-12 所示。

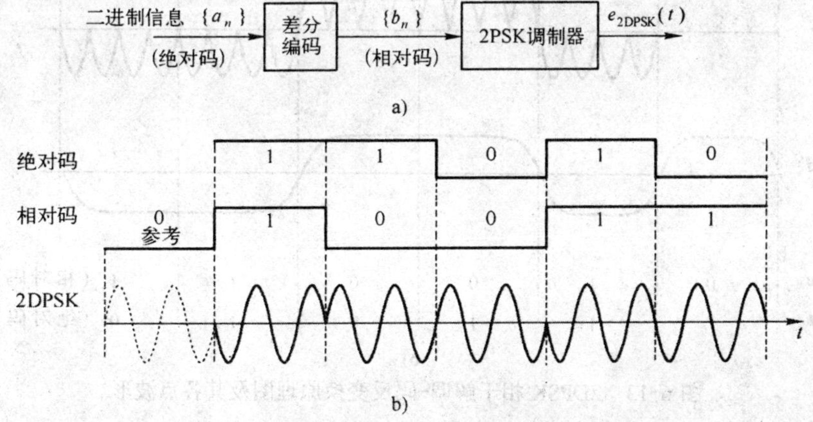

图 6-12 2DPSK 的调制器原理框图及其各点波形

a) 2DPSK 调制原理框图 b) 各点波形

图中，$\{a_n\}$是绝对码（原信码）序列，$\{b_n\}$是相对码（差分码）序列。**差分编码**（也称码

变换）的规则为

$$b_n = a_n \oplus b_{n-1} \tag{6-8}$$

式中，⊕为模 2 加，b_{n-1}为b_n 的前一码元，最初的b_{n-1}可任意设定。由图 6-12 中 2DPSK 信号的波形可知，这里用的是传号差分码，即载波相位遇“1”码变化，遇“0”码不变，数字信息就携载在载波相位的这种相对变化中。

2DPSK 信号的解调方法之一：首先对接收的 2DPSK 信号进行相干解调，经抽样判决输出的是相对码，然后进行差分译码，把相对码还原为绝对码。此方法称为同步检测 DPSK 解调方式，其解调原理框图及各点波形如图 6-13 所示。其中，**差分译码**（也称**码反变换**）的规则为

$$a_n = b_n \oplus b_{n-1} \tag{6-9}$$

式中，b_n 为相对码，a_n 为绝对码。

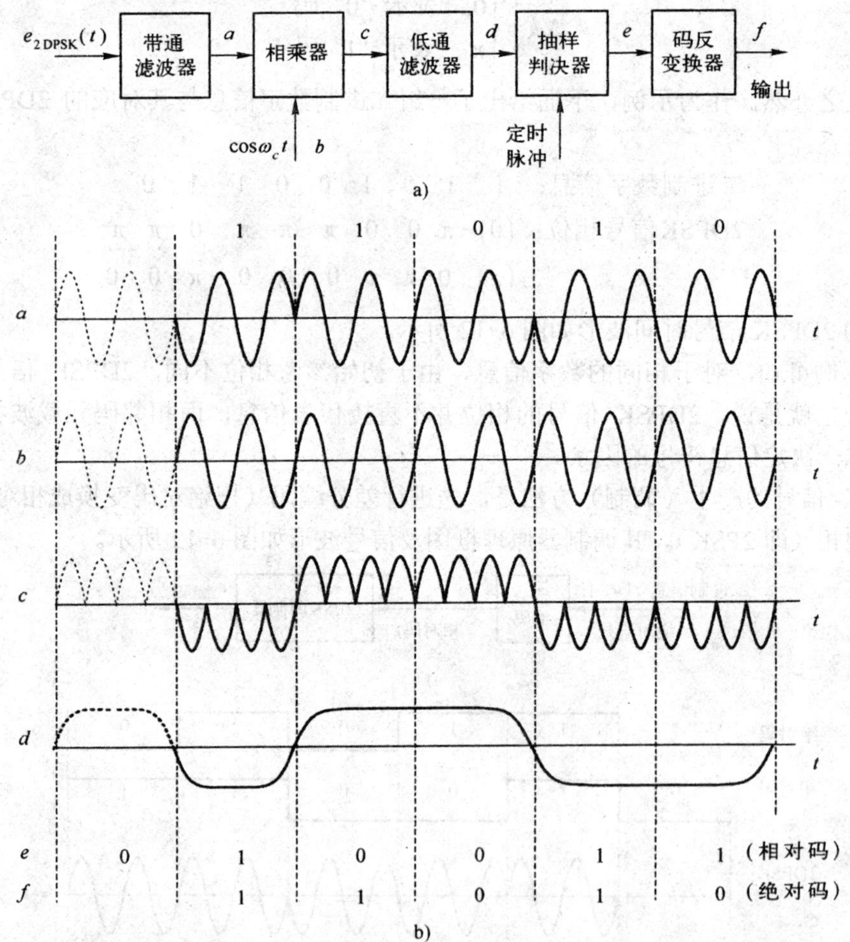

图 6-13　2DPSK 相干解调-码反变换原理图及其各点波形

a) 2DPSK 相干解调-码反变换原理图　b) 各点波形

在解调过程中，受本地载波相位模糊的影响，解调出的相对码（e 点）也可能发生 1 和 0 倒置，但是由于

$$a_n = b_n \oplus b_{n-1} = \overline{b_n} \oplus \overline{b_{n-1}} \tag{6-10}$$

所以，经差分译码后的绝对码不会发生任何倒置现象，从而解决了载波相位模糊的问题。

2DPSK 信号的解调方法之二：差分相干解调（相位比较法），其原理框图及其各点时间波形如图 6-14 所示。用这种方法解调时不需要专门的相干载波，只需将收到的 2DPSK 信号延时一个码元间隔 T_s，然后与 2DPSK 信号本身相乘。相乘器起着相位比较的作用，相乘的结果反映了前后相邻码元的载波相位差，因此抽样判决后恢复的就是原始数字信息，后面不再需要差分译码（码反变换）。

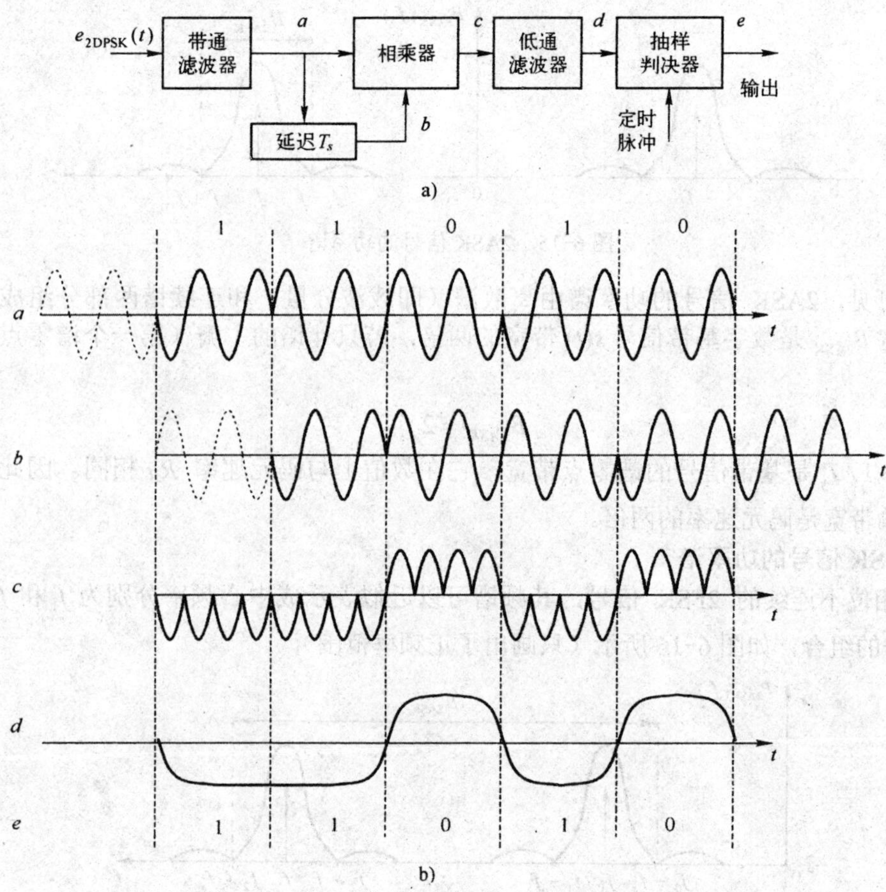

图 6-14　2DPSK 差分相干解调原理图及其各点波形

a) 2DPSK 差分相干解调原理图　b) 各点波形

五、功率谱与信号带宽

观察以上各种数字已调信号的接收（解调）原理框图可见，带通滤波器是不可缺少的部件，它的作用是在保证已调信号顺利通过的同时尽可能滤除噪声。因此，滤波器的中心频率和通频带宽度需要依据信号的频谱特性来设计。由于数字已调信号通常是随机的功率型信号，所以其频谱特性需要用功率谱来描述。

1. 2ASK 信号的功率谱

根据式（6-2），2ASK 信号的时域表达式为

$$e_{2ASK}(t) = s(t)\cos\omega_c t \tag{6-11}$$

它与双边带调幅信号的表达式类似。若设单极性矩形脉冲序列 $s(t)$ 的功率谱密度为 $P_s(f)$，则 2ASK 信号的功率谱密度为 $P_{2ASK}(f)$ 是 $P_s(f)$ 的线性搬移，即

$$P_{2ASK}(f) = \frac{1}{4}[P_s(f+f_c) + P_s(f-f_c)] \tag{6-12}$$

借助第五章中图 5-6a 所示的单极性矩形脉冲序列的功率谱，将其平移到载频 f_c 处，便可得到 2ASK 信号的功率谱，如图 6-15 所示。

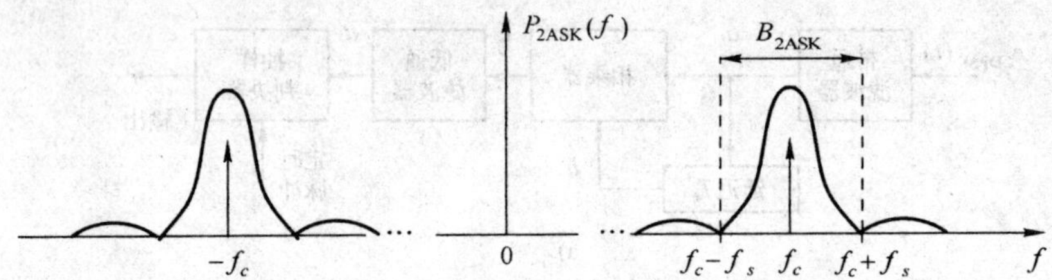

图 6-15　2ASK 信号的功率谱

由图可见，2ASK 信号的功率谱由离散谱（即载波分量）和连续谱两部分组成。2ASK 信号的带宽 B_{2ASK} 是数字基带信号 $s(t)$ 带宽的两倍，若只计谱的主瓣（第一个谱零点位置），则有

$$B_{2ASK} = 2f_s \tag{6-13}$$

其中，$f_s = 1/T_s$ 是基带信号的谱零点带宽，它在数值上与码元速率 R_B 相同。因此，2ASK 信号的传输带宽是码元速率的两倍。

2．2FSK 信号的功率谱

对于相位不连续的 2FSK 信号，其频谱可以近似表示成中心频率分别为 f_1 和 f_2 的两个 2ASK 频谱的组合，如图 6-16 所示（只画出了正频率范围）。

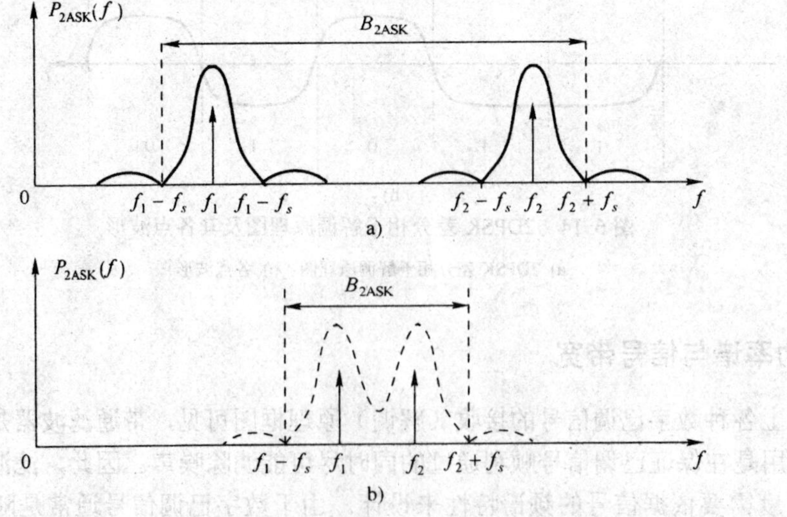

图 6-16　相位不连续 2FSK 信号的功率谱

由图 6-16 可见：2FSK 信号的离散谱位于两个载频 f_1 和 f_2 处；连续谱的形状随着两个载频之差 $|f_1 - f_2|$ 的大小而变化。若以功率谱第一个零点之间的频率间隔计算 2FSK 信号的

带宽，则其带宽近似为

$$B_{2FSK}=|f_2-f_1|+2f_s \tag{6-14}$$

其中，$f_s=1/T_s=R_B$为基带信号的带宽。

3．2PSK 与 2DPSK 信号的功率谱

比较 2ASK 信号的表达式（6-2）和 2PSK 信号的表达式（6-6）可知，两者的表示形式完全一样，区别仅在于基带信号 $s(t)$ 不同（前者为单极性，后者为双极性）。因此，2PSK 信号的频谱特性与 2ASK 的十分相似，带宽也是基带信号带宽的两倍。当等概率发送信息时，2PSK 谱中无离散谱（无载波分量），如图 6-17 所示。

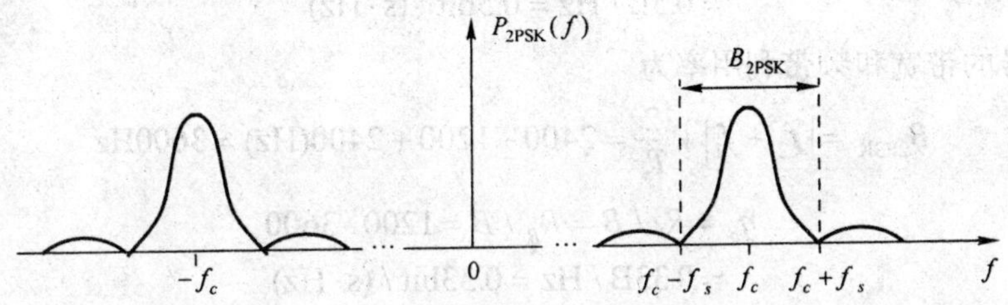

图 6-17　2PSK/2DPSK 信号的功率谱

2DPSK 与 2PSK 信号具有相同的功率谱。当然它们的带宽也相同，即

$$B_{2DPSK}=B_{2PSK}=2f_s \tag{6-15}$$

其中，$f_s=1/T_s=R_B$为基带信号的带宽。

【例 6-1】 设发送的二进制信息为 10101，码元速率为 1200Baud：

1）当载波频率为 2400Hz 时，试分别画出 2ASK（OOK）、2PSK 及 2DPSK 信号的时间波形。

2）当 2FSK 的两个载波频率分别为 1200Hz 和 2400Hz 时，画出其时间波形。

3）计算 2ASK、2PSK、2DPSK 和 2FSK 信号的带宽和频带利用率。

解　1）因为载波频率是码元速率的两倍，所以每个码元内画两个周期的载波信号。

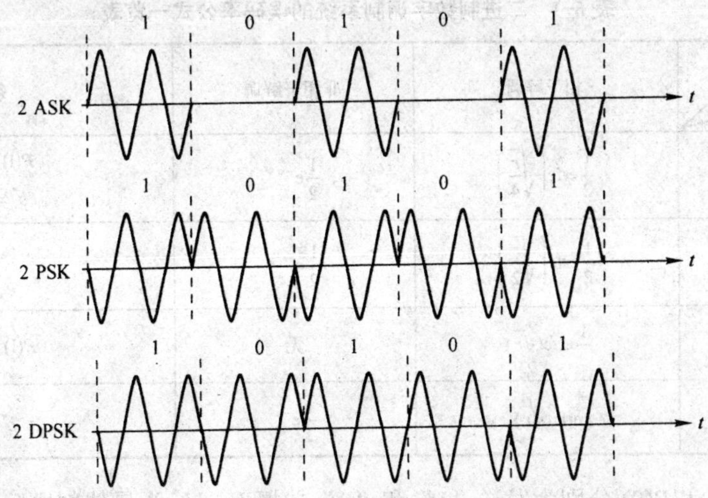

2）设 1200Hz→“1”，2400Hz →“0”，载波信号如下

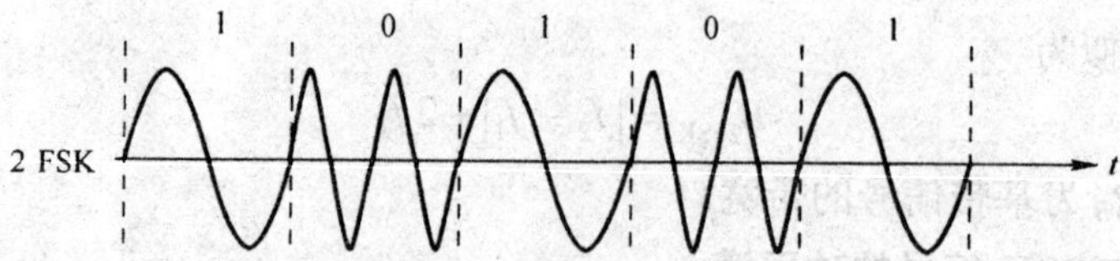

3）2ASK、2PSK 和 2DPSK 的带宽和频带利用率为

$$B_{2PSK}=B_{2DPSK}=B_{2ASK}=2f_s=\frac{2}{T_s}=2\times1200(\text{Hz})=2400\text{Hz}$$

$$\begin{aligned}\eta_b&=R_b/B=R_B/B=1200/2400\\&=0.5\text{B}/\text{Hz}=0.5\text{bit}/(\text{s}\cdot\text{Hz})\end{aligned}$$

2FSK 信号的带宽和频带利用率为

$$B_{2FSK}=|f_2-f_1|+\frac{2}{T_s}=2400-1200+2400(\text{Hz})=3600\text{Hz}$$

$$\begin{aligned}\eta_b&=R_b/B=R_B/B=1200/3600\\&=0.33\text{B}/\text{Hz}=0.33\text{bit}/(\text{s}\cdot\text{Hz})\end{aligned}$$

第二节　二进制数字调制系统性能比较

数字通信系统性能的好坏可以从可靠性、有效性、对信道的适应能力、设备的复杂度等方面进行比较。比较的结果，可以为我们在不同的应用场合选择适宜的调制和解调方式提供一定的参考依据。

一、抗噪性能——误码率

数字系统的抗噪声性能可用误码率来衡量。在信道高斯白噪声的干扰下，各种二进制数字调制系统的误码率与解调器输入端信噪比 r 的数学关系式见表 6-1。

表 6-1　二进制数字调制系统的误码率公式一览表

P_e / 调制类型	相干解调	非相干解调	条件
2ASK	$\frac{1}{2}\text{erfc}\left(\sqrt{\frac{r}{4}}\right)$	$\frac{1}{2}\text{e}^{-r/4}$	$P(1)=P(0)$ $b^*=a/2$
2FSK	$\frac{1}{2}\text{erfc}\left(\sqrt{\frac{r}{2}}\right)$	$\frac{1}{2}\text{e}^{-r/2}$	无
2PSK	$\frac{1}{2}\text{erfc}(\sqrt{r})$	无	$P(1)=P(0)$
2DPSK	$\text{erfc}(\sqrt{r})$	$\frac{1}{2}\text{e}^{-r}$	$b^*=0$

注：表中 $P(1)$和$P(0)$ 分别为发送“1”和“0”的概率；b^* 为最佳判决门限；a 为解调器输入信号的幅度；$r=\dfrac{S}{N}=\dfrac{a^2}{2\sigma_n^2}$ 为解调器输入端的信噪比；互补误差函数 $\text{erfc}(x)$ 是自变量的

递减函数（参见第 2.5 节），即自变量越大，函数值越小。

由表 6-1 可以得出以下比较结果。

1）从横向来比较，对于相同的调制方式，$P_{e相干}<P_{e非相干}$，但随着 r 的增大，两者性能相差不大。

2）从纵向来比较，对于相同的解调方式（如相干解调，即同步检测），抗加性高斯白噪声性能优劣的顺序是：2PSK、2DPSK、2FSK、2ASK。

根据表 6-1 所画出的三种数字调制系统的误码率 P_e 与信噪比 r 的关系曲线如图 6-18 所示。可以看出，在相同的信噪比 r 下，相干解调的 2PSK 系统的误码率 P_e 最小。

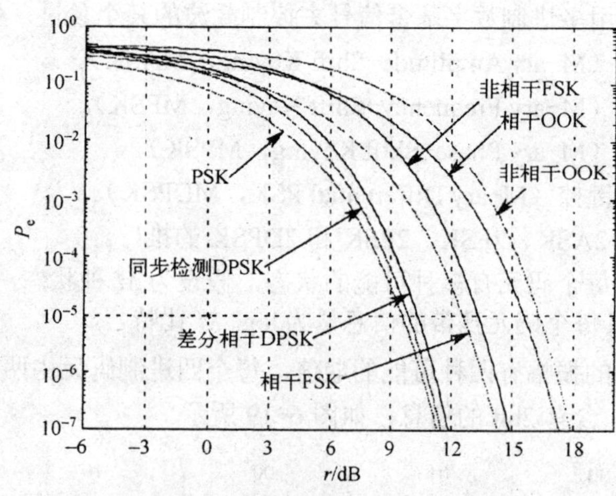

图 6-18　误码率与信噪比的关系曲线

二、有效性能——带宽和频带利用率

设基带信号的谱零点带宽为 $f_s=1/T_s$，则 2ASK、2PSK 和 2DPSK 信号的谱零点带宽均近似为

$$B_{2\text{ASK}}=B_{2\text{PSK/2DPSK}}=2f_s=\frac{2}{T_s} \tag{6-16}$$

2FSK 的带宽近似为

$$B_{2\text{FSK}}=|f_2-f_1|+\frac{2}{T_s} \tag{6-17}$$

可见，2FSK 的带宽不仅与基带信号带宽有关，而且与信号的两个载频之差有关。因此，在码元速率相同的情况下，2FSK 系统的频带利用率（速率与带宽的比值）最低，有效性最差。

综上所述，若要求较高的频带利用率，则应选择 2DPSK，而 2FSK 最不可取；若传输信道是随参的，则 2FSK 具有更好的适应能力；若从设备复杂度方面考虑，则非相干方式比相干方式更适宜，因为非相干解调不需要相干载波。

目前，常用的二进制数字调制方式是相干 2DPSK 和非相干 2FSK。相干 2DPSK 主要用于高速数据传输，而非相干 2FSK 则用于中、低速数据传输，特别是在衰落信道中传输数据时。

第三节　多进制数字调制原理

一、特点与类型

二进制调制是一种最基本的数字调制方式，具有较好的抗干扰能力。但二进制的每个码元只携带 1bit 信息，因此频带利用率不高。为了提高信道的频带利用率，一种有效的办法是使一个码元携带多个比特的信息，这就是多进制数字调制方式。

多进制数字调制是用多进制数字基带信号去控制载波的某个参量，相应地有如下类型。

- 多进制振幅键控（M-ary Amplitude-Shift Keying，MASK）。
- 多进制频移键控（M-ary Frequency-Shift Keying，MFSK）。
- 多进制相移键控（M-ary Phase-Shift Keying，MPSK）。
- 多进制差分相移键控（M-ary Differential PSK，MDPSK）。

它们分别可看成是 2ASK、2FSK、2PSK 和 2DPSK 的推广。

多进制数字调制的每个码元有多种可能的状态，假设为 M 种状态，并取 $M=2^N$（N 为大于 1 的正整数），则其每个码元携带的信息量为 $\log_2 M$ 比特。

例如：4ASK 信号的振幅有四种可能的取值，每个四进制码元由两个二进制码元组合而成（00、01、10、11），含有 2bit 的信息，如图 6-19 所示。

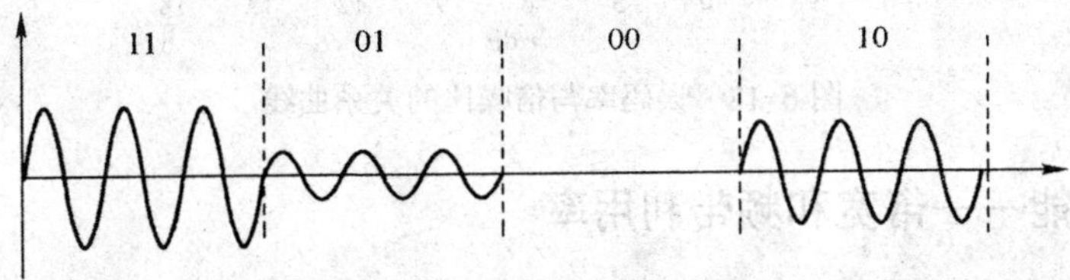

图 6-19　4ASK 信号波形

在 4FSK 中，采用 4 种不同的频率分别表示四进制码元的 4 种状态，如图 6-20 所示 。

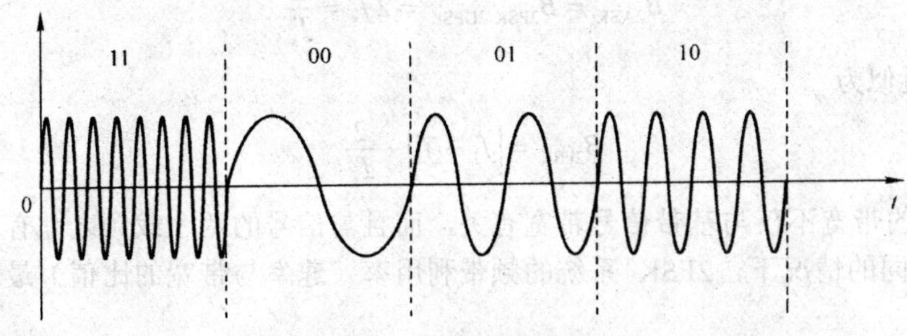

图 6-20　4FSK 信号波形

由第 1.1.5 节介绍的信息速率 R_b、码元速率 R_B 和进制数 M 之间的关系式

$$R_b = R_B \log_2 M$$

可知，多进制线性调制相比二进制调制具有以下特点。

1）在信息速率 R_b 一定时，通过增加进制数 M，可以降低码元速率 R_B，从而减小信号带宽、节约频率资源。

2）在码元速率 R_B 一定时，通过增加进制数 M，可以增大信息速率 R_b，从而在相同的带宽中传输更多比特的信息，提高频带利用率 $\eta_b = R_b / B$。

3）在相同的噪声下，多进制线性调制系统的误码率高于二进制调制系统的误码率，若想得到相同的误码率，需要更大的发送信号功率。此外，多进制调制系统比二进制调制系统复杂。

因此，在信道频带受限的场合，采用多进制线性调制可以达到提高频带利用率的目的，但其代价是增加信号的功率和实现上的复杂性。

对于多进制频率调制正好相反，是用增加带宽的方式来获得功率的节省，常应用于带宽富裕、功率受限的场合。

二、QPSK 和 QDPSK

多进制相移键控，简称多相调制，是利用载波的 M 种不同相位来表示数字信息的。为了便于说明概念，可以将 MPSK 信号用信号矢量图（也称星座图）来描述。

1．信号矢量图（星座图）

二进制相移键控（2PSK）信号的矢量图如图 6-21 所示，载波相位只有两种取值 0 和 π（A 方式）或π/2 和-π/2（B 方式），它们分别代表二进制信息 1 和 0。四相制和八相制信号的星座图如图 6-22 所示，每个信号点（黑点）表示某种相位的正弦信号。在 4PSK（QPSK）中，载波相位有四种，它们分别表示四进制信息（可由两个二进制码元组合）00、01、10 和 11。在 8PSK 中，载波的 8 种相位表示八进制信息，每个八进制码元包含 3bit 的信息。

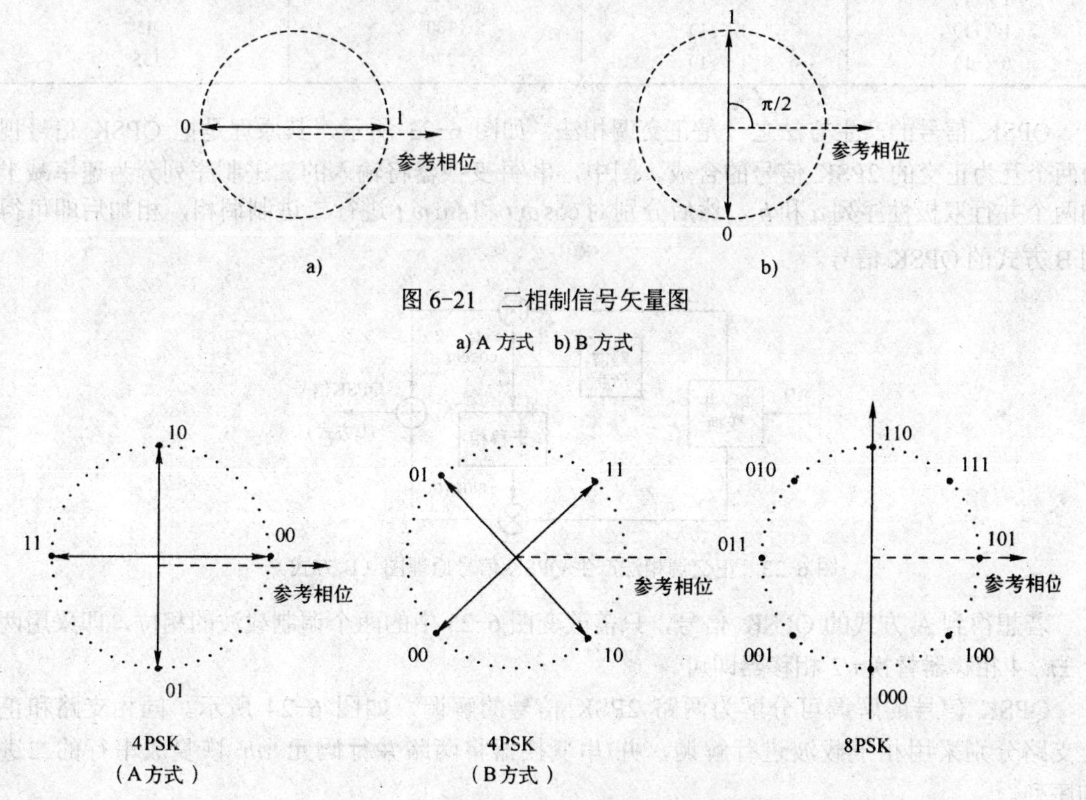

图 6-21　二相制信号矢量图

a) A 方式　b) B 方式

图 6-22　四相制和八相制信号的矢量图

可见，随着进制数 M 的增加，多相制信号可以在相同的带宽中传输更多比特的信息，从而提高频带利用率。但是，随着 M 的增加，星座图上的相邻信号点的距离会逐渐减小，即易受到噪声的干扰，导致误码率增大。另一方面，随着 M 的增大，也会使设备复杂化。

因此，多相制调制方式在实际中常用的是四相制，即 $M=4$。若需要相位数更大时的频带利用率，可以采用其他高效调制方式，如第 6.3 节中将要介绍的正交振幅调制（QAM）。下面，以四相制为例进行介绍。

与二相制相似，四相制也分为四进制绝对相位调制（**4PSK** 或 **QPSK**）和四进制相对相位调制（**4DPSK** 或 **QDPSK**）。

2．QPSK 信号的产生与解调

四进制绝对相移键控（4PSK），也称正交相移键控（Quadrature Phase Shift Keying，**QPSK**），是利用载波的 4 种不同相位来表示数字信息的。它的每一种载波相位代表两个比特的一种可能组合（00、01、10 或 11）。两个比特的组合称作双比特码元，记为 ab。根据图 6-22 所示的四相制信号的矢量图，双比特 ab 与载波相位的关系见表 6-2。

表 6-2　双比特 *ab* 与载波相位的关系

双比特码元		载波相位（ϕ_n）	
a	b	A 方式	B 方式
0（−1）	0（−1）	0°	225°
1（+1）	0（−1）	90°	315°
1（+1）	1（+1）	180°	45°
0（−1）	1（+1）	270°	135°

QPSK 信号的产生方法之一是正交调相法，如图 6-23 所示，其原理是把 QPSK 信号视为两个互为正交的 2PSK 信号的合成。图中，串/并变换器将输入的二进制序列分为速率减半的两个并行双极性序列 a 和 b，然后分别对 $\cos\omega_c t$ 和 $\sin\omega_c t$ 进行二进制调相，相加后即可得到 B 方式的 QPSK 信号。

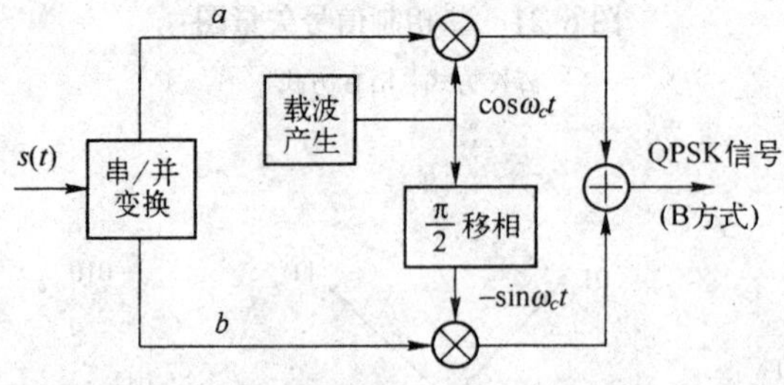

图 6-23　正交调相法产生 QPSK 信号原理图（B 方式）

若想得到 A 方式的 QPSK 信号，只需改变图 6-23 中的两个调制载波的相位，即采用两个 $\pm\pi/4$ 相移器替换 $\pi/2$ 相移器即可。

QPSK 信号的解调可分解为两路 2PSK 信号的解调，如图 6-24 所示。同相支路和正交支路分别采用相干载波进行解调，并/串变换器将两路并行码元 ab 恢复成串行的二进制序列。

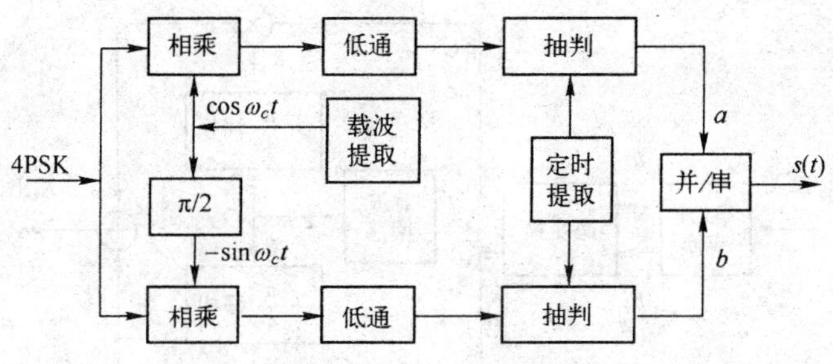

图 6-24 QPSK 信号解调器原理图

值得注意的是，在 2PSK 信号相干解调过程中存在180° 相位模糊的问题。同样，QPSK 信号相干解调时也存在相位模糊问题，并且是 0° 、90° 、180° 和 270° 四个相位模糊。因此，在实际中更实用的是四进制相对相位调制，即 4DPSK（也称 QDPSK）方式。

3．QDPSK 的产生与解调

QDPSK 信号是利用相邻码元之间的相对相位变化来表示数字信息的。图 6-22 和表 6-2 的表述方法对于分析 QDPSK 信号仍然适用，只是需要把图 6-22 中的参考相位当作是前一个双比特码元的载波相位，把表 6-2 中的载波相位 ϕ_n 换成载波相位差 $\Delta\phi_n$ 即可。

【例 6-2】 设发送的二进制信息为 10110001，按照表 6-2 所示的 A 方式编码规则，分别画出 QPSK 和 QDPSK 信号的波形，如图 6-25 所示。

解：

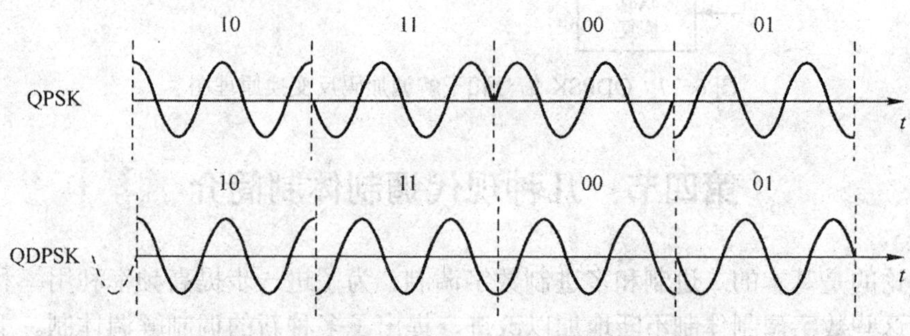

图 6-25 QPSK 和 QDPSK 信号的时间波形

下面讨论 QDPSK 信号的产生和解调。借助 2DPSK 信号的产生方法可知，先进行差分编码，把绝对码变换成相对码，然后进行绝对调相，即可产生相对调相信号。因此，QDPSK 的调制只需在 QPSK 的调制框图中的串/并变换器之后插入双比特的差分编码器（码变换）即可。并且相应 QPSK 的调制方法，QDPSK 也有调相法和相位选择法。码变换加调相法产生 QDPSK 信号的原理框图如图 6-26 所示。图中，码变换器的作用是将输入的绝对码双比特 *ab* 转换成相对码双比特 *cd*，并且由 *cd* 进行 QPSK 调制的载波相位编码逻辑关系满足表 6-2 的要求。

根据解调是调制的逆过程这一思路，QDPSK 信号的解调只需在 QPSK 解调框图中的并/串变换器之前插入双比特的差分译码器（码反变换）即可，如图 6-27 所示。其中，码反变换的作用是将相对码 *cd* 变换成绝对码 *ab*。

此外，与 2DPSK 一样，4DPSK 的解调也有差分相干解调方式。

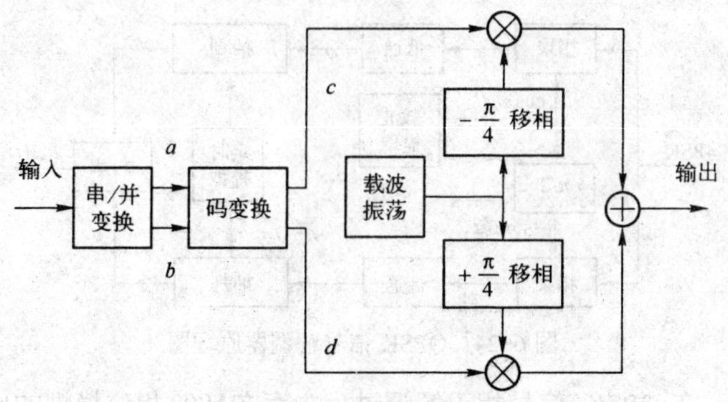

图 6-26　产生 QDPSK 信号原理图（A 方式）

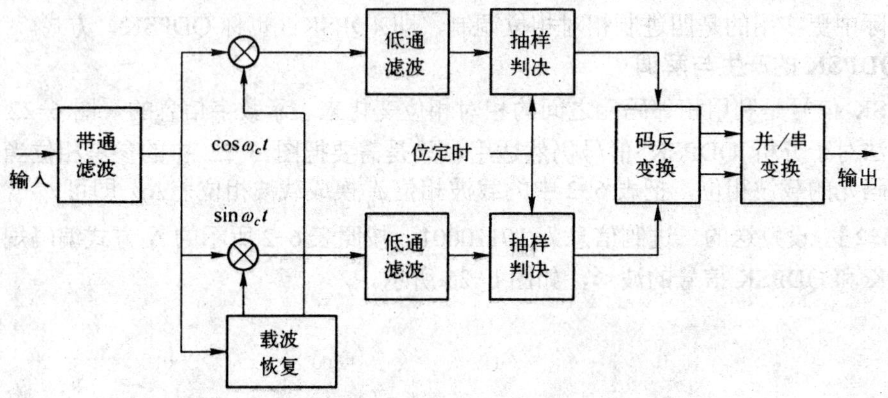

图 6-27　QDPSK 信号相干解调加码反变换原理图

第四节　几种现代调制体制简介

前面讨论的是基本的二进制和多进制数字调制。为了进一步提高频率利用率和抗衰落能力，人们对这些数字调制体制不断地加以改进，提出了多种新的调制解调体制。下面，简要介绍几种有代表性的现代调制体制。

一、正交振幅调制（QAM）

在 MPSK 体制中，随着 M 的增大，频谱利用率提高了，但相邻相位的距离逐渐减小，误码率难以保证。为了改善 M 较大时的抗噪声性能，并进一步提高频谱利用率，发展出了正交振幅调制（Quadrature Amplitude Modulation，QAM）技术。QAM 是一种振幅和相位联合键控的调制方式，具有很高的频谱利用率，在中、大容量数字微波通信系统，有线电视网络高速数据传输，卫星通信系统等领域得到了广泛应用。

1. 信号的星座图

由图 6-22 所示的 4PSK 或 8PSK 的星座图可见，所有信号点（图中黑点）平均分布在同一个圆周上，信号点所在的圆周半径就等于该信号的幅度。显然，在信号幅度相同（功率相等）的条件下，8PSK 相邻信号点的距离比 4PSK 的小，并且随着 M 的增加，星座图上的相邻信号点的距离会越来越小。这意味着在相同噪声条件下，系统的误码率增大。

那么，如何增大相邻信号点的距离，以减小误码率呢？容易想到的一种解决办法是，通过增大圆周半径（即增大信号功率）来增大相邻信号点的距离，但这种方法往往会受发射功率的限制。一种更好的设计思想是在不增大圆半径基础上（即不增加信号功率），重新安排信号点的位置，以增大相邻信号点的距离，实现这种思想的可行性方案就是正交振幅调制（QAM）——一种把 ASK 和 PSK 结合起来的调制方式。图 6-28 给出了 16QAM 信号和 16PSK 信号的星座图，以便说明和比较。

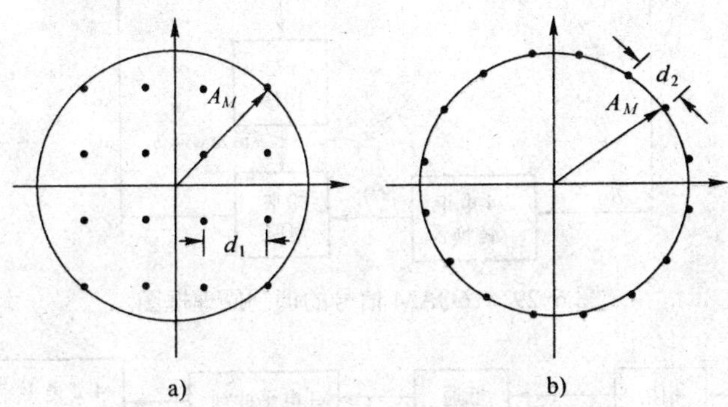

图 6-28　16QAM 和 16PSK 信号的星座图

a) 16QAM　b) 16PSK

经过计算，在最大功率（振幅 A_M）相等的条件下，16QAM 信号点的最小距离（d_1）大于 16PSK 信号点的最小距离（d_2）。此最小距离代表着噪声容限的大小，噪声容限越大，表明抗噪声性能就越强。因此，16QAM 系统的抗干扰能力优于 16PSK。

2．16QAM 信号的产生与解调

在 QAM 中，载波的振幅和相位同时受基带信号控制，它的一个码元可以表示为

$$s_k(t) = A_k \cos(\omega_0 t + \theta_k), \qquad kT < t \leqslant (k+1)T \tag{6-18}$$

式中，k 为整数；A_k 和 θ_k 分别可以取多个离散值。

式（6-18）可以展开为

$$s_k(t) = X_k \cos\omega_0 t + Y_k \sin\omega_0 t \tag{6-19}$$

式中，$X_k = A_k\cos\theta_k$，$Y_k = -A_k\sin\theta_k$。X_k 和 Y_k 为多个离散的振幅值。例如，对于 16QAM，X_k 和 Y_k 各有 $L=\sqrt{M}=\sqrt{16}=4$ 个电平值。

式（6-19）表明，MQAM 可以看作是两路正交的 L 进制振幅键控（ASK）信号之和。而 16QAM 信号可以用两个正交的 4ASK 信号相加得到。

16QAM 信号的调制器原理框图如图 6-29 所示。图中，串行的二进制序列每 4 个码元（*abcd*）作为一组，经过串/并变换后分成两路，两路的双比特码元（上支路为 *ac*，下支路为 *bd*）经过 2-4 电平转换后形成 4 电平的基带信号 $X(t)$ 和 $Y(t)$，然后分别与相互正交的两路载波相乘（调制），产生两个互为正交的 4ASK 信号，将它们相加即可得到 16QAM 信号。

16QAM 信号的解调可以采用正交相干解调法，如图 6-30 所示。16QAM 信号与本地恢复的两个正交载波相乘后，经过低通滤波输出两路 4 电平基带信号 $X(t)$ 和 $Y(t)$。由于 16QAM 信号的 16 个信号点在水平轴和垂直轴上投影的电平数均有 4 个（+3、+1、-1、-3），对应低通滤波器输出的 4 电平信号，因而抽样判决器应有 3 个判决电平：+2、0、-2。4 电平判决器对 4 电平基带信号进行判决和检测，再经 4 电平到 2 电平转换和并/串变换器最终

输出二进制数据。

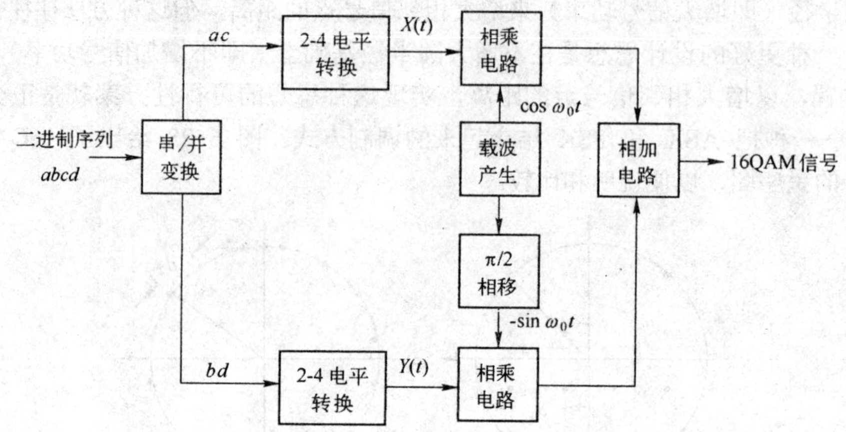

图 6-29　16QAM 信号的调制原理框图

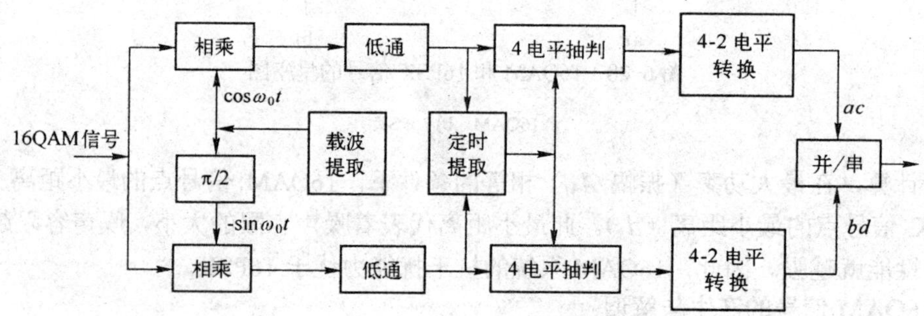

图 6-30　16QAM 信号解调原理方框图

3．16QAM 信号的频带利用率

在图 6-29 中，设输入二进制代码的比特率为 R_b，则经串/并变换后每路信号的码速率均为 $R_b/2$，仍为 2 电平信号。2-4（2-L）电平变换后，4（L）电平基带信号的码速率变为 $R_b/4$（即 $\boldsymbol{R_b/\log_2 M}$）。正交调制后，每路已调信号的谱零点带宽都等于基带信号码速率的 2 倍，即 $R_b/2$（即 $\boldsymbol{2R_b/\log_2 M}$），故 16QAM 信号的谱零点带宽也等于 $R_b/2$（即 $\boldsymbol{2R_b/\log_2 M}$），频带利用率为 $\eta_b = 2\ \mathrm{bit/(s\cdot Hz)}$。

由此推广，MQAM 信号的带宽

$$B_{\mathrm{MQAM}} = \frac{2R_b}{\log_2 M} \tag{6-20}$$

频带利用率

$$\eta_{\mathrm{MQAM}} = \frac{R_b}{B} = \frac{1}{2}\log_2 M = \log_2 L \quad (\mathrm{bit/(s\cdot Hz)}) \tag{6-21}$$

式（6-20）和式（6-21）也适用于其他线性数字调制信号。

综上所述，MQAM 是由两个独立的多电平（$L=\sqrt{M}$）基带数字信号对两个相互正交的同频载波进行 L 进制 ASK 调制后相加而成的。利用这种已调信号在同一带宽内频谱正交的性质，QAM 实现了在同一带宽内传输两路并行的数字信息，所以与单路 L 进制的 ASK 信号相比，MQAM 信号可以传输两倍的信息量。

需要说明的是，MQAM 信号在 M 给定的情况下，信号点在星座图中的分布形式有多种。例如，图 6-28a 给出的是方型 16QAM，若信号点的分布成星形，则是星形 16QAM，两者在抗噪声性能上和信号的实现难易程度上有所不同。

另外，还有 M=4、16、32、64、128 和 256 时的 MQAM 信号。

二、最小频移键控（MSK）

为了克服 2FSK 的相位不连续、占用频带宽和功率谱旁瓣衰减慢等缺点，提出了 2FSK 的改进型——**MSK**（Minimum Shift Keying）。MSK 是一种包络恒定、相位连续、占用带宽最小并且严格正交的 2FSK 信号。

1. MSK 的基本原理

MSK 信号可表示为

$$\begin{aligned} e_{\mathrm{MSK}}(t) &= \cos\left[\omega_c t + \theta_k(t)\right] \\ &= \cos\left[\omega_c t + \frac{a_k \pi}{2T_s} t + \phi_k\right], \quad (k-1)T_s < t \leqslant kT_s \end{aligned} \tag{6-22}$$

式中，$\omega_c = 2\pi f_c$ 为载波角频率；T_s 为码元宽度；a_k 为第 k 个输入码元，取值 ±1（对应“1”和“0”）；φ_k 为第 k 个码元的起始相位，其作用是保证在 $t = kT_s$ 时刻信号相位连续；$\theta_k(t)$ 称作第 k 个码元的附加相位，表示为

$$\theta_k(t) = \frac{a_k \pi}{2T_s} t + \phi_k, \quad (k-1)T_s < t \leqslant kT_s \tag{6-23}$$

根据相位 $\theta_k(t)$ 连续条件，要求在码元转换时刻 $t = kT_s$ 满足

$$a_{k-1}\frac{\pi k T_s}{2T_s} + \phi_{k-1} = a_k \frac{\pi k T_s}{2T_s} + \phi_k \tag{6-24}$$

由此可得

$$\varphi_k = \begin{cases} \varphi_{k-1}, & \text{当 } a_k = a_{k-1} \text{ 时} \\ \varphi_{k-1} \pm k\pi, & \text{当 } a_k \neq a_{k-1} \text{ 时} \end{cases} \tag{6-25}$$

这是确保 MSK 信号的相位在码元转换时刻是连续的必要条件，称之为**相位约束条件**。若设第一个码元的起始相位 $\phi_0 = 0$，则

$$\phi_k = 0 \text{或} \pm\pi \ (\text{模} 2\pi) \quad k = 0,1,2,\cdots \tag{6-26}$$

式（6-25）表明 MSK 信号在第 k 个码元的起始相位 ϕ_k 不仅与当前码元的取值 a_k 有关，而且还与前一码元的取值 a_{k-1} 及起始相位 ϕ_{k-1} 有关。

由式（6-22）可以看出，MSK 信号的两个频率分别为

$$f_0 = f_c - \frac{1}{4T_s} \ (\text{当 } a_k = -1 \text{ 时}) \tag{6-27}$$

$$f_1 = f_c + \frac{1}{4T_s} \ (\text{当 } a_k = +1 \text{ 时}) \tag{6-28}$$

两者的频差为

$$\Delta f = f_1 - f_0 = \frac{1}{2T_s} \tag{6-29}$$

它等于码元速率$(1/T_s)$的一半，是保证 2FSK 的两个信号正交的最小频率间隔，相对应的调制指数为

$$h = \Delta f T_s = \frac{1}{2T_s} \times T_s = \frac{1}{2} = 0.5 \tag{6-30}$$

【例 6-3】 设发送数据序列为 0010110101，采用 MSK 方式传输，码元速率为 1200B，载波频率为 2400Hz。

1）试求“0”符号和“1”符号对应的频率。

2）画出 MSK 信号时间波形。

3）画出 MSK 信号附加相位路径图（初始相位为零）。

解 1）设“0”符号对应频率f_0，“1”符号对应频率f_1，则有

$$f_0 = f_c - \frac{1}{4T_s} = 2400 - \frac{1200}{4}(\text{Hz}) = 2100\text{Hz}$$

$$f_1 = f_c + \frac{1}{4T_s} = 2400 + \frac{1200}{4}(\text{Hz}) = 2700\text{Hz}$$

2）由于

$$f_0 = 2100\text{Hz} = \frac{7}{4}R_B \text{（一个码元周期 } T_s \text{ 内画} 1\frac{3}{4} \text{ 周载波）}$$

$$f_1 = 2700\text{Hz} = \frac{9}{4}R_B \text{（一个码元周期 } T_s \text{ 内画} 2\frac{1}{4} \text{ 周载波）}$$

所以 MSK 信号时间波形如图 6-31 所示。

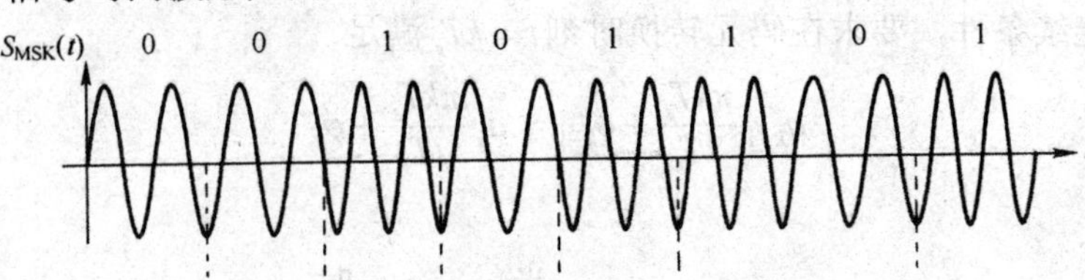

图 6-31 MSK 信号时间波形

3）由式（6-23）可以看出：MSK 信号的附加相位函数$\theta_k(t)$是 t 的直线方程，其斜率为$a_k\pi/2$，截距为φ_k。所以，在任一个码元期间 T_s，若$a_k=+1$，则$\theta_k(t)$线性增加π/2；若$a_k=-1$，则$\theta_k(t)$线性减小π/2。所以，MSK 信号附加相位路径如图 6-32 所示。

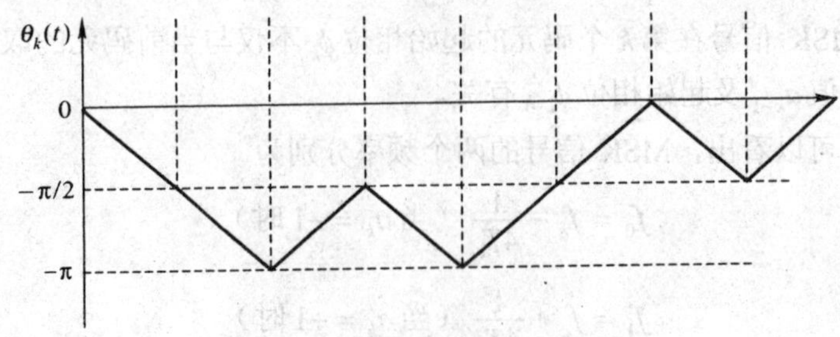

图 6-32 MSK 信号附加相位路径

可见，附加相位在相邻码元之间是连续的。

2．MSK 信号的特点

1）信号包络是恒定的。

2）信号相位在码元转换时刻是连续的。

3）信号的附加相位在一个码元期间内线性地变化$\pm\frac{\pi}{2}$。

4）信号在每一码元周期内包含的波形周期数必须是 1/4 载波周期的整数倍，即

$$T_s = \frac{n}{4f_c} = \frac{n}{4}T_c, \qquad n = 1, 2, \cdots$$

5）与 QPSK 和 2PSK 信号相比，MSK 信号的功率谱密度更为集中，即旁瓣下降得更快，故它对于相邻频道的干扰较小。

但是，在蜂窝移动通信中，对信号带外辐射功率的限制十分严格，一般要求必须衰减 70dB 以上。从 MSK 信号的功率谱可以看出，MSK 信号仍不能满足这样的要求。为了进一步使信号的功率谱密度集中和减小对邻道的干扰，可以在进行 MSK 调制之前，用一个高斯型的低通滤波器对输入的基带矩形信号脉冲进行处理，这样的体制称为**高斯最小移频键控**（Gaussian Filtered Minimum Shift Keying，GMSK）。

GMSK 方式的功率谱密度比 MSK 的更加集中，旁瓣进一步降低，能满足蜂窝移动通信环境下对带外辐射的严格要求。

三、正交频分复用（OFDM）

OFDM（Orthogonal Frequency Division Multiplexing）是一种多载波调制技术，具有较强的抗多径传播和抗频率选择性衰落的能力以及较高的频谱利用率，在高速无线通信系统中得到了广泛应用。

1. 单载波调制和多载波调制

所谓**单载波调制**，就是将需要传输的数据流调制到单个载波上进行传送，前面介绍的各种数字调制方式都属于单载波体制。这种体制在高速数据传输的宽带业务中，容易因信道特性的不理想而产生码间串扰（ISI）。如果采用传统的均衡技术来解决这一问题，需要引入复杂的均衡算法。此外，由于高速数据信号的码元持续时间短，小于信道的最大多径迟延，还会造成频率选择性衰落。为了解决这些问题，有效的途径之一就是采用多载波传输技术。

所谓**多载波调制**（MCM），就是将信道分成 N 个子信道，将高速数据信号串/并变换为 N 路速率较低的子数据流，然后分别调制到每个子信道上进行并行传输。由于每个子数据流的速率降低为原来的 $1/N$，使每路数据码元的持续时间增长为原来的 N 倍，大于信道的最大多径迟延，或者说，使每个子信道上的信号带宽减小为原来的 $1/N$，远小于信道的相关带宽，因此各个子信道上近似为平坦衰落，从而可以消除码间干扰，并具有很强的抗多径干扰和抗频率选择性衰落能力，特别适用于高速无线数据传输。

2. OFDM 的基本原理

OFDM 是由多载波调制（MCM）发展而来的，是一种子载波相互混叠且相互正交的 MCM 技术。它的基本原理是将发送的数据流分散到许多个载波上，使各子载波的信号速率大为降低，从而能够提高抗多径和抗衰落的能力。为了提高频谱利用率，OFDM 方式中各子载波有 1/2 重叠，但保持相互正交，如图 6-33 所示。因此，OFDM 除了具有上述 MCM 的优势外，还具有更高的频谱利用率。由于在码元持续时间 T_s 内各子载波是相互正交的，所以接收时可利用此正交特性将各路子载波分离开。

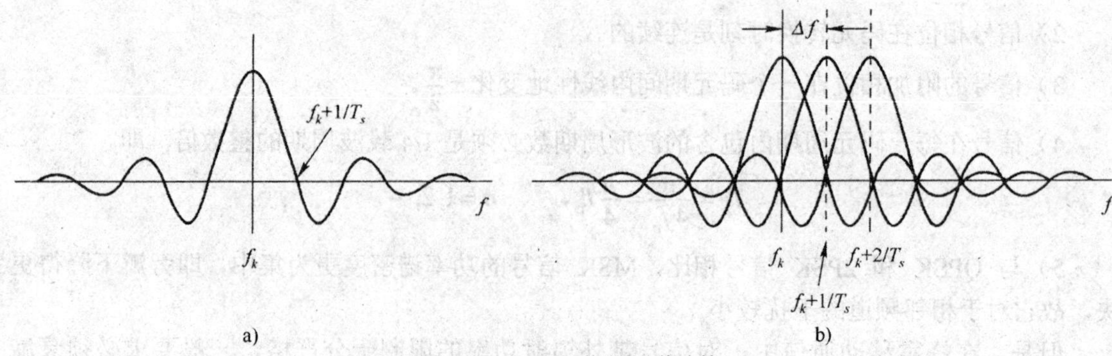

图 6-33　OFDM 信号频谱结构

a) 单个 OFDM 子带频谱　b) OFDM 信号频谱

在 OFDM 中，较低的码元速率有利于减小 ISI，若再采用保护间隔和时域均衡等措施，可以进一步提高系统的抗 ISI 能力。

3．OFDM 的发展与应用

20 世纪 70 年代，韦斯坦（Weinstein）和艾伯特（Ebert）撰文提出了采用离散傅里叶变换（DFT）实现多载波调制的解决方案，以此取代复杂的硬件结构，使得以 OFDM 为代表的多载波调制技术开始走向实用。由于快速傅里叶变换（FFT）是实现 DFT 计算的简化算法，所以采用 FFT 更能显著降低多载波传输系统的复杂度。但在当时，由于缺乏数字处理功能强大的元器件，因此 OFDM 技术迟迟没有得到迅速发展。

近些年来，随着超大规模集成电路和数字信号处理器（DSP）芯片技术的迅猛发展，使得 FFT 技术的实现不再是难以逾越的障碍，一些其他难以实现的困难也都得到了解决， 从而使 OFDM 系统付诸应用成为现实。

目前，OFDM 技术已广泛应用到各类通信领域。例如，接入网中的高速数字环路（HDSL）、非对称数字环路（ADSL）、高清晰度数字电视（HDTV）、数字视频广播（DVB）、数字音频广播（DAB）、无线局域网（WLAN）等，并且开始应用于无线广域网（WWAN）。在移动通信领域，OFDM 是 4G 长期演进（Long Term Evolution，LTE）关键技术之一。在 5G 中，OFDM 仍是重要选择。但是，面对 5G 更加多样化的业务类型、更高的频谱效率和更多的连接数等需求，业界提出了新型多载波技术：F-OFDM、FB-OFDM 和 UF-OFDM 作为有效的补充，可以更好地满足移动互联网和物联网的业务需求。

本 章 小 结

1．数字调制的基本方式有以下几种。

- 振幅键控（ASK）——改变载波信号的振幅。
- 频移键控（FSK）——改变载波信号的频率。
- 相移键控（PSK）——改变载波信号的相位。
- 为了解决 PSK 存在的相位模糊问题，发展出了差分相移键控 DPSK。

2．ASK 是一种应用最早的基本调制方式。其优点是设备简单，频带利用率较高；缺点是抗噪声性能差，并且对信道特性变化敏感。

3．FSK 是数字通信中不可或缺的一种调制方式。其优点是抗干扰能力较强，不受信道参数变化的影响，因此 FSK 特别适合应用于衰落信道；缺点是占用频带较宽，尤其是 MFSK，频带利用率较低。目前，调频体制主要应用于中、低速数据传输中。

4．PSK 或 DPSK 是一种高传输效率的调制方式，其抗噪声能力比 ASK 和 FSK 都强，且不易受信道特性变化的影响，因此在高、中速数据传输中得到了广泛的应用。绝对相移（PSK）在相干解调时存在载波相位模糊的问题，在实际中很少采用。DPSK 应用更为广泛。

5．2ASK 和 2PSK/ 2DPSK 所需的带宽均为基带信号带宽的两倍。2FSK 所需的带宽比它们的宽。因此，在码元速率相同的情况下，2FSK 系统的频带利用率较低。

6．在抗加性高斯白噪声方面，相干 2PSK 性能最好，2FSK 次之，2ASK 最差。

7．QAM 可认为是从 QPSK 或 MPSK 体制发展出来的。它是一种振幅和相位联合键控的体制。它比 MPSK 抗干扰性能更好，频带利用率更高，并且可以实现更高的数据传输速率。

8．MSK 和 GMSK 都属于改进的 FSK 体制。它们能克服 FSK 信号相位不连续等缺点，且能以最小的调制指数（0.5）获得严格正交的 2FSK 信号。GMSK 信号的功率谱密度比 MSK 信号的更为集中，能满足蜂窝移动通信环境下对带外辐射的严格要求。

9．OFDM 是一种多载波调制技术，各子载波相互混叠且相互正交。OFDM 具有较高的频谱利用率和较强的抗多径衰落能力，在高速无线通信中得到了广泛应用。

思考与练习

6-1　什么是数字调制？它与模拟调制相比有哪些异同点？

6-2　基本数字调制方式有哪些？

6-3　2FSK 信号产生和解调方法有哪些？

6-4　什么是绝对相移键控，什么是相对相移键控？它们有何区别？

6-5　2PSK 信号和 2DPSK 信号可以用哪些方法产生和解调？

6-6　简述 2ASK、2FSK、2PSK 和 2DPSK 的优势、缺点和应用场合。

6-7　采用多进制数字调制的目的是什么？代价是什么？

6-8　设二进制信息为 1011001，试分别画出 OOK、2FSK、2PSK 及 2DPSK 信号的波形示意图，并注意观察其时间波形上各有什么特点。

6-9　设发送的二进制信息为 1010，采用 2FSK 系统传输，码元速率为 1000Baud。2FSK 信号的两个频率分别为 2000Hz（对应“1”码）和 3000Hz（对应“0”码）。

1）画出 2FSK 信号的时间波形。

2）计算 2FSK 信号的谱零点带宽。

6-10　设某 2PSK 传输系统的码元速率为 1200Baud，载波频率为 2400Hz。发送数字信息为 0100110。

1）画出 2PSK 调制器原理框图。

2）画出 2PSK 相干解调原理框图和各点时间波形。

3）若本地载波有 180° 相位模糊，将会发生什么现象？如何解决？

6-11　设某 2DPSK 传输系统的码元速率为 1200Baud，载波频率为 2400Hz。发送数字信息为 01011。

1）画出 2DPSK 信号的波形。

2）画出差分相干（相位比较法）解调的原理框图及各点时间波形。

3）计算 2DPSK 信号的谱零点带宽。

6-12　设信息速率为 10^6 bit/s，请填充表 6-3 中所列信号的谱零点带宽（单位为 Hz）：

表 6-3　计算谱零点带宽

信号	2ASK	2PSK	4PSK	MSK	16QAM
带宽					

6-13　在 2ASK、2FSK 和 2DPSK 三种调制系统中，可靠性最好的是__________，有效性最差的是_______________。

6-14　QPSK（4PSK）系统与 BPSK（2PSK）系统相比，__________的频带利用率 η_b 高，_________的抗噪声性能好。

6-15　设发送的二进制信息为 01 11 00 10 01，按照表 6-2 所示的 A 方式编码规则，分别画出 QPSK 和 QDPSK 信号的波形。

第七章　模拟信号的数字化

学习目标：

- 了解为什么要进行数字化。
- 理解采样定理的内涵（重点）。
- 了解自然抽样与平顶抽样。
- 掌握 PCM 原理及其 A 律 13 折线编码过程（重点、难点）。
- 了解 PCM 信号的比特率和传输带宽。
- 了解 ΔM 原理。
- 熟悉 PCM30/32 基群和 PCM24 基群（重点）。

建议学时：

8～10 学时

本章导读：

如第一章所述，数字通信具有抗干扰能力强、差错可控、传输质量高、可以提供综合传输业务、易于集成、易于加密等诸多优点。然而，许多物理信号（如话音信号和图像信号）都是模拟的，若想利用数字通信系统传输模拟信号，一般需要三个基本环节。

1）把模拟信号数字化，简称模-数转换（A–D）。

2）进行数字基带或数字调制方式传输（详见第五、六章）。

3）把接收到的数字信号还原为模拟信号，简称数-模转换（D–A）。

由于 A–D 转换和 D–A 转换由信源编/译码器完成，如图 1-5 所示，所以语音信号的数字化过程称为语音编码，图像信号的数字化过程称为图像编码。本章将以语音编码为例，介绍第 1）、3）环节的模拟信号数字化的编译码原理。

模拟信号数字化的编码方法可分为波形编码和参量编码两大类。波形编码是直接把模拟信号波形变换为数字代码序列。参量编码是先提取语音信号的特征参量，然后进行编码。

波形编码包括三个步骤——抽样、量化和编码。本章将重点讨论波形编码的两种方式，即脉冲编码调制（PCM）和增量调制（ΔM）的原理与性能，并简要介绍它们的改进型。

内容主线：

PCM 原理⇨ 采样⇨ 量化⇨ 编码⇨ PCM 性能⇨ ΔM 原理

第一节　脉冲编码调制（PCM）

脉冲编码调制（Pulse Code Modulation，PCM）是一种最为常用的将模拟信号转换为数字信号的波形编码方法。它在光纤通信、数字微波通信、卫星通信、遥控遥测和数字仪表等领域中获得了广泛应用。

PCM 系统原理如图 7-1 所示。在发送端，对输入的模拟信号 $m(t)$ 进行波形编码（数字化），其过程分为三步：抽样、量化和编码。编码后的 PCM 信号是一个二进制数字基带信号，其传输方式可以采用数字基带传输（详见第五章），也可以采用数字调制传输（详见第六章）。在接收端，PCM 信号经译码后还原为采样值序列（含有误差），再经低通滤波器滤除高频分量，便可得到重建的模拟信号 $\hat{m}(t)$。

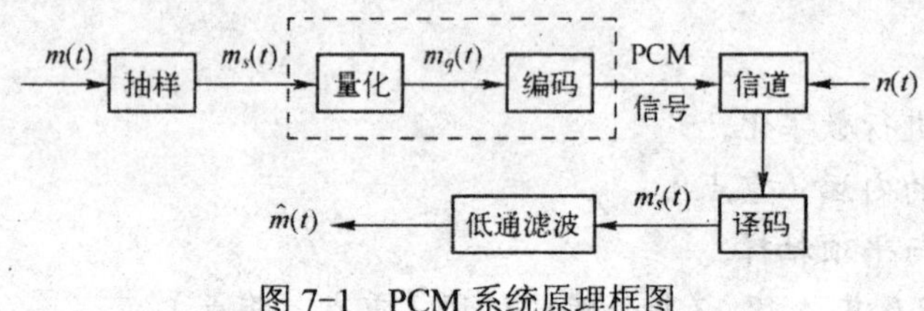

图 7-1 PCM 系统原理框图

数字化过程——抽样（采样）、量化和编码的示意图如图 7-2 所示。由图可见，采样是进行时间离散化，即把时间和幅度上均连续的模拟信号转换成时间离散的采样值序列；量化是把幅度上仍连续的采样值序列进行幅度离散化，即指定有限个量化电平，把采样值用最接近的量化电平表示，图 7-2 中用四舍五入的方法把采样值（2.42、4.38、5.24、2.78、1.81）相应用量化值（2、4、5、3、2）来表示，而且不管采样值有多少个，这里的量化值只有 0～7；编码则是把时间和幅度上均离散的量化信号用二进制码组表示。下面将对采样、量化和编码分别进行详细介绍。

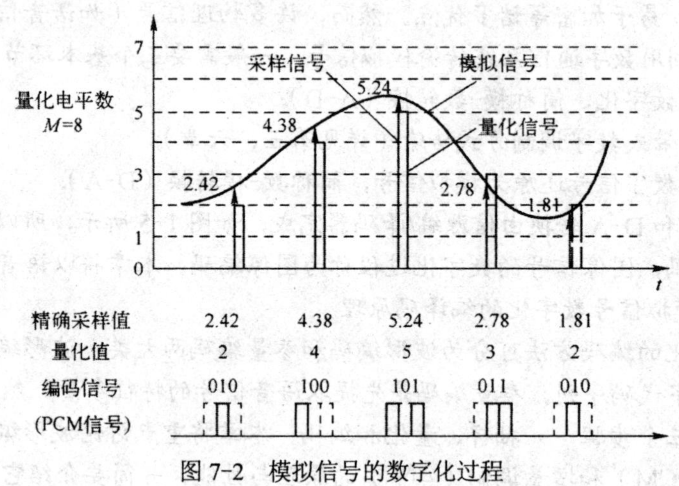

图 7-2 模拟信号的数字化过程

第二节 采 样

由图 7-2 可见，采样是模拟信号数字化的第一步。所谓采样，就是以一定的时间间隔采集模拟信号 $m(t)$ 在相应时刻的函数值，采样的结果是一个时间上离散而幅度上随 $m(t)$ 变化的采样值序列 $m_s(t)$（也称采样信号）。能否由采样信号 $m_s(t)$ 还原出模拟信号 $m(t)$，将取决于采样间隔的大小，其理论依据就是采样定理。

根据模拟信号是低通型还是带通型的，采样定理分为低通采样定理和带通采样定理；根据用来采样的脉冲序列是等间隔的还是非等间隔的，又分均匀采样和非均匀采样；根据采样的脉冲序列是冲激序列还是非冲激序列，又可分理想采样和实际采样。

一、低通采样定理

一个频带限制在$(0,f_H)$内的时间连续模拟信号$m(t)$，如果以采样间隔T_s或采样速率f_s

$$T_s \leqslant \frac{1}{2f_H} \quad 或 \quad f_s \geqslant 2f_H \tag{7-1}$$

对它进行等间隔（均匀）采样，则$m(t)$将被所得到的采样信号完全确定。

此定理说明：若$m(t)$的频谱在f_H以上为零，则$m(t)$中的全部信息完全包含在其间隔不大于$1/2f_H$的采样值序列里。或者说，采样速率（每秒内的采样点数）应不小于$2f_H$。否则，将会产生混叠失真。

下面从频域角度，借助理想采样信号的频谱来证明采样定理。所谓理想采样，是指用来采样的脉冲序列是一个单位冲激序列$\delta_T(t)$，其表达式为

$$\delta_T(t)=\sum_{n=-\infty}^{\infty}\delta(t-nT_s) \tag{7-2}$$

式中，周期T_s等于采样间隔。由于$\delta_T(t)$是周期函数，所以其频谱$\delta_T(\omega)$必然是离散谱。由表2-1可查，$\delta_T(t)$的傅里叶变换为

$$\delta_T(\omega)=\omega_s\sum_{n=-\infty}^{\infty}\delta(\omega-n\omega_s) \tag{7-3}$$

式中，$\omega_s=2\pi f_s=2\pi/T_s$。

采样过程可看作是$m(t)$与$\delta_T(t)$相乘，所以理想采样信号可表示为

$$m_s(t)=m(t)\delta_T(t)=\sum_{n=-\infty}^{\infty}m(nT_s)\delta(t-nT_s) \tag{7-4}$$

可见，理想采样信号$m_s(t)$也是一个冲激序列，但它的冲激强度等于$m(t)$在相应时刻的函数值，即样值$m(nT_s)$。

根据表2-2中的频率卷积定理，式（7-4）所表述的理想采样信号$m_s(t)$的频谱为

$$\begin{aligned}M_s(\omega)&=\frac{1}{2\pi}\left[M(\omega)*\delta_T(\omega)\right]\\&=\frac{1}{T_s}\left[M(\omega)*\sum_{n=-\infty}^{\infty}\delta(\omega-n\omega_s)\right]\\&=\frac{1}{T_s}\sum_{n=-\infty}^{\infty}M(\omega-n\omega_s)\end{aligned} \tag{7-5}$$

式中，$M(\omega)$是$m(t)$的频谱，其最高角频率为ω_H。采样过程的各点时间波形及其频谱如图7-3所示。

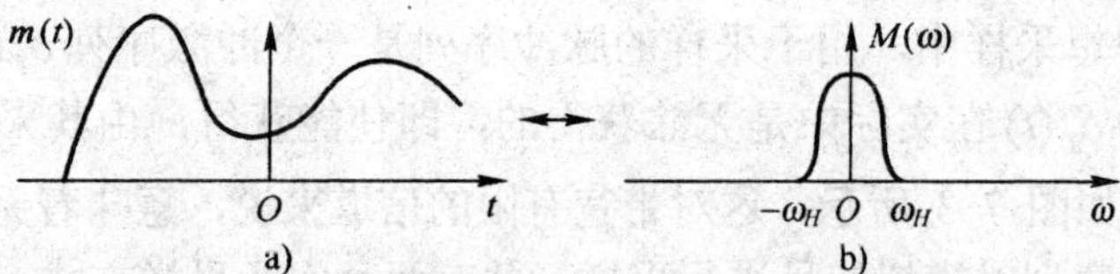

图7-3 理想采样过程的时间波形及其频谱

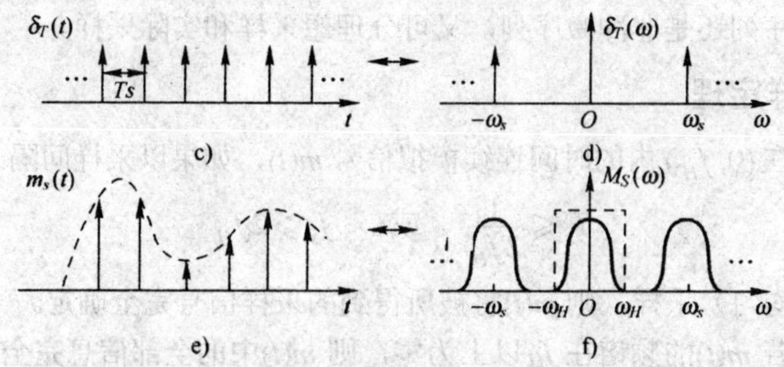

图 7-3 理想采样过程的时间波形及其频谱（续）

观察图 7-3 可知，理想采样信号的频谱 $M_s(\omega)$ 是由无穷多个间隔为 ω_s 的原信号频谱 $M(\omega)$ 相叠加而成，只要 $f_s \geqslant 2f_H$（即 $\omega_s \geqslant 2\omega_H$），则 $M_s(\omega)$ 中相邻的 $M(\omega - n\omega_s)$ 之间互不重叠，而位于 n=0 的频谱就是原信号频谱 $M(\omega)$ 本身。在接收端，用一个低通滤波器（LPF，其滤波特性见图 7-3f 中的虚线）就能从 $M_s(\omega)$ 中取出 $M(\omega)$，从而无失真地恢复原信号 $m(t)$。

采样与恢复的原理图如图 7-4 所示。

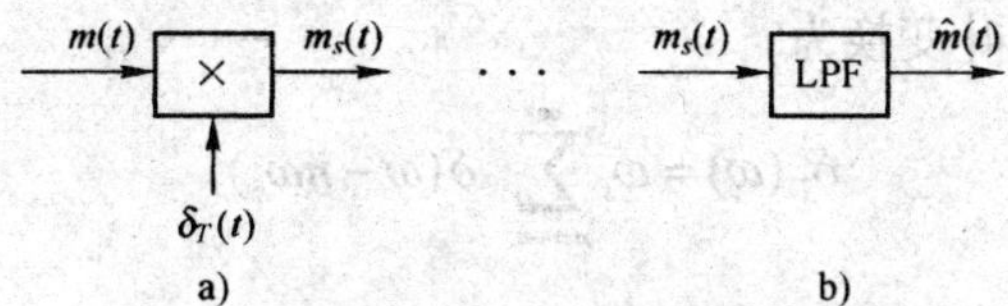

图 7-4 理想抽样与信号恢复的原理框图

a) 理想抽样 b) 信号恢复

如果采样速率 $f_s < 2f_H$，即采样间隔 $T_s > 1/2f_H$，则采样后信号的频谱在相邻的周期内发生混叠，如图 7-5 所示，此时不可能无失真重建原信号。因此，必须要求满足式（7-1），$m(t)$才能被采样信号 $m_s(t)$完全确定，这就证明了采样定理。

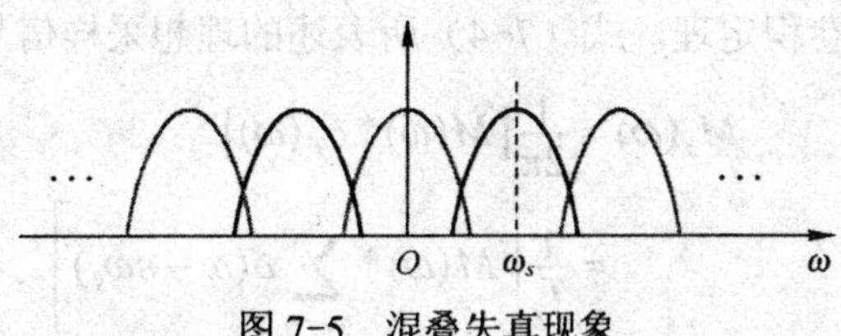

图 7-5 混叠失真现象

显然，$T_s = 1/2f_H$ 是允许的最大采样间隔，称为奈奎斯特间隔，相对应的最低采样速率 $f_s = 2f_H$ 称为奈奎斯特速率。

二、自然采样和平顶采样

在前面介绍的理想采样中，用于采样的脉冲序列是一个冲激序列 $\delta_T(t)$，这在实际中是不可能实现的。因为 $\delta_T(t)$ 在实际中是无法获得的，即使能获得，由其采样后的信号频谱将占用无穷大的带宽，如图 7-3 所示，这对带宽有限的信道来说，意味着无法传递。因此，在实际中通常用窄脉冲序列对模拟信号进行采样，并有两种实际采样方式——自然采样和平顶采样。

1. 自然采样

自然采样的原理与图 7-3 所示的理想采样过程相似，只需把冲激序列 $\delta_T(t)$ 用实际的窄脉冲序列 $s(t)$ 来替代。自然采样过程的波形及频谱如图 7-6 所示。由图 7-6c 可见，采样后得到的信号 $m_s(t)$，每个采样值脉冲的顶部不是平的，而是保持了 $m(t)$ 当时的变化规律，因此称这种采样为自然采样，或曲顶采样。

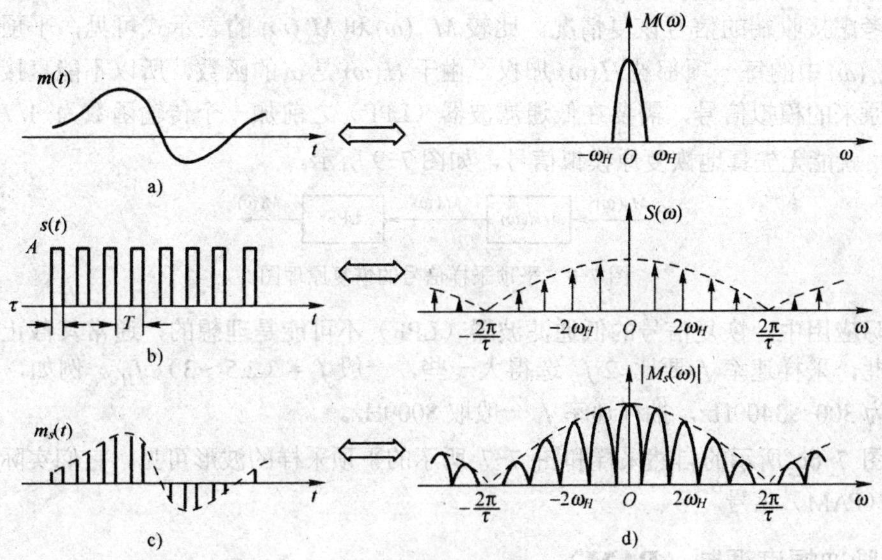

图 7-6　自然采样过程的波形及频谱

比较图 7-6 和图 7-3 可知，自然采样与理想采样的不同之处是：理想采样信号的频谱被常数 $1/T_s$ 加权，见式（7-5），因而信号带宽为无穷大；而自然采样信号的频谱包络按 Sa 函数随频率增高而下降，带宽与脉宽 τ 有关。τ 的大小要兼顾带宽和复用路数这两个互相矛盾的要求。

2. 平顶采样

平顶采样，又叫瞬时采样，它的信号特征是每个采样值脉冲的顶部是平坦的，如图 7-7 所示。平顶采样信号在原理上可以通过“理想采样和保持电路（脉冲形成电路）”来实现，如图 7-8 所示。图中，保持电路的作用是把冲激脉冲变为矩形脉冲，矩形脉冲的幅度为采样时刻的值，而脉宽 τ 为保持时间。

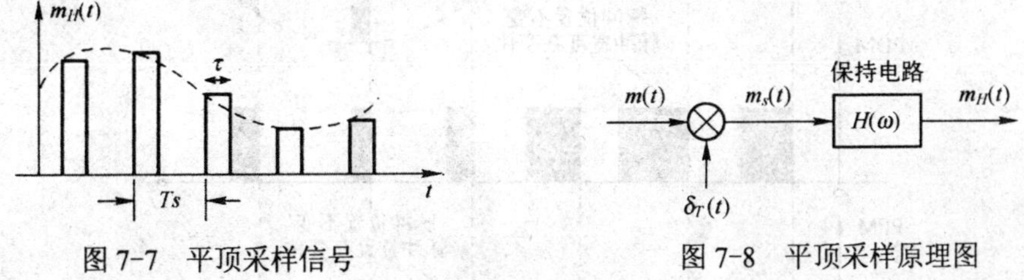

图 7-7　平顶采样信号　　　　图 7-8　平顶采样原理图

若设保持电路传输函数为 $H(\omega)$，则其输出的平顶采样信号 $m_H(t)$ 的频谱 $M_H(\omega)$ 为

$$M_H(\omega)=M_s(\omega)H(\omega) \tag{7-6}$$

式中，$M_s(\omega)$ 是理想采样信号的频谱，见式（7-5），即

$$M_s(\omega)=\frac{1}{T_s}\sum_{n=-\infty}^{\infty}M(\omega-n\omega_s)$$

将其代入式（7-6），得到

$$M_H(\omega)=\frac{1}{T_s}\sum_{n=-\infty}^{\infty}H(\omega)M(\omega-n\omega_s) \tag{7-7}$$

现在考虑接收端的信号恢复情况。比较 $M_H(\omega)$ 和 $M_s(\omega)$ 的表示式可见，平顶采样信号的频谱 $M_H(\omega)$ 中的每一项都被 $H(\omega)$ 加权。由于 $H(\omega)$ 是 ω 的函数，所以不能直接用低通滤波器恢复原来的模拟信号，需要在低通滤波器（LPF）之前加一个传输函数为 $1/H(\omega)$ 的修正滤波器，就能无失真地恢复原模拟信号，如图 7-9 所示。

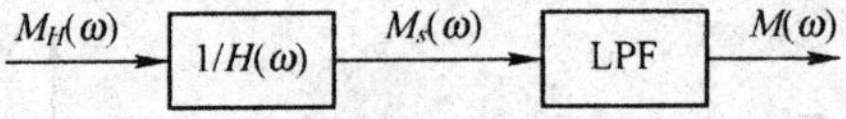

$M_H(\omega)$ → [$1/H(\omega)$] → $M_s(\omega)$ → [LPF] → $M(\omega)$

图 7-9　平顶采样信号的恢复原理图

在实际应用中，恢复信号的低通滤波器（LPF）不可能是理想的，通常其截止特性有过渡带。因此，采样速率 f_s 要比 $2f_H$ 选得大一些，一般 $f_s=$（2.5～3）f_H。例如，语音信号频率一般为 300～3400Hz，抽样速率 f_s 一般取 8000Hz。

观察图 7-6c 所示的自然采样和图 7-7 所示的平顶采样的波形可见，它们实际上是脉冲幅度调制（PAM）信号。

三、脉冲幅度调制（PAM）

若用周期性的脉冲串作为载波，把模拟信号 $m(t)$“放到”该脉冲序列的某个参量（幅度、宽度和位置）上，这一过程称为模拟脉冲调制。相应有脉冲幅度调制（PAM）、脉宽调制（PDM）和脉位调制（PPM），波形如图 7-10 所示。

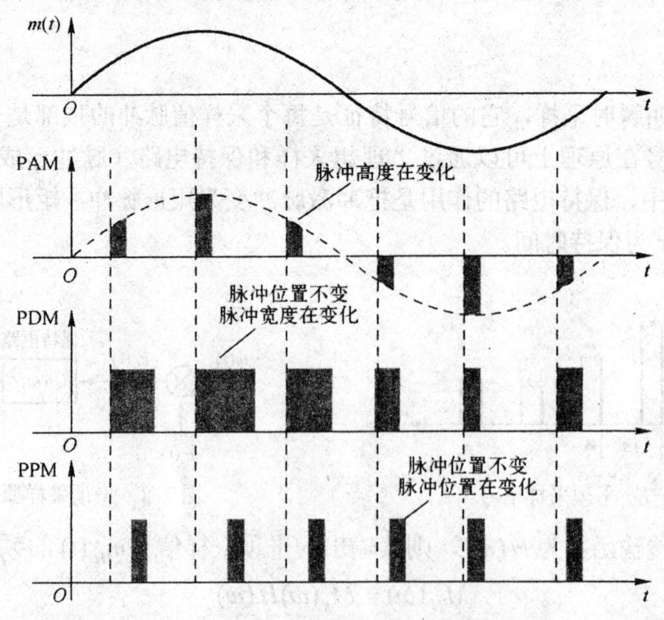

图 7-10　PAM、PDM 和 PPM 信号波形

由图 7-10 可知，采样的结果实际上就是一种脉冲幅度调制（Pulse Amplitude Modulation，PAM）信号。PAM 是脉冲串（脉冲载波）的幅度随 $m(t)$线性变化的一种模拟脉冲调制。PAM 是模拟信号数字化过程中的必经之路（一个中间步骤），是脉冲编码调制（PCM）的基础。

第三节　量　　化

采样后得到的信号是一个样值序列，它在时间上是离散的，但在幅度上仍是连续的（可能有无穷多个取值）。量化则是将采样信号的幅值进行离散化处理的过程。量化后，无限多个采样值变成了有限个量化电平值。

一、量化原理

量化过程可用图 7-11 加以说明。图中，$m(t)$ 是模拟信号，$m(kT_s)$ 表示第 k 个采样值，$q_1 \sim q_M$ 是预先规定好的 M 个量化电平，m_i 为第 i 个量化区间的端点电平（称为分层电平），分层电平之间的间隔 $\Delta V_i = m_i - m_{i-1}$ 称为量化间隔。那么，量化就是将采样值 $m(kT_s)$ 转换为 M 个规定的量化电平（$q_1 \sim q_M$）之一，即当模拟信号的采样值 $m(kT_s)$ 落在 $m_{i-1} \leqslant m(kT_s) \leqslant m_i$ 范围时，量化器输出电平为

$$m_q(kT_s) = q_i \quad ，当 m_{i-1} \leqslant m(kT_s) \leqslant m_i 时 \tag{7-8}$$

例如，在图 7-11 中，$t = 4T_s$ 和 $t = 6T_s$ 时的采样值 $m(kT_s)$ 落在 $m_5 \sim m_6$ 之间，则量化器输出的量化值均为 q_6。

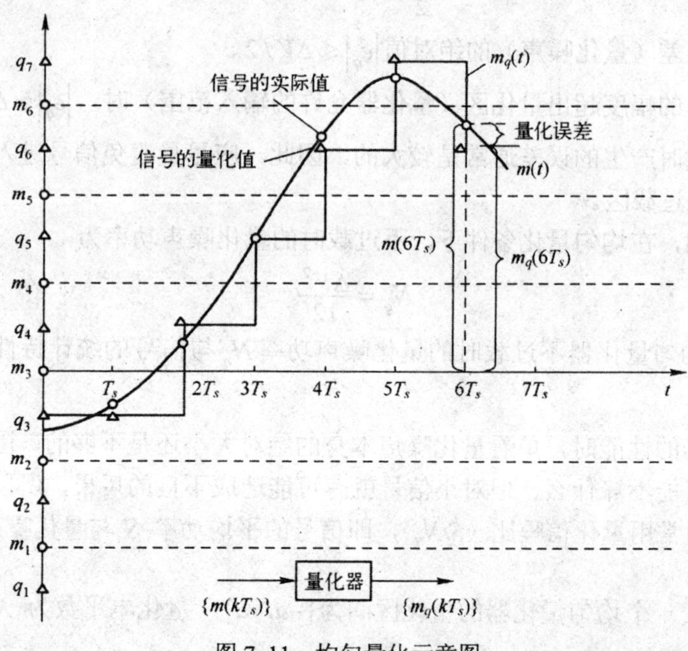

图 7-11　均匀量化示意图

显然，量化值只是采样值的近似，所以存在量化误差，即 $e_q = m - m_q$。其中，简化符号 m 表示采样值 $m(kT_s)$，m_q 表示量化电平值 $m_q(kT_s)$。对于语音、图像等随机信号，量化误差

也是随机的，它对信号的影响就像噪声一样，因此又称 e_q 为量化噪声，可以用量化噪声功率 N_q 来度量。

在给定信息源的情况下，量化噪声功率 N_q 与量化间隔的分割（或分层电平的划分）和量化电平的选择有关。那么，如何划分与选择这些电平，以使 N_q 最小，就是量化理论所要研究的问题。

由图 7-11 容易看出，量化电平数 M 越多，量化区间划分得越小，则量化噪声功率 N_q 越小。另外，良好的量化规则（如区间的划分、分层电平的划分、量化电平的选择等）也有助于使 N_q 减小。

在图 7-11 中，量化间隔是均匀划分的，这种量化称为均匀量化。还有一种是非均匀量化，是语音信号实际应用的量化方式，下面分别进行介绍。

二、均匀量化

均匀量化是把输入信号的取值域等间隔划分的一种量化方法，如图 7-11 所示。设输入端采样信号的取值范围为[a，b]，量化电平数为 M，则均匀量化的量化间隔为

$$\Delta V = \frac{b-a}{M} \tag{7-9}$$

第 i 个量化区间的端点（也称分层电平）为

$$m_i = a + i\Delta V, \quad i = 0,1,\cdots,M \tag{7-10}$$

若取量化间隔的中点为量化电平，则第 i 个量化间隔的量化电平 q_i 为

$$q_i = \frac{m_i + m_{i-1}}{2}, \quad i = 1,2,\cdots,M \tag{7-11}$$

此时，量化误差（量化噪声）的绝对值 $|e_q| \leqslant \Delta V/2$。

注意，当信号的幅度超出量化区（量化器允许的输入范围）时，$|e_q| > \Delta V/2$，此时称为过载或饱和。过载时产生的误差通常是较大的，因此，应尽量避免信号进入过载区，或只能以极小的概率进入过载区。

理论分析证明，在均匀量化条件下，不过载时的量化噪声功率为

$$N_q = \frac{\Delta V^2}{12} \tag{7-12}$$

由此可见，均匀量化器不过载时的量化噪声功率 N_q 与信号的统计特性无关，而仅与量化间隔 ΔV 有关。

在衡量量化器的性能时，单看量化噪声本身的绝对大小还是不够的，因为同样大的噪声对大信号的影响可能不算什么，但对小信号就有可能造成不良的后果，所以应考察噪声与信号的相对大小，通常用量化信噪比（S/N_q），即信号的平均功率 S 与量化噪声功率 N_q 之比来衡量。

【例 7-1】 设一个均匀量化器的量化区间为[$-a$，a]，量化电平数为 M。试分析输入下列信号时的量化信噪比。

1）均匀分布信号。

2）正弦信号。

解：1）由式（7-12）可知，均匀量化时的量化噪声功率为

$$N_q = \frac{\Delta V^2}{12}$$

这里，量化间隔$\Delta V = \frac{a-(-a)}{M} = \frac{2a}{M}$。

对于在$[-a, a]$范围内均匀分布的信号，其信号功率为

$$S = \int_{-a}^{a} x^2 \frac{1}{2a} \mathrm{d}x = \frac{a^2}{3} = \frac{M^2}{12}\Delta V^2$$

所以，量化信噪比

$$\frac{S}{N_q} = M^2 \tag{7-13}$$

若用 3 位二进制码，可以组合表示 8 个量化电平，即有$8 = 2^3$；那么，若用N位二进制码表示M个量化电平，则有$M = 2^N$，这时式（7-13）可写为

$$\frac{S}{N_q} = M^2 = 2^{2N} \tag{7-14}$$

通常用 dB（分贝）来表示信噪比值，即

$$\left(\frac{S}{N_q}\right)_{\mathrm{dB}} = 10\lg M^2 = 20N\lg 2 = 6.02N \tag{7-15}$$

式（7-15）表明，编码位数每增加 1 位，量化信噪比就提高 6dB。该式称为均匀量化器的平均信噪比。

2）设正弦信号的幅度为V_m，则其平均功率为$S = V_m^2/2$，于是

$$\left(\frac{S}{N_q}\right)_{\mathrm{dB}} = 10\lg\frac{V_m^2/2}{\Delta V^2/12}$$

将$\Delta V = 2a/M$和$M = 2^N$代入上式，可得

$$\left(\frac{S}{N_q}\right)_{\mathrm{dB}} = 10\lg\left(\frac{3}{2}\cdot 2^{2N}\cdot\frac{V_m^2}{a^2}\right) = 1.76 + 6.02N + 20\lg\left(\frac{V_m}{a}\right) \tag{7-16}$$

当$V_m = a$时，有最大信噪比

$$\left(\frac{S}{N_q}\right)_{\mathrm{dB}} = 1.76 + 6.02N \tag{7-17}$$

【例 7-2】 电话传输标准要求在信号动态范围为 40～50dB 的条件下，信噪比不低于 26dB。根据这一要求，并以正弦信号作为测试信号，求均匀量化后所需的二进制编码位数 N。

解：由式（7-17）计算

$$1.76 + 6.02N - (40\sim 50) \geqslant 26$$

求得编码位数为

$$N \geqslant 11\sim 12$$

综上分析，均匀量化有两个显著的缺点。

1）由式（7-12）可知，无论信号大小，量化噪声功率 N_q 总是不变的，故小信号时的量化信噪比也小，往往达不到电话传输标准的要求（26dB）。这一点对于语音信号来说是致命

的缺点，因为语音信号出现小信号的概率大。

2）电话信号的动态范围很大，若要保证话音质量，由例 7-2 可知，需要采用 12 位的量化编码，从而导致编码信号的带宽增大，且编码设备复杂。

解决这些问题的有效方法之一是采用非均匀量化。而均匀量化主要应用于概率密度为均匀分布的信号，如遥测遥控信号、图像信号数字化接口中。

三、非均匀量化

非均匀量化是一种量化间隔不相等的量化方法。它是根据输入信号的概率密度来分布量化电平的，其目的是让量化间隔ΔV 随信号采样值的大小而变化，即采样值小时，ΔV 也小；采样值大时，ΔV 也大。这样在保证编码位数不变时，以减小大信号的量化信噪比（仍能满足要求）为代价，以提高小信号的量化信噪比。

实现非均匀量化的方法之一是采用压扩技术。具体做法是：在发送端，先将采样信号 x 进行压缩处理，然后再对压缩器输出 y 进行均匀量化，如图 7-12 所示。压缩的作用是“压大补小”，即把大信号进行压缩，而把小信号进行放大。能起这样作用的压缩特性通常是对数特性，即 $y=\ln x$，如图 7-13 所示。在接收端，需要采用一个与压缩特性相反的扩张器来恢复信号。

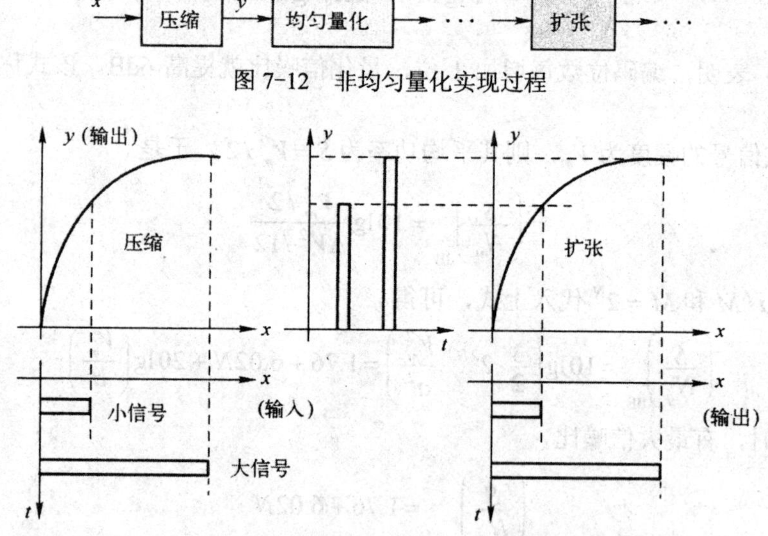

图 7-12　非均匀量化实现过程

图 7-13　压缩特性与扩张特性示意图

关于电话信号的压缩特性，国际电信联盟（ITU）制定了两种建议，即 A 压缩律和μ压缩律，以及相应的近似算法——13 折线法和 15 折线法。中国、欧洲各国以及国际互连时采用 A 律，北美、日韩等少数国家采用μ律。

1. A 律压缩和 μ 律压缩

A 律对数压缩特性为

$$y=\begin{cases}\dfrac{Ax}{1+\ln A}, & 0\leqslant x\leqslant \dfrac{1}{A}\\ \dfrac{1+\ln Ax}{1+\ln A}, & \dfrac{1}{A}\leqslant x\leqslant 1\end{cases} \tag{7-18}$$

式中，A 为正常数，表示压缩程度。不同 A 值的压缩特性如图 7-14 所示。由图可见，A=1 时无压缩效果；A 值越大，对大样值压缩越多，对小样值放大越明显。实用中的典型值为 A=87.6。

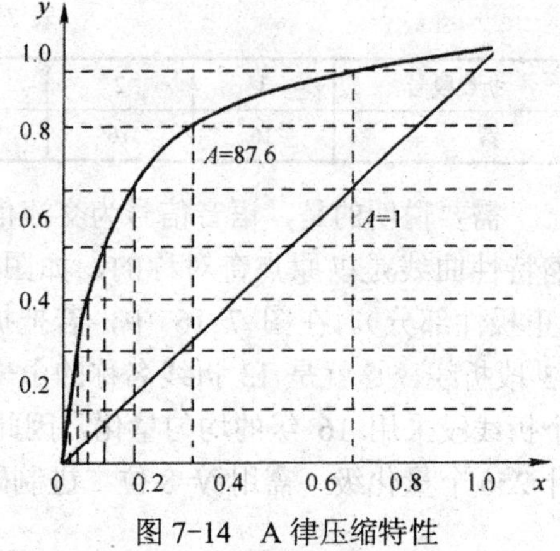

图 7-14　A 律压缩特性

注意，为了描述方便和通用，式（7-18）中的 x 为归一化输入，y 为归一化输出。所谓归一化，是指信号电压与信号最大电压之比，因此归一化的最大值为 1。

μ律对数压缩特性为

$$y=\frac{\ln(1+\mu x)}{\ln(1+\mu)}\text{ ，}\quad 0\leqslant x\leqslant 1 \qquad (7\text{-}19)$$

式中，μ 为常数，它决定压缩程度。μ=0 时没有压缩效果，μ值越大压缩效果越明显，一般当μ=100 时，压缩效果就比较理想了，在国际标准中取μ=255。

观察图 7-14 的虚线可见，对经过压缩处理后的 y 进行等间隔划分（均匀量化），其效果等同于对输入信号 x 进行非均匀量化（即信号小时，量化间隔 Δx 小；信号大时，Δx 也大）。

2. A 律 13 折线和μ律 15 折线

A 律 13 折线是 A 压缩律的近似算法，它设法用 13 段折线逼近 A=87.6 的对数压缩特性。具体方法是：输入 x 轴在 0～1（归一化）范围内被非均匀地划分为 8 段，分段的规律是每次以 1/2 对分，第一次在 0 到 1 之间的 1/2 处对分，第二次在 0 到 1/2 之间的 1/4 处对分，第三次在 0 到 1/4 之间的 1/8 处对分，其余类推。输出 y 轴在 0～1（归一化）范围内被均匀地划分为 8 段，每段间隔均为 1/8。将与这 8 段相应的坐标点（x, y）相连得到 8 段折线，如图 7-15 所示。由图可见，第 1、2 段斜率相同（均为 16），其他各段折线的斜率都不相同。A 律 13 折线的斜率见表 7-1。

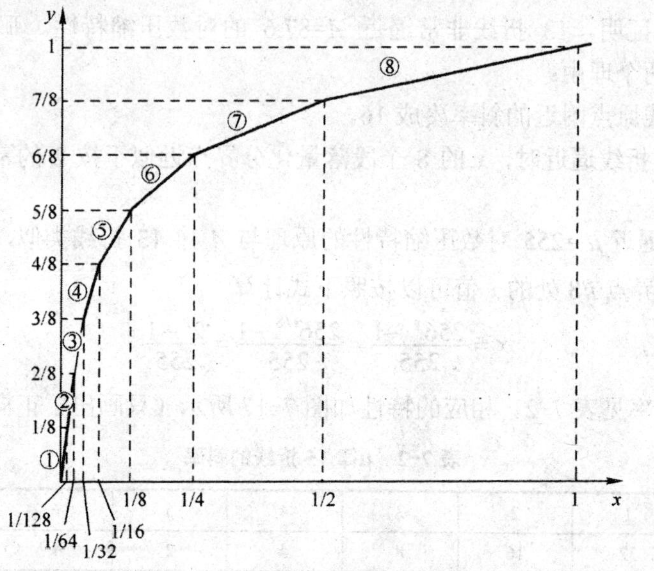

图 7-15　A 律 13 折线压缩特性曲线

表 7-1　A 律 13 折线的斜率

折线段号	1	2	3	4	5	6	7	8
斜　率	16	16	8	4	2	1	1/2	1/4

需要说明的是，语音信号为交流信号，即输入电压 x 有正、负极性。所以，实用中的压缩特性曲线是以原点奇对称的，如图 7-16 所示，而前面的压缩特性图中都只画出了一半（正极性部分）。在图 7-16 中，若把折线斜率相同的视为一条折线，则完整的压缩曲线共有 13 段折线，这就是 13 折线名称的由来。但在计算或编码时，仍视正、负各为 8 段，并且每个折线段采用 16 级的均匀量化，因此正、负各有 $8\times16=128=2^7$ 个量化级（量化电平），共计 256 个量化级，需用 N=8 位二进制码来表示。

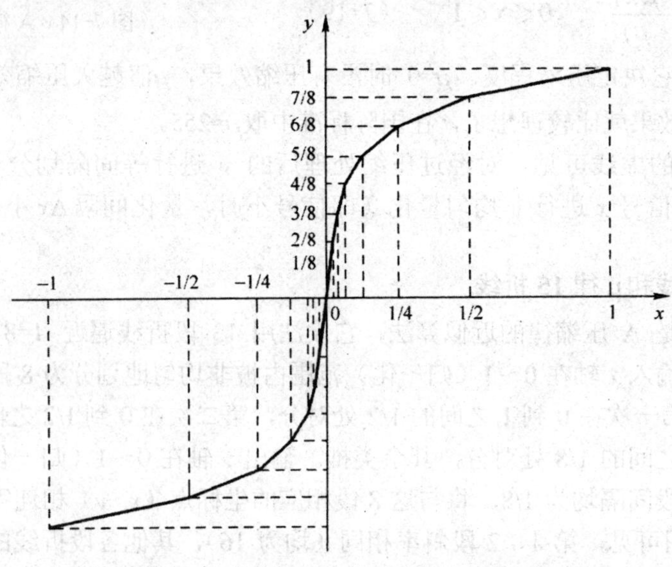

图 7-16　对称输入 13 折线压缩特性

经过分析可以证明，13 折线非常逼近 A=87.6 的对数压缩特性。那么，为什么要取 A=87.6 呢？回答有两个理由：

1）使特性曲线原点附近的斜率凑成 16。

2）在采用 13 折线逼近时，x 的 8 个段落量化分界点近似于按 2 的幂次递减分割，有利于数字化。

采用 15 折线逼近 μ=255 对数压缩特性的原理与 A 律 13 折线类似，也是把 y 轴均分 8 段，对应于 y 轴分界点 $i/8$ 处的 x 值可以按照下式计算

$$x=\frac{256^y-1}{255}=\frac{256^{i/8}-1}{255}=\frac{2^i-1}{255} \tag{7-20}$$

各段折线的斜率见表 7-2。相应的特性如图 7-17 所示（只画出了正向部分）。

表 7-2　μ律 15 折线的斜率

折线段号	1	2	3	4	5	6	7	8
斜　率	32	16	8	4	2	1	12	14

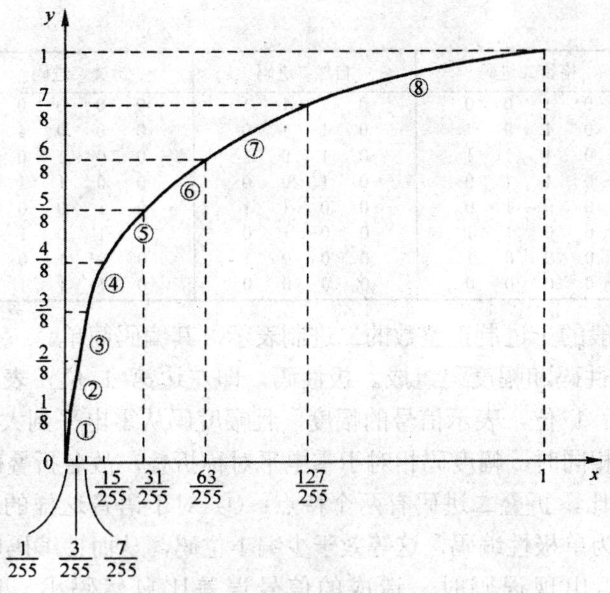

图 7-17　15 折线特性

由表 7-2 中列出的各段折线斜率可知，正、负方向各有 8 段折线，但正、负电压的第一段因斜率相同而连成一条直线，所以，形式上得到的是 15 段折线，故称μ律 15 折线。

比较 13 折线和 15 折线的第一段斜率可知，15 折线第一段的斜率大约是 13 折线第一段斜率的两倍。所以，15 折线对小信号的量化信噪比的改善量也是 13 折线的两倍。但是，对于大信号而言，15 折线比 13 折线的性能差。

需要说明的是，在实际中，量化过程通常是和后续的编码过程结合在一起完成的。

第四节　PCM 编码

有限个量化电平值变换成二进制码组的过程称为编码。其逆过程称为解码或译码。编码涉及的问题有码型选择、码位安排、编码规则等。下面介绍常用的二进制码型、A 律 13 折线 PCM 编码原理。

一、码型的选择

常见的二进制码有三种：格雷二进码、自然二进码和折叠二进码。用 4 位码表示 16 个量化级时，这三种码的编码规律见表 7-3。

表 7-3　常见的二进制码型

样值脉冲极性	格雷二进码	自然二进码	折叠二进码	量化极序号
正极性部分	1 0 0 0	1 1 1 1	1 1 1 1	15
	1 0 0 1	1 1 1 0	1 1 1 0	14
	1 0 1 1	1 1 0 1	1 1 0 1	13
	1 0 1 0	1 1 0 0	1 1 0 0	12
	1 1 1 0	1 0 1 1	1 0 1 1	11
	1 1 1 1	1 0 1 0	1 0 1 0	10
	1 1 0 1	1 0 0 1	1 0 0 1	9
	1 1 0 0	1 0 0 0	1 0 0 0	8

（续）

样值脉冲极性	格雷二进码	自然二进码	折叠二进码	量化极序号
负极性部分	0 1 0 0	0 1 1 1	0 0 0 0	7
	0 1 0 1	0 1 1 0	0 0 0 1	6
	0 1 1 1	0 1 0 1	0 0 1 0	5
	0 1 1 0	0 1 0 0	0 0 1 1	4
	0 0 1 0	0 0 1 1	0 1 0 0	3
	0 0 1 1	0 0 1 0	0 1 0 1	2
	0 0 0 1	0 0 0 1	0 1 1 0	1
	0 0 0 0	0 0 0 0	0 1 1 1	0

自然二进码是一般的十进制正整数的二进制表示，其编码简单。

折叠二进码由极性码和幅度码组成。极性码，即左边第 1 位，表示信号的极性；幅度码，即第 2 位至最后 1 位，表示信号的幅度，且幅度码从零电平到大电平按自然码规则编码。当正、负绝对值相同时，幅度码相对于零电平对称折叠，故名折叠码。

与自然二进码相比，折叠二进码有两个特点：① 对于语音这样的双极性信号，只要绝对值相同，则可简化为单极性编码，这等效于少编 1 位码，从而使编码电路大为简化。② 小幅度电平对应的码组出现误码时，造成的信号误差比自然码小。例如，“1000”误为“0000”时，自然码的误差是 8 个量化级，而折叠码的误差只有 1 个量化级。这一特性对于语音信号是十分可贵的，因为语音信号小幅度出现的概率比大幅度的大。

格雷二进码的特点是任何相邻电平的码组，只有一个码位发生变化，即相邻码字的距离恒为 1。误码造成的信号误差小，但编译码较为复杂。

因此，语音信号的 PCM 编码常采用折叠二进码。

二、码位的安排

在 A 律 13 折线 PCM 编码中，由于正、负各有 8 段，每段内有 16 个量化级，共计 $2\times8\times16=256=2^8$ 个量化级，因此所需编码位数 N=8。8 位码的安排如下：

$$\underbrace{C_1}_{\text{极性码}}\quad\underbrace{C_2C_3C_4}_{\text{段落码}}\quad\underbrace{C_5C_6C_7C_8}_{\text{段内码}}$$

极性码 C_1 表示采样值的极性。正极性编“1”，负极性编“0”。

段落码 $C_2C_3C_4$ 表示采样值的幅度所处的段落。3 位段落码的 8 种可能状态对应 8 个不同的段落，见表 7-4。

段内码 $C_5C_6C_7C_8$ 的 16 种可能状态对应代表各段内的 16 个量化级，见表 7-5。编码器将会根据采样值的幅度所在的段落和量化级，编出相应的幅度码。

表 7-4 段落码

段落序号	段落码		
	C_2	C_3	C_4
8	1	1	1
7	1	1	0
6	1	0	1
5	1	0	0
4	0	1	1
3	0	1	0
2	0	0	1
1	0	0	0

表 7-5 段内码

电平序号	段内码				电平序号	段内码			
	C_5	C_6	C_7	C_8		C_5	C_6	C_7	C_8
15	1	1	1	1	7	0	1	1	1
14	1	1	1	0	6	0	1	1	0
13	1	1	0	1	5	0	1	0	1
12	1	1	0	0	4	0	1	0	0
11	1	0	1	1	3	0	0	1	1
10	1	0	1	0	2	0	0	1	0
9	1	0	0	1	1	0	0	0	1
8	1	0	0	0	0	0	0	0	0

为了确定采样值的幅度所在的段落和量化级，必须知道每个段落的起始电平和各段内的

量化间隔。在 A 律 13 折线中，由于各段的长度不等，因此各段内的量化间隔也是不同的。由图 7-15 可知，第 1、2 段最短，只有 1/128，再将它等分 16 级，每个量化极间隔为

$$\Delta=\frac{1}{128}\times\frac{1}{16}=\frac{1}{2048} \tag{7-21}$$

这是最小的量化间隔，它仅有输入信号归一化值的 1/2048。第 8 段最长，它的每个量化极间隔为

$$\left(1-\frac{1}{2}\right)\times\frac{1}{16}=\frac{1}{32}=64\Delta$$

即包含 64 个最小量化间隔。若以 Δ 为单位，则各段的起始电平 I_i 和各段内的量化间隔 ΔV_i 如表 7-6 所列。

表 7-6　段落的起始电平和段内的量化间隔

段落号 i=1～8	电平范围 (Δ)	段落码 C_2 C_3 C_4	段落起始电平 I_i(Δ)	段内量化间隔 ΔV_i(Δ)
8	1024～2048	1 1 1	1024	64
7	512～1024	1 1 0	512	32
6	256～512	1 0 1	256	16
5	128～256	1 0 0	128	8
4	64～128	0 1 1	64	4
3	32～64	0 1 0	32	2
2	16～32	0 0 1	16	1
1	0～16	0 0 0	0	1

三、逐次比较型编码器

编码的实现是由编码器完成的。编码器有多种类型，在 PCM 编码中比较常用的是逐次比较型编码器。其原理方框如图 7-18 所示。这是一个用于电话信号编码的量化编码器（在编码的同时完成非均匀量化）。该编码器的任务是把输入的每个采样值脉冲编出相应的 8 位二进制码，除第 1 位极性码外，其余 7 位幅度码是通过逐次比较确定的。下面，简述逐次比较型编码器的各部件功能。

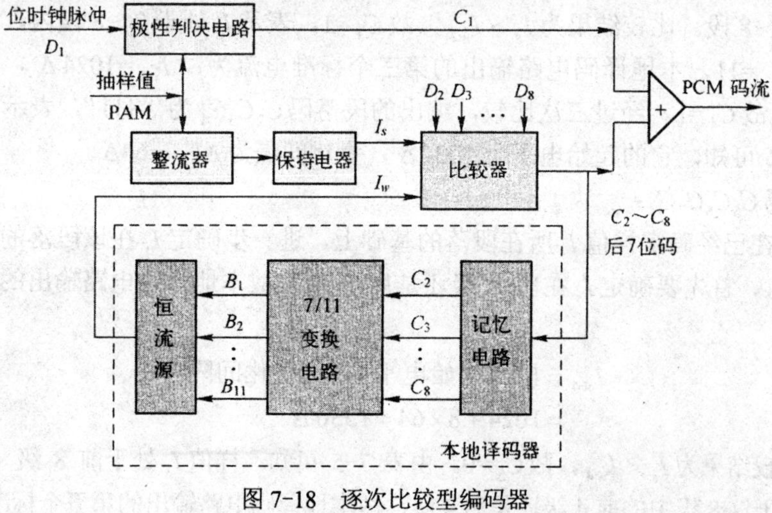

图 7-18　逐次比较型编码器

极性判决电路：用来确定采样信号（PAM 信号）的极性，编出极性码 C_1。例如，当 PAM 信号的某个样值脉冲（或称样值电流）I_s 为正时，C_1 为“1”码；反之为“0”码。

整流器：将双极性的采样信号变成单极性信号。它的输出表示样值电流 I_s 的幅度大小。

保持电路：使每个样值电流 I_s 的幅度在 7 次比较编码过程中保持不变。

比较器是编码器的核心。它通过对样值电流 I_s 和标准电流 I_w 的比较，实现对输入信号抽样值的非线性量化和编码。若 $I_s > I_w$，输出“1”码；若 $I_s < I_w$，输出“0”码。在 7 次比较过程中，前 3 次的比较结果是段落码，后 4 次的比较结果是段内码。每次比较所需的标准电流 I_w 均由本地译码电路提供。本地译码电路包括记忆电路、7 / 11 变换电路和恒流源。

记忆电路：用来寄存前面编出的码。因为除了第一次比较外，其余各次比较都要依据前几次比较的结果来确定标准电流 I_w 值。所以，7 位幅度码中的前 6 位状态均应由记忆电路寄存下来。

7/11 变换电路：将 7 位非线性码转换成 11 位线性码，以便恒流源（11 位线性解码电路）能够产生所需的标准电流 I_w。

四、编码举例

下面，通过一个例子来说明按 A 律 13 折线，采用逐次比较型编码器进行 PCM 编码的过程。

【例 7-3】 设输入信号的样值 $I_s = +1270\Delta$（Δ 为最小量化间隔），按照 A 律 13 折线将其编成 8 位 PCM 码组。

解：逐次比较型编码器编码过程如下。

1）极性码 C_1：因为 I_s 为正，所以 C_1=1。

2）段落码 $C_2C_3C_4$：

由表 7-6 可知，C_2 用来表示样值 I_s 处于 8 个段落中的前 4 段还是后 4 段，故本地译码电路提供的第一个标准电流总是：$I_{w1}=128\Delta$。本例第一次比较结果为 $I_s > I_{w1}$，故 C_2=1，表示 I_s 处于后 4 段（5～8 段）。

根据 C_2=1，本地译码电路输出的第二个标准电流为：$I_{w2}=512\Delta$，用来比较确定 I_s 处于 5～6 段还是 7～8 段。比较结果为 $I_s > I_{w2}$，故 C_3=1，表示 I_s 处于 7～8 段内。

根据 C_2 C_3=11，本地译码电路输出的第三个标准电流为：$I_{w3}=1024\Delta$。第三次比较结果为 $I_s > I_{w3}$，故 C_4=1。经过三次比较，编出的段落码 $C_2C_3C_4$ 为“111”，表示样值 I_s 处于第 8 段。由表 7-6 可知，它的起始电平为 1024Δ，量化间隔为 $\Delta V_8 = 64\Delta$。

3）段内码 $C_5C_6C_7C_8$：

段内码是在已经确定样值 I_s 所在段落的基础上，进一步确定 I_s 在该段落的哪一个量化级（量化间隔）内。首先要确定 I_s 在前 8 级还是后 8 级，故本地译码电路输出的第四个标准电流为

$$
\begin{aligned}
I_{w4} &= \text{段落起始电平} + 8\times(\text{量化间隔}) \\
&= 1024 + 8\times 64 = 1536\,\Delta
\end{aligned}
$$

第四次比较结果为 $I_s < I_{w4}$，故 C_5=0。由表 7-5 可知，样值 I_s 处于前 8 级（0～7 级）。接着要确定 I_s 处于这 8 级中的前 4 级还是后 4 级，故本地译码电路输出的第五个标准电流为

$$I_{w5} = 1024 + 4 \times 64 = 1280\,\Delta$$

第五次比较结果为$I_s < I_{w5}$，故C_6=0，表示I_s处于前 4 级（0～3 级）。同理，本地译码电路输出的第六个标准电流为

$$I_{w6} = 1024 + 2 \times 64 = 1152\,\Delta$$

第六次比较结果为$I_s > I_{w6}$，故C_7=1，表示I_s处于 2～3 级。根据前面编码的情况，本地译码电路输出的第七个标准电流为

$$I_{w7} = 1024 + 3 \times 64 = 1216\,\Delta$$

第七次比较结果为$I_s > I_{w7}$，故C_8=1，表示I_s处于序号为 3 的量化级内，如图 7-19 所示。

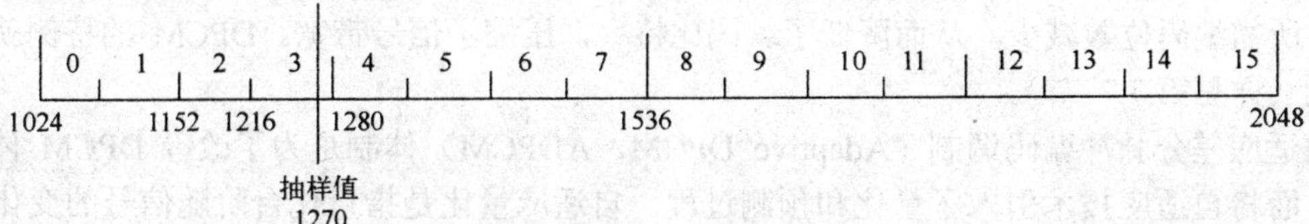

图 7-19 第 8 段落量化间隔

经过以上编码过程，对于模拟抽样值I_s= +1270Δ，编出的 PCM 码组为C_1 $C_2C_3C_4$ $C_5C_6C_7C_8$=1 111 0011，它表示I_s处于第 8 段落的序号为 3 的量化间隔内，其量化电平为 1216Δ，故量化误差等于 54Δ。

强调指出，在上述编码过程中，同时完成了非均匀量化，也就是说，量化和编码是同时在编码器中完成的。

译码（也称解码）是编码的逆过程。译码的作用是把收到的 PCM 信号还原成相应的 PAM 信号，即进行 D-A 变换。

第五节 PCM 信号的比特率和带宽

设模拟信号 $m(t)$ 的最高频率为 f_H，抽样速率 $f_s \geqslant 2f_H$，每个样值脉冲的二进制编码位数为 N，则 PCM 信号的比特率为

$$R_b = f_s \cdot N \tag{7-22}$$

数字信号的传输带宽取决于数据的波特率（对于二进制信号，波特率等于比特率）以及采用的传输脉冲形状。当采用矩形脉冲传输时，第一零点带宽是脉冲宽度的倒数 $B = 1/\tau$。对于二进制非归零信号，脉冲宽度 $\tau = 1/R_b$，所以 PCM 信号的第一零点带宽为

$$B = R_b \tag{7-23}$$

例如，对于电话系统，取 $f_s = 8\text{kHz}$，N=8，则一路电话的比特率为 $R_b = 64\text{kbit/s}$，第一零点带宽为 $B = R_b = 64\text{kHz}$。由此可见，PCM 信号占用频带比标准话路带宽（4kHz）宽很多倍。

第六节 DPCM 和 ADPCM 简介

PCM 是对语音信号采样值本身进行编码。这种方式可以获得较高的声音质量，但由于高比特率（64 kbit/s）而需占用的频带比模拟通信中的一个标准话路带宽（4kHz）宽很多

倍，这样对于大容量的长途传输系统，尤其是卫星通信，采用 PCM 的经济性就很难与模拟通信相比。因此，降低数字电话信号的比特率、压缩传输频带是语音编码技术追求的一个目标。通常，把话路速率低于 64 kbit/s 的编码方法称为语音压缩编码技术。语音压缩编码方法很多，如差分脉冲编码调制（DPCM）、自适应差分脉冲编码调制（ADPCM）、增量调制（ΔM）等。

差分脉冲编码调制（Differential PCM，DPCM）是一种预测编码方法。预测编码的设计思想是基于相邻样值之间的相关性。利用这种相关性，可以根据前些时刻的采样值来预测当前时刻的样值，然后把预测值与当前实际样值的差值（称为预测误差）进行编码并传输。由于实际样值和其预测值非常接近，所以预测误差的可能取值范围比样值本身的变化范围小。因此，所需编码位数减少，从而降低了编码比特率，压缩了信号带宽。DPCM 的特例就是增量调制（详见第 7.7 节）。

自适应差分脉冲编码调制（Adaptive DPCM，ADPCM）体制是为了改善 DPCM 体制的性能，而将自适应技术引入了量化和预测过程。自适应量化是指量化台阶随信号的变化而变化，使量化误差减小；自适应预测是指产生预测值的预测器的参数可以随信号的统计特性而自适应调整，使预测精度提高。通过这二点改进，可以使编码质量大为改善。在实际应用中，32kbit/s 的 ADPCM 可以达到 64 kbit/s 的 PCM 语音编码的质量，而比特率只是 PCM 的一半，极大地节省了传输带宽，从而使经济性显著提高。近年来，ADPCM 在卫星通信、微波通信和移动通信方面得到了广泛的应用，并已成为长途电话通信中一种国际通用的语音编码方法。

第七节　增量调制（ΔM）

增量调制（Delta Modulation，DM），简称 DM 或 ΔM，是继 PCM 后出现的又一种模拟信号数字化的方法。与 PCM 相比，ΔM 具有编译码简单、抗误码特性好、低比特率时的量化信噪比高等优点。因此，在军事和工业部门的专用通信网与卫星通信中得到了广泛应用。

ΔM 可看成是一种最简单的 DPCM。它的每个编码比特表示相邻抽样值的差值（也称增量）的极性（正或负）。若增量为正（当前样值大于前一个样值），编“1”码；若增量为负，编“0”码。正是由于它是一种用差值（增量）编码进行通信的方式，故名“增量调制”（Delta Modulation），缩写为 DM 或 ΔM 。下面，用图 7-20 加以说明。

图中，$m(t)$ 代表模拟信号，这里可以用一个台阶宽度为 Δt，相邻台阶幅度差为 $+\sigma$ 或 $-\sigma$ 的阶梯波 $m'(t)$ 来逼近它。只要 Δt 和 σ 足够小，则阶梯波 $m'(t)$ 可近似代替 $m(t)$。其中，Δt 和 σ 分别称为增量调制的采样间隔和量化台阶。当阶梯波 $m'(t)$ 上升一个 σ，编“1”码；$m'(t)$ 下降一个 σ，编“0”码，如此，$m'(t)$ 就被一个二进制序列表征如图 7-21 横轴下面的序列所示。由于 $m'(t) \approx m(t)$，所以该二进制序列也相当于表征了模拟信号 $m(t)$，从而实现了模-数转换。通常，把该二进制序列称为 ΔM 序列，它的每个编码比特表示相邻抽样值的差值（也称增量）极性。

当然，如果要达到与 PCM 相同的话音质量的话，ΔM 则需要比 PCM 高得多的采样频率。

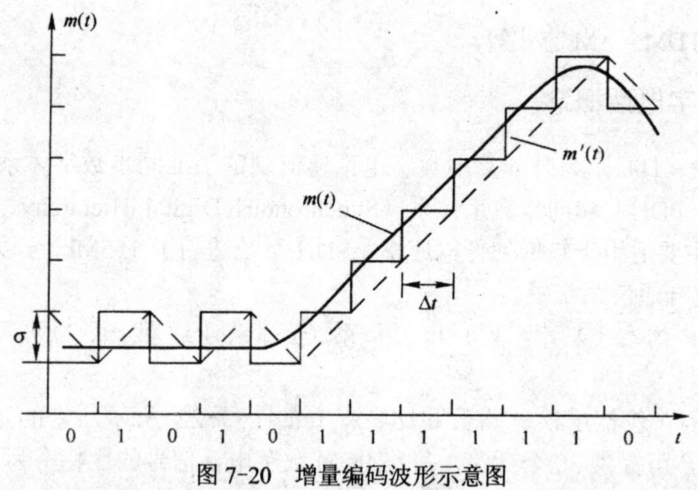

图 7-20　增量编码波形示意图

另外，除了可以用阶梯波 $m'(t)$ 近似 $m(t)$ 外，还可用另一种形式——图中虚线所示的斜变波来近似 $m(t)$。斜变波也只有两种变化：按斜率 $\sigma/\Delta t$ 上升一个量阶，或按斜率 $-\sigma/\Delta t$ 下降一个量阶。分别用"1"码和"0"码表示正、负斜率，同样可以获得二进制序列。由于斜变波在电路上更容易实现，实际中常采用它来近似 $m(t)$。

在接收端译码时，若收到"1"码，则在 Δt 时间内按斜率 $\sigma/\Delta t$ 上升一个量阶 σ；若收到"0"码，则在 Δt 时间内按斜率 $-\sigma/\Delta t$ 下降一个量阶 σ。这样就可以恢复出如图 7-20 中虚线所示的斜变波信号。这一过程可用一个简单的 RC 积分电路来实现。斜变波再经低通滤波器平滑后，就可恢复重建原来的模拟信号。

根据上述编译码原理构造的 ΔM 系统原理框图如图 7-21 所示。

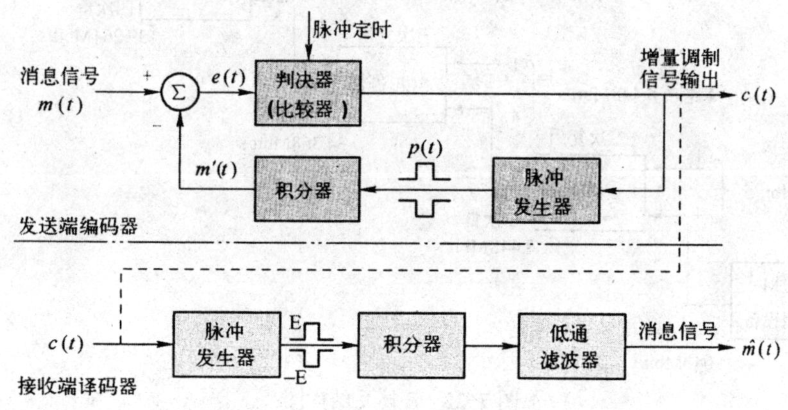

图 7-21　ΔM 系统原理框图之一

第八节　时分多路数字电话

如第 3.7 节所述，时分复用（TDM）是利用时间分片方式来实现在同一信道中传输多路信号的一种复用技术。在 TDM 中，以数据帧的形式复用多路信号，每帧时间等于采样周期，每一帧分成不同的时间片（时隙），每个时隙依次分配给不同的信号。在传输中可以采用 TDM－PCM、TDM－ΔM 方式等。

一、多路数字电话概念

国际电信联盟（ITU）为时分复用数字电话通信制定了准同步数字体系（Plesiochronous Digital Hierarchy，PDH）和同步数字体系（Synchronous Digital Hierarchy，SDH）两套标准建议。PDH 体系主要适用于较低的传输速率，SDH 系统适用于 155Mbit/s 以上的数字电话通信系统，特别是光纤通信系统中。

PDH 又分为 E 体系（A 律系列）和 T 体系（μ 律系列）。我国、欧洲及国际连接采用 E 体系作为标准。

E 体系的结构（包括层次、路数和比特率）如图 7-22 所示。它的基本层（E-1）是 PCM30/32 路基群，可提供 30 个话路，每路 PCM 数字电话信号的比特率为 64kbit/s。由于需要加入群同步码元和信令码元等额外开销，所以实际占用 32 路 PCM 信号的比特率，故 PCM30/32 路基群的总比特率为 2.048Mbit/s。将 4 个基群信号进行二次复用，可得到二次群信号（E-2），其比特率为 8.448Mbit/s。按照同样的方法逐级复用，可得到比特率为 34.368Mbit/s 的三次群信号（E-3）和比特率为 139.264Mbit/s 的四次群信号（E-4）等。由此可见，相邻层次群之间路数成 4 倍关系，但是比特率之间不是严格的 4 倍关系。

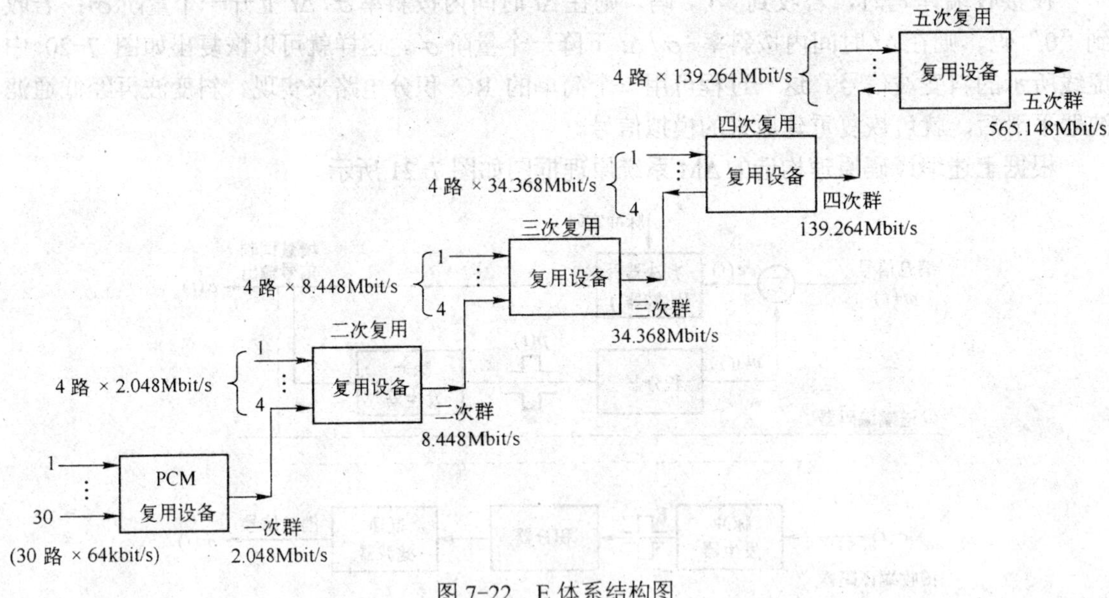

图 7-22　E 体系结构图

二、PCM 基群的比特率

ITU 建议的 PCM 基群有两种标准，即 E 体系的 PCM30/32 路基群和 T 体系的 PCM24 路基群。

1. PCM30/32 路基群

PCM30/32 路基群是 E 体系的基础，它的帧结构如图 7-23 所示。每帧共有 32 个时隙（TS），其中时隙 TS_0 用于传输帧同步码，时隙 TS_{16} 用于传送信令；其他 30 个时隙，即 TS_1～TS_{15} 和 TS_{17}～TS_{31}，用于传输 30 个话路。

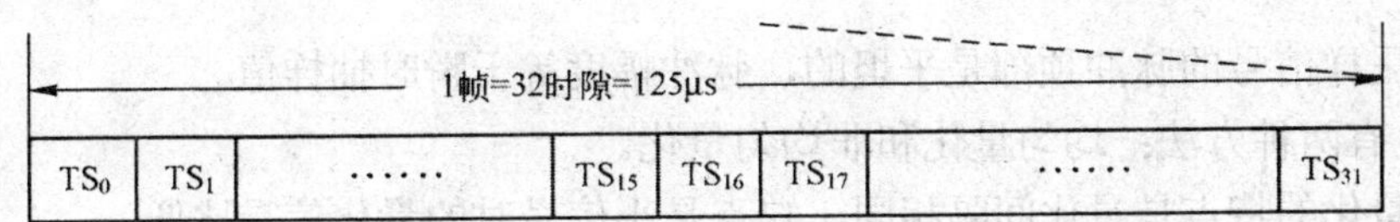

图 7-23　PCM30/32 路基群的帧结构

每路话音信号的采样速率 $f_s = 80000\text{Hz}$，即采样周期 T_s=125μs，这就是一帧的时间。将此 125μs 时间分为 32 个时隙，每个时隙容纳 8bit。因此，PCM30/32 路基群的比特率为

$$R_b = 8000\left[(30+2)\times 8\right] = 2.048\text{Mbit/s}$$

即

$$R_b = 32\cdot \text{R}_{b1} = 32\times 64\text{kbit/s} = 2.048\text{Mbit/s}$$

2．PCM24 路基群

PCM24 路基群的帧结构如图 7-24 所示。每路话音信号抽样速率 $f_s = 8000\text{Hz}$，即抽样周期（帧时间）T_s=125μs。1 帧共有 24 个时隙。为了提供帧同步，在第 24 路时隙后插入 1 比特帧同步位。这样，每帧时间间隔 125μs，共包含 193 个 bit。因此，PCM24 路基群的比特率为

$$R_b = 8000(24\times 8+1) = 1.544\text{Mbit/s}$$

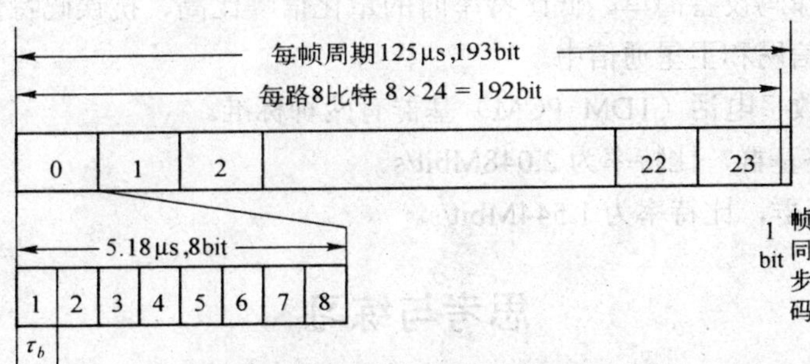

图 7-24　PCM24 路基群帧结构

本 章 小 结

1．脉冲编码调制（PCM）是一种常用的模拟信号数字化的波形编码方式。

2．模-数变换（A-D）就是将模拟信号变换为数字信号，其目的是使模拟信号能够以数字方式传输。

3．模拟信号数字化需要经过 3 个步骤：采样、量化和编码。

4．采样（抽样）定理是模拟信号数字化和时分复用的理论基础。

- 对于 $0 \leqslant f < f_H$ 内的低通模拟信号，抽样速率应满足：$f_s \geqslant 2f_H$。
- 采样信号 $m_s(t)$ 实际上是一个脉冲幅度调制（PAM）信号。
- PAM 是脉冲串的幅度随调制信号进行变化的一种模拟脉冲调制方式。
- 自然采样和平顶采样是实际中常用的两种 PAM 方式。
- 自然采样信号的脉冲顶部和原模拟信号波形相同。

- 平顶采样信号的脉冲顶部是平坦的，脉冲幅度等于瞬时抽样值。

5．量化有两种方法：均匀量化和非均匀量化。

- 均匀量化的特点是量化间隔相同，缺点是小信号时的量化信噪比低。
- 非均匀量化的特点是量化间隔ΔV随信号采样值的大小而变化。
- 压缩的作用："压大补小"，压缩的目的：提高小信号的量化信噪比。
- 关于电话信号的压缩特性，国际电信联盟（ITU）制定了两种建议：A 压缩律和μ压缩律，以及相应的近似算法：13 折线法和 15 折线法。

6．折叠二进码是 PCM 编码中常用码型，具有镜像特性，可简化编码过程。

- A 律 13 折线 PCM 编码是将每个采样值编成 8 位折叠二进码。
- PCM 信号的比特率为 $R_b = f_s \cdot N = 2f_H \cdot N$；所需传输带宽为 $B = R_b = N \cdot f_s$，因此单路 PCM 数字电话信号的比特率为 64kbit/s。

7．降低比特率、减小传输带宽的方法有：DPCM、ADPCM 和 ΔM 等。

8．ΔM 序列中的每个编码比特表示相邻抽样值的差值（也称增量）的极性。

9．PCM 和 ΔM 都是模拟信号数字化的基本方法。

- PCM 适用于要求传输质量高，且频带资源丰富的场合。一般用于大容量的干线通信。
- ΔM 具有编译码设备简单、低比特率时的量化信噪比高、抗误码特性好等优点。一般用于专用通信网和卫星通信中。

10．时分复用数字电话（TDM-PCM）基群有两种标准。

- PCM30/32 路基群，比特率为 2.048Mbit/s。
- PCM 24 路基群，比特率为 1.544Mbit/s。

思考与练习

7-1　为什么要将模拟信号数字化？

7-2　模拟信号数字化的三个步骤是________________。

7-3　若低通信号 $m(t)$ 的频带范围为 0～108kHz，则无失真恢复信号的最小采样速率至少为________________。

7-4　采样后的信号属于模拟信号还是数字信号？

7-5　自然抽样和平顶抽样的共性和区别是什么？

7-6　什么是均匀量化？它的缺点是什么？

7-7　如何提高小信号的量化信噪比？

7-8　PAM 与 PCM 有什么区别和联系？

7-9　在 PCM30/32 路基群中，时隙 TS_0 用来传输________________信号，时隙 TS_{25} 用来传输________________信号。

7-10　PCM24 路基群的比特率为________________。

7-11　设输入信号抽样值为-95 个量化单位，采用逐次比较型编码器，按照 A 律 13 折线特性，试求此时编码器输出的 PCM 码组，并计算量化误差。

7-12　降低数字电话信号的比特率、减小传输带宽的方法有＿＿＿＿＿＿＿＿＿＿＿＿。

7-13　简述增量调制的基本原理。

7-14　已知信号 $f(t)=6.4\times\sin(8000\pi t)$ ，按照奈奎斯特采样速率进行采样后，进行 64 个电平均匀量化编码，采用自然二进码。试求：

1）量化间隔 ΔV。

2）编码后信号的比特率。

第八章　差错控制编码

学习目标：

- 了解差错控制的基本原理。
- 熟悉码重、码距、码率的概念。
- 掌握最小码距 d_0 与纠检错能力（重点）。
- 了解奇偶监督码和方阵码。
- 掌握监督矩阵 H 和生成矩阵 G（难点）。
- 掌握线性分组码的编码方法（重点）。
- 了解汉明码的特点。
- 了解循环码的基本概念。

建议学时：

8 学时

本章导读：

数据流在传输过程中总会受到信道噪声及其他干扰的影响而出现错码。为了降低差错概率，首先应该合理设计基带信号、选择恰当的调制解调方式、提高信噪比、采用均衡措施等。此外，差错控制编码则是提高信息传输可靠性的一种重要手段，甚至是关键技术。

什么是差错控制编码？类比一个生活中的例子：运输一批灯泡…（类比信码），若要保证运送途中受到颠簸（类比噪声或干扰）时，不出现打碎灯泡（类比可靠性）的情况，则需要包装（类比开销或冗余）。显然，包装带来的代价是使灯泡所占的体积增大，导致运送灯泡的有效个数（类比有效性）减少了，比如，原来能装 40 个灯泡的箱子，包装后就只能装 30 个了。

借用这个例子来引喻差错控制编码，其基本思想就是在发送的信息码元中加入一些多余码元（就好比把信码包装），这些多余码元称为监督码元，它与信息码元之间存在某种数学约束关系（就好比不同的包装方式，对应不同的编码方法），接收时利用这种关系来发现或纠正传输过程中产生的错码，从而降低误码率，提高通信质量。

内容主线：

差错控制原理⇨ 最小码距⇨ 奇偶监督码⇨ 线性分组码⇨ 循环码

第一节　差错控制编码的基本原理

差错控制编码，也称抗干扰编码，属于信道编码的范畴。完成这种功能的收发设备是图 1-5 中所示的信道编、译码器。

下面通过一个例子：“用二进制数字码元携带 4 种天气信息：晴、阴、雨、雪”来说明差错控制编码的基本原理。

情形①：用 2 位二进制码元，可以构成 4 个码组 00、01、10、11，分别表示 4 种天气信息，即

00	01	10	11
晴	阴	雨	雪

由于没有冗余，仅有的 4 个码组全部用于表示信息，则其中任何一个码组在传输中发生错码时，将变成另一个信息码组。这种编码，接收端将无法发现错误。

情形②：在情形①的 4 个码组后面分别附加 1 个监督码元，即加入冗余，规则如下：

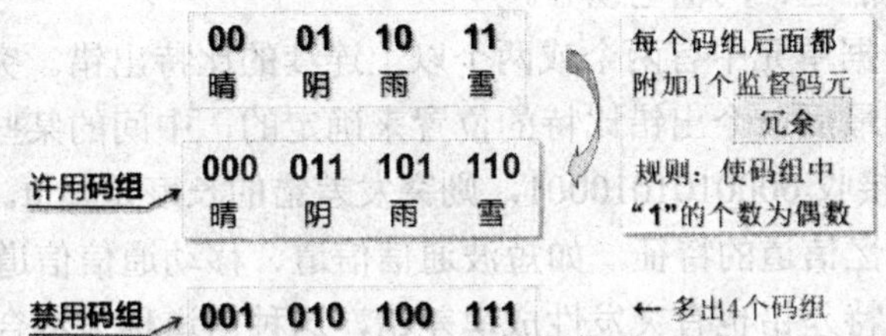

此时，3 位二进制码元构成的码组共有 8 种可能，其中（000、011、101、110）这 4 个“满足偶数校验规则”的码组作为许用码组，不满足这种校验关系的另外 4 个码组（001、010、100、111）都是不准使用的，称为禁用码组。接收端一旦收到禁用码组，就认为发现了错码。例如，若 000（晴）中错了一位，则接收码组将变成 001、010 或 100，由于这三种码组都是禁用的，故可发现出错。

进一步探讨，情形②的编码只能发现错误，而不能纠正错误。比如，当接收码组为禁用码组 100 时，接收端将无法判断究竟是哪一位码出现了错误，因为 000、101、110 这三个许用码组错一位都可以变成 100。为了能纠正错误，还应增加冗余，既增加监督码元的位数。

例如，仅表示两种天气信息“晴和雨”，若规定许用码组为：000 和 111（相当于信元后面附加了两个监督码元），其他 6 组（011、101、110、001、010、100）都是禁用码组。这时，则能够发现两个以下错码，或者纠正一位错码。比如，当收到禁用码组 100 时，若认为该码组仅有一个错码，则可以判断该错码发生在“1”位上，从而纠正为 000。若认为错码的个数不超过两个，则存在两种可能：000 错 1 位和 111 错两位都会变成 100，因而只能检测出存在错码而不能纠正它。

综上所述，差错控制编码的基本原理是在信息码元序列中引入了冗余（监督码元），使编成的码组具有一定的检测错误或纠正错误的能力。差错控制编码包括检错编码和纠错编码。不同的编码方法，有不同的检错和纠错能力。

一般说来，冗余越多，纠检错能力越强，传输的可靠性越高。但是，传输效率会降低，因为监督码元本身并不是信息，对用户来说是多余的。冗余越多，付出的代价越大，也就是说，差错控制编码是以牺牲有效性为代价来换取系统可靠性的。

第二节　差错控制方式

一、差错类型

错码是在传输过程中产生的，由于信道噪声和信道传输特性的不同，造成错码的分布规律也不同。

单比特差错：是指在给定的数据单元中只有一个比特出错，比如，发送的码字为 00100010，收到的码字为 00101010。这种差错的特点是随机独立出现，因而也称为随机差错，这是无记忆信道的特征，如卫星信道、同轴电缆等。

突发差错：是指数据单元中有两个或两个以上连续的比特出错。突发差错的长度是由第一个出错比特的位置到最后一个出错比特的位置来确定的，中间的某些比特可以不出错。如发送 001110001000l，接收 0000101010001，则突发差错的长度是 5bit。这种差错表现出错码间的相关性，这是有记忆信道的特征，如短波通信信道、移动通信信道等。

有些信道既有单比特差错也有突发性成串差错，这种信道称为混合信道。

对不同类型的信道要“对症下药”，设计或选择适宜的编码方案及差错控制方式，才能收到良好的效果。

二、差错控制方式

差错控制方式是指采用什么样的方法来检测错误以及纠正错误。常用的差错控制方式主要有三种：检错重发（ARQ）、前向纠错（FEC）和混合纠错（HEC）。

检错重发也称自动重发请求（Automatic Repeat reQuest，ARQ）：发送端发送具有一定检错能力的码，接收端按双方约定的监督规则对接收码组逐一进行检测，如果检测出错码，则立即通知发端重新发送，直到正确接收为止。ARQ 的优点是编码效率高，只需少量的冗余码就能获得较强的检错能力，且编译码简单，但这种方式需要双向信道，因而不适于单向传输系统，且实时性差。

前向纠错（Forward Error Correction，FEC）：发送端发送具有一定纠错能力的码，接收端按一定规则，自动识别出错码并加以纠正（当错码数目在纠错能力范围之内时）。这种方法不需要反向信道，实时性好，特别适合于单向通信的场合，但纠错设备要比检错设备复杂。

混合纠错（HEC，Hybrid Error Correction）：是 ARQ 和 FEC 的有机结合。发送端发送同时具有检错和纠错能力的码，接收端译码时，检查错误情况，若错误在纠错能力内，则实行自动纠错；若错码较多超出其纠错能力时，则自动请求发端重新发送，利用 ARQ 方式进行检错。HEC 方式在实时性和译码设备复杂性方面是 FEC 和 ARQ 方式的折中，因而近年来，在数据通信系统中采用较多。

上述差错控制方式应根据实际情况合理选择。一般要依据信源性质、信道干扰种类及对实时性和误码率的要求等因素而定。

第三节　差错控制编码的基本概念

一、信息码元与监督码元

信息码元又称信息位，这是由发送端信源发送的信息数据比特，通常以 m_i 表示。由信息码元组成的信息码组为

$$m=(m_{k-1},m_{k-2},\cdots,m_0) \tag{8-1}$$

式中，k 为信息码组中信息码元的个数。在二进制情况下，每个信息码元 m_i 的取值只有 0 或 1 两种状态，所以总的信息码组数共有 2^k 个组。

监督码元又称监督位，这是为了检测或纠正错码而在信息码组中加入的冗余码。监督码元的个数通常以 r 表示。

二、分组码和系统码

所谓分组码，是把信息序列以 k 个码元分为一组，通过编码器把每个信息组（k 个信息元）按一定规则附加上 r 个监督（校验）元，构成每组长度为 $n=k+r$ 的具有纠检能力的编码集合。因此，分组码中的每一码组的监督码元仅与本码组中的信息码元有关。

分组码通常用符号（n，k）表示，其中 n 表示码组的长度；k 表示信息码元的位数；$r=n-k$ 表示监督码元的位数。

分组码的一般结构如图 8-1 所示，具有这种结构的编码形式属于系统码。系统码的特点是 k 个信息码元在前，r 个监督码元附加在 k 个信息码元之后。

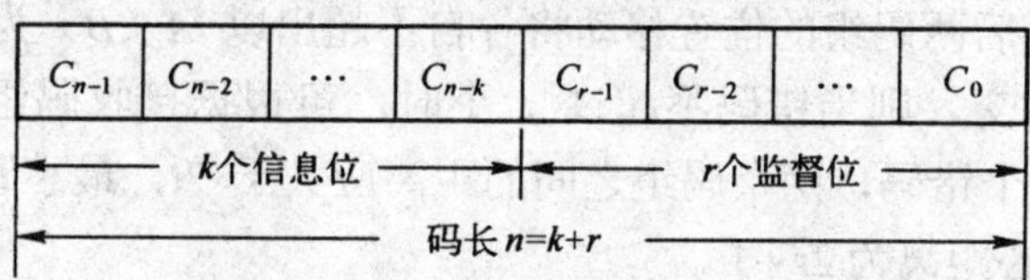

图 8-1　分组码的结构

前面有关天气信息的例子，如图 8-2 所示，就是一种分组码，而且属于系统码。

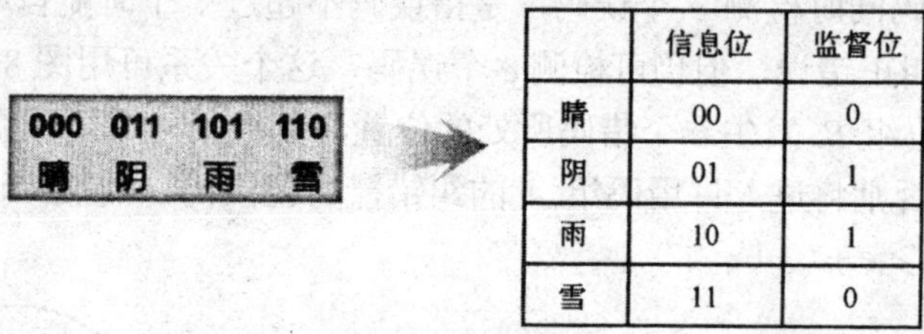

	信息位	监督位
晴	00	0
阴	01	1
雨	10	1
雪	11	0

图 8-2　分组码示例

三、码重和最小码距

码长：指码组（或称码字）中码元的个数。例如，010101 码字的长度为 6。

码重：指码组中非“0”码元的个数。对于二进制编码，码重是码组中 1 的个数。例如，010101 码组的码重为 3。

码距（汉明距离）：指两个等长码组之间对应位置上数字不同的位数，即两个码组对应位“模 2 加”的重量。例如，010101 与 011011 之间的距离为 3。

最小码距：指在某种编码集合中，任意两个码组之间距离的最小值，记为 d_0。例如：有 3 个码字 C_1=0000，C_2=1111，C_3=0010，它们的码距分别为 d_{12}=4，d_{23}=3，d_{13}=1，则最小码距 $d_0=\min(d_{12},d_{23},d_{13})=1$。

一种编码的检错和纠错能力取决于最小码距 d_0。

四、最小码距与纠检错能力

最小码距 d_0 是纠错编码的一个重要参数。它决定了一种编码的检错或纠错能力。对于（n，k）分组码，有以下结论。

1）若要在码字内，能检测 e 个错码，则要求最小码距

$$d_0 \geqslant e+1 \tag{8-2}$$

这个关系可以通过图 8-3a 来说明。图中 A 表示某码组，当错码不超过 e 个时，该码组的位置移动将不超出以它为圆心、以 e 为半径的圆（实际是多维的球体）。只要其他任何许用码组都不落入此圆内，则 A 码组发生 e 个错码时就不可能与其他许用码组混淆。这意味着其他许用码组必须位于以 A 为圆心、以 e+1 为半径的圆上或圆外。所以，该码的最小码距 d_0=e+1。

2）纠正 t 个错码，则要求最小码距

$$d_0 \geqslant 2t+1 \tag{8-3}$$

这个关系可用图 8-3b 来说明。图中 A 和 B 分别表示任意两个许用码组，当各自错码不超过 t 个时，发生错码后两码组的位置移动将各自不超出以 A（B）为圆心、以 t 为半径的圆。只要这两个圆不相交，则当错码不超过 t 个时，可根据接收码组落在哪个圆内就判为谁。因此，若要纠正 t 个错码，两个码组之间的距离应大于 $2t$，最小距离也应使两个球体表面相距为 1，即最小圆心距离为 $2t+1$。

3）纠正 t 个错码，同时检测 e 个错码，则要求最小码距

$$d_0 \geqslant e+t+1 \quad 且e>t \tag{8-4}$$

所谓纠正 t 个误码同时检测 e 个误码，是指误码不超过 t 个时能自动予以纠正，当误码超过 t 个时则不可能纠正错误，但仍可检测 e 个误码，这个关系可用图 8-3c 来说明。设码的检错能力为 e，某一码组 B 发生 e 个错码所处的位置与其他任一许用码组（如图中 A 码）的距离至少应有 $t+1$，否则将进入许用码组 A 的纠错能力范围内，而被错误地“纠正”成 A。这就要求最小码距 $d_0 \geqslant e+t+1$。

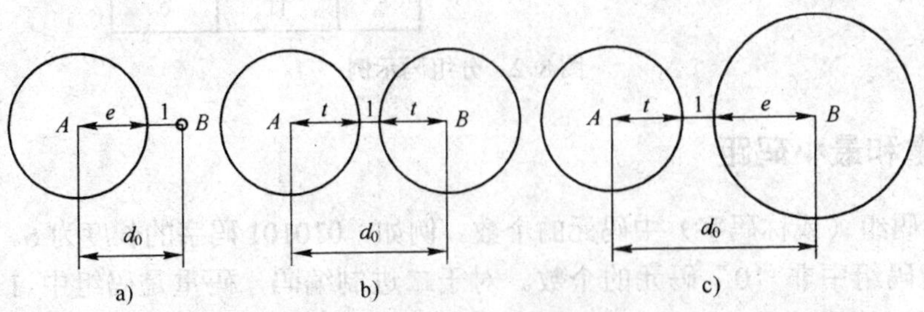

图 8-3　最小码距与纠检错能力的关系

【例 8-1】 已知 3 个码组为 001010、101101、010001。若用于检错，能检测出几位错码？若用于纠错，能纠正几位错码？若纠检错结合，各能纠、检几位错码？

解 通过分析可知，该码的最小码距为 $d_0=4$，故有：

若用于检出错码，则由 $d_0\geqslant e+1$ 可得：$e=3$（能检出 3 位错码）。

若用于纠正错码，则由 $d_0\geqslant 2t+1$ 可得：$t=1$（能纠正 1 位错码）。

若用于纠、检错结合，则由 $d_0\geqslant e+t+1\quad(e>t)$ 可得：$t=1$，$e=2$（能纠正 1 位错码，同时检出 2 位错码）。

五、编码效率和编码增益

编码效率是指一个码组中信息位所占的比例，表示为

$$R_c=\frac{k}{n}=\frac{k}{k+r} \tag{8-5}$$

式中，k 为信息位数，n 为编码后码组的长度，r 为监督位数。

R_c 是原始信息速率与信道传输速率的比值，故也称编码速率（简称码率）。采用纠错编码后，若仍要求传输信息的速率不变，则必然使信道的带宽增加。例如，设原来的信息传输速率为 600bit/s，如用码率为 R_c=1/2 的码，则要求编码后的信道传输速率为 1200bit/s，因而要求信道带宽增加一倍（通常增加（n-k)/k 倍）。这意味着传输的有效性降低。

一般来讲，监督位越多（冗余多），纠检错能力就越强，但相应的码率 R_c 就越低。反之，码率 R_c 越高，纠检错能力则越低。可见，码率 R_c 是衡量编码性能的又一个重要参量。对于一个好的编码方案，不但希望其差错控制能力强，而且希望其编码效率高，但这两方面的要求是矛盾的。因此，编码的主要任务是在满足一定误码率要求条件下，尽量提高编码效率。

编码增益是指在保持误码率不变的情况下，采用纠错编码所节省的信噪比。例如，若要求某系统的误码率为 10^{-5}，未采用编码时，约需要信噪比 9dB。采用某种编码时，只需要信噪比 6dB，比未编码的大约节省 3dB 的功率（即为编码增益）。当然，付出的代价是带宽增大。因此，纠错码主要应用于功率受限而带宽不太受限的信道中。

第四节 奇偶监督码

一、奇偶监督码

奇偶监督码（也称奇偶校验码）分为奇数监督码和偶数监督码，两者的编码原理和检错能力相同。设编码后的码字 $A=(a_{n-1},a_{n-2},\cdots,a_1,a_0)$，其中前 n-1 位为信息元，第 n 位（a_0）为监督元。若 a_0 的加入使码组中“1”的数目为偶数，即满足条件：

$$a_{n-1}\oplus a_{n-2}\oplus\cdots\oplus a_0=0 \tag{8-6}$$

则称为偶数监督码。若 a_0 的加入使码组中“1”的数目为奇数，即满足条件：

$$a_{n-1}\oplus a_{n-2}\oplus\cdots\oplus a_0=1 \tag{8-7}$$

则称为奇数监督码。

奇偶监督码的译码方法很简单。例如，对于偶数监督码，接收端只需对接收到的码组按式（8-6）进行模 2 加计算，若计算结果为“1”就说明存在错码，结果为“0”就认

为无错。

不难看出，奇偶监督码只能检出单个或奇数个错码，而不能检出偶数个错码。另外，也不具有纠错能力（因不知错码位置）。由于在奇偶监督码中，无论信息位有多少，监督位只有一位，因此其编码效率很高。由式（8-5）可得奇偶监督码的编码效率为

$$R_c = \frac{k}{n} = \frac{n-1}{n} \tag{8-8}$$

由于奇偶监督码具有编码简单且编码效率高的特点，所以许多计算机数据传输系统都采用它来检测随机出现的零星差错。

【例 8-2】 设信息码元为 1101，按照偶数监督规则构造相应的码字。若接收到的码字分别为 10011、00001、00011（有下划线的码为错码，但接收端事先不会知道），试问检测结果？

解 由式（8-6）可知，监督元 a_0 可以如下求得

$$\begin{aligned} a_0 &= a_{n-1} \oplus a_{n-2} \oplus \cdots \oplus a_1 \\ &= 1 \oplus 1 \oplus 0 \oplus 1 = 1 \end{aligned}$$

把它附在信息元（1101）后面，编出的码字（码组）为 11011。

若收到 10011，接收端按式（8-6）进行如下运算

$$1 \oplus 0 \oplus 0 \oplus 1 \oplus 1 = 1$$

由于结果为“1”，故知存在错码。

若收到 00001，检测结果为

$$0 \oplus 0 \oplus 0 \oplus 0 \oplus 1 = 1$$

存在错码。

若收到 00011，检测结果为

$$0 \oplus 0 \oplus 0 \oplus 1 \oplus 1 = 0$$

认为无错。可见，奇偶监督码不能检出偶数个错码。

二、二维奇偶监督码

二维奇偶监督码又称方阵码。它是先把上述奇偶监督码的若干码组，每个码组写成一行，然后再按列的方向增加第二维监督位，如图 8-4 所示。

$$\begin{array}{ccccc} a_{n-1}^1 & a_{n-2}^1 & \cdots & a_1^1 & a_0^1 \\ a_{n-1}^2 & a_{n-2}^2 & \cdots & a_1^2 & a_0^2 \\ \cdots & \cdots & \cdots & \cdots & \cdots \\ a_{n-1}^m & a_{n-2}^m & \cdots & a_1^m & a_0^m \\ C_{n-1} & C_{n-2} & \cdots & C_1 & C_0 \end{array}$$

图 8-4　二维奇偶监督码

图中，$a_0^1 \ a_0^2 \ \cdots \ a_0^m$ 为 m 行奇偶监督码中的 m 个监督位；$C_{n-1} \ C_{n-2} \ \cdots \ C_0$ 为按列进行第二次编码所增加的监督位，它们构成了一监督位行。

这种编码有可能检测偶数个错码。因为每行的监督位 $a_0^1 \ \ a_0^2 \ \ \cdots \ \ a_0^m$ 虽然不能用于检测本行中的偶数个错码，但按列的方向有可能由 $C_{n-1} \ \ C_{n-2} \ \ \cdots \ \ C_0$ 等监督位检测出来。有一些偶数错码不可能检测出来。例如，构成矩形的 4 个错码，譬如图 8-4 中 $a_{n-2}^2 \ \ a_1^2 \ \ a_{n-2}^m \ \ a_1^m$ 错了，就检测不出。

这种二维奇偶监督码适于检测突发错码。因为突发错码常常成串出现，随后有较长一段无错区间，所以在某一行中出现多个奇数或偶数错码的机会较多，而这种方阵码正适于检测这类错码。前述的一维奇偶监督码一般只适于检测随机错码。

由于方阵码只对构成矩形四角的错码无法检测，故其检错能力较强。一些试验测量表明，这种码可使误码率降至原误码率的百分之一到万分之一。

二维奇偶监督码不仅可用来检错，还可以用来纠正一些错码。例如，当码组中仅在一行中有奇数个错码时，能够确定错码位置，从而进行纠正。

第五节　线性分组码

线性分组码是分组码中最重要的一类码，其“线性”的含义是指每个码字的监督元是若干信息元的线性组合，即监督元和信息元的关系可用一组线性方程来表示。

上面介绍的奇偶监督码是一种最简单的（n，n-1）线性分组码。虽然它只能检错，但它的概念对于如何构造具有纠错能力的线性分组码具有一定的启发。

一、构造思路

按照式（8-6）构成的偶数监督码，由于使用了一位监督元 a_0，所以它和信息元 $a_{n-1} \cdots a_1$ 一起构成一个代数式。在接收端译码时，实际上就是在计算

$$S = a_{n-1} \oplus a_{n-2} \oplus \cdots a_0 \tag{8-9}$$

若 S=0，就认为无错；若 S=1，就认为有错。上式（当 S=0 时）称为监督关系式（或监督方程），S 称为校正子。

显然，奇偶监督码只能检错而不能纠错的原因在于它的校正子 S 取值只有 1 和 0 两种，也即只能分别代表有错和无错这两种信息，而不能指出错码的位置。为了得到具有纠错能力的（n，k）码，需要增加监督元的数目。例如，若监督元增加一位，即变成两位，则将增加一个类似于式（8-9）的监督关系式。由于两个校正子的可能取值有 4 种组合：00、01、10、11，故能表示 4 种不同信息。若用其中一种表示无错，则其余 3 种就有可能用来指示一位错码的 3 种不同位置。同理，r 个监督关系就能指出一位错码的（2^r-1）个可能位置。

因此，一个(n，k)线性分组码，若希望用 r=n-k 个监督元构造出 r 个监督关系式来指出一位错码的 n 种可能位置，则 r 必须满足

$$2^r-1 \geqslant n \quad 或 \quad 2^r \geqslant k+r+1 \tag{8-10}$$

下面，以（7，4）码为例来说明如何具体构造监督码元与信息码元之间的这些监督关系式。

设（n，k）分组码中，$k=4$，为了能纠正一位错码，由式（8-10）可知，要求监督位数 $r \geqslant 3$。现取 P_2，则 $n=k+r=4+3=7$。用 $a_6a_5a_4a_3a_2a_1a_0$ 表示这个 7 位长的码组，其中信息元为 $a_6a_5a_4a_3$，监督元为 $a_2a_1a_0$。用 S_1、S_2、S_3 表示由 3 个监督关系式计算得到的校正

子，并规定校正子S_1、S_2、S_3的值与错码位置的对应关系见表 8-1（当然，也可规定成其他的对应关系，这不影响讨论的一般性）。

表 8-1　校正子和错码位置的关系

$S_1S_2S_3$	错码位置	$S_1S_2S_3$	错码位置
111	a_6	100	a_2
110	a_5	010	a_1
101	a_4	001	a_0
011	a_3	000	无错码

由表 8-1 可知，仅当有一位错码且位置在a_2、a_4、a_5或a_6时，校正子$S_1=1$，否则$S_1=0$。这意味着a_2、a_4、a_5和a_6四个码元构成偶数监督关系

$$S_1 = a_6 \oplus a_5 \oplus a_4 \oplus a_2 \tag{8-11}$$

同理，a_1、a_3、a_5和a_6构成偶数监督关系

$$S_2 = a_6 \oplus a_5 \oplus a_3 \oplus a_1 \tag{8-12}$$

以及a_0、a_3、a_4和a_6构成偶数监督关系

$$S_3 = a_6 \oplus a_4 \oplus a_3 \oplus a_0 \tag{8-13}$$

在发送端进行编码时，信息码$a_6\ a_5\ a_4\ a_3$的值取决于输入信号，是随机的。监督元$a_2\ a_1\ a_0$应根据信息元的取值按以上三个监督关系来确定，即监督元应使校正子S_1、S_2、S_3为零

$$\begin{cases} a_6 \oplus a_5 \oplus a_4 \oplus a_2 = 0 \\ a_6 \oplus a_5 \oplus a_3 \oplus a_1 = 0 \\ a_6 \oplus a_4 \oplus a_3 \oplus a_0 = 0 \end{cases} \tag{8-14}$$

上式即是（7，4）码的信息元和监督元所满足的监督关系式。

将式（8-14）进行移项运算，解出监督元

$$\begin{cases} a_2 = a_6 \oplus a_5 \oplus a_4 \\ a_1 = a_6 \oplus a_5 \oplus a_3 \\ a_0 = a_6 \oplus a_4 \oplus a_3 \end{cases} \tag{8-15}$$

该式称为监督元的生成方程式。

给定信息元$a_6\ a_5\ a_4\ a_3$，则可按式（8-15）求得监督元$a_2\ a_1\ a_0$。编出的（7，4）码的2^k=16 个许用码组，见表 8-2。

表 8-2　（7，4）线性分组码的许用码组

信息位	监督位	信息位	监督位
$a_6\ a_5\ a_4\ a_3$	$a_2\ a_1\ a_0$	$a_6\ a_5\ a_4\ a_3$	$a_2\ a_1\ a_0$
0000	000	1000	111
0001	011	1001	100
0010	101	1010	010
0011	110	1011	001
0100	110	1100	001
0101	101	1101	010
0110	011	1110	100
0111	000	1111	111

接收端接收到每个码组后，先按式（8-11）、式（8-12）和式（8-13）计算出校正子 S_1、S_2、S_3，再按表 8-1 判断错码情况。例如，若接收码组为 0000011，则计算得出 $S_1=0$、$S_2=1$、$S_3=1$，查表 8-1 可知在 a_3 位有一错码。

不难看出，表 8-2 所示的（7，4）码的最小码距 $d_0=3$，因此，根据式（8-2）和式（8-3）可知，这种码具有纠正 1 位错码或检测 2 位错码的能力。

接下来，借用（7，4）码的例子来引申出（n，k）线性分组码的一般原理。

二、监督矩阵与生成矩阵

从（7，4）码的例子可知，线性分组码$(n,\ k)$的编码问题就是从给定的 k 个信息元，如何建立一组求 $r=n-k$ 个监督元的线性方程组，并使得到的码恰好满足所要求的最小距离（纠错能力）和编码效率。

现将（7，4）码的三个监督方程式（8-14）改写成标准的方程形式

$$\begin{cases}1\cdot a_6+1\cdot a_5+1\cdot a_4+0\cdot a_3+1\cdot a_2+0\cdot a_1+0\cdot a_0=0\\1\cdot a_6+1\cdot a_5+0\cdot a_4+1\cdot a_3+0\cdot a_2+1\cdot a_1+0\cdot a_0=0\\1\cdot a_6+0\cdot a_5+1\cdot a_4+1\cdot a_3+0\cdot a_2+0\cdot a_1+1\cdot a_0=0\end{cases} \tag{8-16}$$

上式中已将“⊕”简写为“+”，仍表示模 2 加。以后本章各节除非另加说明，这类式子中的“+”都指模 2 加。

这组线性方程还可表示成如下的矩阵形式

$$\begin{bmatrix}1&1&1&0&1&0&0\\1&1&0&1&0&1&0\\1&0&1&1&0&0&1\end{bmatrix}\begin{bmatrix}a_6\\a_5\\a_4\\a_3\\a_2\\a_1\\a_0\end{bmatrix}=\begin{bmatrix}0\\0\\0\end{bmatrix}\ \text{（模 2 加）} \tag{8-17}$$

并简记为

$$\boldsymbol{H}\cdot\boldsymbol{A}^T=\boldsymbol{0}^T\quad\text{或}\ \boldsymbol{A}\cdot\boldsymbol{H}^T=\boldsymbol{0} \tag{8-18}$$

其中

$$\boldsymbol{H}=\begin{bmatrix}1&1&1&0&1&0&0\\1&1&0&1&0&1&0\\1&0&1&1&0&0&1\end{bmatrix}$$

$$\boldsymbol{A}=\begin{bmatrix}a_6&a_5&a_4&a_3&a_2&a_1&a_0\end{bmatrix}$$

$$\boldsymbol{0}=\begin{bmatrix}0&0&0\end{bmatrix}$$

右上标“T”表示将矩阵转置，例如 H^T 是 $\boldsymbol{H}$ 的转置，即 H^T 的第一行为 $\boldsymbol{H}$ 的第一列，H^T 的第二行为 $\boldsymbol{H}$ 的第二列等。

$\boldsymbol{H}$ 称为（n，k）码的监督矩阵。它是一个 $r\times n$ 阶矩阵，其行数等于监督位数 r，列数等于码长 n。由 $\boldsymbol{H}$ 可以确定信息元和监督元之间的校验关系。具体地讲，$\boldsymbol{H}$ 矩阵每一行中

“1”的位置表示相应码元之间存在着偶数监督（校验）关系。例如，本例（7，4）码的 **H** 的第一行为 1110100，表示监督元a_2是由信息元a_6、a_5、a_4之和决定的。因此，任何一个（*n*，*k*）码的 **H** 矩阵必须有 *r*=*n*−*k* 行，且各行必须是线性无关的。

由式（8-17）可知，本例（7，4）码的监督矩阵 *H* 可以分成两个部分

$$\boldsymbol{H}=\begin{bmatrix}1&1&1&0&\vdots&1&0&0\\1&1&0&1&\vdots&0&1&0\\1&0&1&1&\vdots&0&0&1\end{bmatrix}=[\boldsymbol{P}\boldsymbol{I}_r] \tag{8-19}$$

式中，**P** 是一个 *r*×*k* 阶矩阵（本例为 3×4 阶），I_r是一个 *r*×*r* 阶单位方阵。把具有$[PI_r]$形式的 **H** 矩阵称为典型监督矩阵。典型 **H** 矩阵的各行一定是线性无关的。非典型形式的监督矩阵可以通过行运算转换为典型形式。由典型 **H** 矩阵构成的码组属于系统码，非典型 **H** 矩阵构成的码组是非系统码。系统码的特点是信息位保持不变，监督位附在其后。

现将（7，4）码的监督元生成方程式（8-15）也改写为标准的方程形式

$$\begin{cases}a_2=1\cdot a_6+1\cdot a_5+1\cdot a_4+0\cdot a_3\\a_1=1\cdot a_6+1\cdot a_5+0\cdot a_4+1\cdot a_3\\a_0=1\cdot a_6+0\cdot a_5+1\cdot a_4+1\cdot a_3\end{cases} \tag{8-20}$$

其矩阵形式为

$$\begin{bmatrix}a_2\\a_1\\a_0\end{bmatrix}=\begin{bmatrix}1&1&1&0\\1&1&0&1\\1&0&1&1\end{bmatrix}\begin{bmatrix}a_6\\a_5\\a_4\\a_3\end{bmatrix} \tag{8-21}$$

或写成

$$\begin{bmatrix}a_2\ a_1\ a_0\end{bmatrix}=\begin{bmatrix}a_6\ a_5\ a_4\ a_3\end{bmatrix}\begin{bmatrix}1&1&1\\1&1&0\\1&0&1\\0&1&1\end{bmatrix}=\begin{bmatrix}a_6\ a_5\ a_4\ a_3\end{bmatrix}Q \tag{8-22}$$

式中，**Q** 为 *k*×*r* 阶矩阵，其行数等于码组中的信息位数 *k*，列数等于监督位数 *r*。

可以看出，**Q** 是式（8-19）中 **P** 的转置，即

$$\boldsymbol{Q}=\boldsymbol{P}^T \tag{8-23}$$

若在 **Q** 的左边添加一个 *k*×*k* 阶的单位方阵I_k（本例为 4×4 阶），则构成一个 *k*×*n* 阶矩阵

$$\boldsymbol{G}=[\boldsymbol{I}_k\boldsymbol{Q}]=\begin{bmatrix}1000\vdots111\\0100\vdots110\\0010\vdots101\\0001\vdots011\end{bmatrix} \tag{8-24}$$

G 称为码的生成矩阵，因为（*n*，*k*）码的任何码字都可由 **G** 产生，即

$$\boldsymbol{A}=\boldsymbol{m}\cdot\boldsymbol{G} \tag{8-25}$$

式中，$\boldsymbol{m}=[m_{n-1},m_{n-2},\cdots,m_{n-k}]$是 *k* 个信息元组成的信息组。例如，对于本例（7，4）码，当给定信息组$\boldsymbol{m}=[a_6a_5a_4a_3]=[1101]$时，编出的码字为

$$A=[a_6a_5a_4a_3]\cdot G=[1101]\cdot\begin{bmatrix}1000\vdots 111\\0100\vdots 110\\0010\vdots 101\\0001\vdots 011\end{bmatrix}=[1101010] \tag{8-26}$$

这一结果是由信息元 1101 与生成矩阵 $\boldsymbol{G}$ 逐列进行模 2 乘和模 2 加的结果。

与监督矩阵 $\boldsymbol{H}$ 类似，$\boldsymbol{G}$ 矩阵的各行也必须是线性无关的，且 $\boldsymbol{G}$ 的每行都是一个许用码组。可以任意挑选 k 行线性无关的许用码组来构成生成矩阵 $\boldsymbol{G}$，因而 (n, k) 码的生成矩阵 $\boldsymbol{G}$ 不止一种形式。但不论何种形式，它们都生成同一个 (n, k) 码的 2^k 个许用码组。另外，具有 $[\boldsymbol{I}_k\boldsymbol{Q}]$ 形式的 G 称为典型生成矩阵。由典型 $\boldsymbol{G}$ 矩阵产生的分组码是系统码。系统码的优点是编、译码简单，且系统码与非系统码的纠错能力完全等价。

比较式（8-19）和式（8-24）可见，典型监督矩阵 $\boldsymbol{H}$ 和典型生成矩阵 $\boldsymbol{G}$ 之间由式（8-23）相联系。由 $\boldsymbol{H}$ 可以得到 $\boldsymbol{G}$，反之亦然。因此，(n, k) 线性分组码不仅可用 $\boldsymbol{H}$ 描述，也可用 $\boldsymbol{G}$ 来描述。

三、线性分组码的性质

1）任意两个许用码组之和（逐位模 2 加）仍为一许用码组。也就是说，如果 $A_i, A_j\in(n,k)$，必有 $A_i+A_j\in(n,k)$，这一性质称为封闭性。该性质隐含着线性码必然包含全零码字这一结论。

根据封闭性可知，两个码组之间的距离必等于另一码组的重量，由此可以得出下一个性质。

2）码的最小距离 d_0 等于非全零码组的最小重量，即

$$d_0=W_{\min}(A_i),\quad A_i\text{为非全零码组} \tag{8-27}$$

据此，可以迅速方便地找出（n，k）线性分组码的最小距离，从而判断该码的纠（检）错能力。例如，对于表 8-2 中给出的（7，4）码，只需检查 15 个非零码字的重量，即可知该码的最小距离为 $d_0=3$。

四、伴随式与译码

发送码组 $\boldsymbol{A}$ 在传输过程中可能发生误码。设接收到的码组为

$$\boldsymbol{B}=\left[b_{n-1}b_{n-2}\cdots b_0\right] \tag{8-28}$$

则收发码组之差为

$$\boldsymbol{B}-\boldsymbol{A}=\boldsymbol{E}\text{（模 2）}\qquad\text{或}\ \boldsymbol{A}-\boldsymbol{B}=\boldsymbol{E}\text{（模 2）} \tag{8-29}$$

$\boldsymbol{E}$ 称为错误（行）矩阵或错误图样，表示为

$$\boldsymbol{E}=\left[e_{n-1}e_{n-2}\cdots e_0\right] \tag{8-30}$$

其中

$$e_i=\begin{cases}0 & \text{当}\,b_i=a_i\\1 & \text{当}\,b_i\neq a_i\end{cases}$$

式中，e_i=0，表示该位无错；e_i=1，表示该位有错。因此，错误图样 $\boldsymbol{E}$ 反映了接收码组出错

的情况。在接收端，若能求出错误图样 $\boldsymbol{E}$ 就能对接收码组进行纠错，从而恢复出发送的码组 $\boldsymbol{A}$，即

$$\boldsymbol{A}=\boldsymbol{B}+\boldsymbol{E}\ （模 2） \tag{8-31}$$

例如，接收的码组为 $\boldsymbol{B}=[1000011]$，错码图样 $\boldsymbol{E}=[0000100]$，则译码后恢复出的码组为 $\boldsymbol{A}=[1000111]$。

那么，如何获取错误图样 $\boldsymbol{E}$ 呢？根据线性分组码的编码原理，每个码组应满足式（8-18），即

$$\boldsymbol{A}\cdot\boldsymbol{H}^T=\boldsymbol{0}$$

因此，在接收端译码时，可将接收码组 $\boldsymbol{B}$ 用式（8-18）进行检验，即进行如下运算

$$\boldsymbol{B}\cdot\boldsymbol{H}^T=\boldsymbol{S} \tag{8-32}$$

若 $\boldsymbol{S}$=0，表示接收码组 $\boldsymbol{B}$ 无错或检测不出错误；若 $\boldsymbol{S}\neq 0$，则表示有错。这里把 $\boldsymbol{S}$ 称为接收码组 $\boldsymbol{B}$ 的校正子，或**伴随式**（含义是“伴随”接收码组的错误而存在非零值），它不是一个简单的数值，而是一个由 r 个元素组成的行矩阵。

将 $\boldsymbol{B}=\boldsymbol{A}+\boldsymbol{E}$ 代入式（8-32）可得

$$\boldsymbol{S}=\boldsymbol{B}\cdot\boldsymbol{H}^T=(\boldsymbol{A}+\boldsymbol{E})\cdot\boldsymbol{H}^T=\boldsymbol{A}\cdot\boldsymbol{H}^T+\boldsymbol{E}\cdot\boldsymbol{H}^T$$

由式（8-18）知 $\boldsymbol{A}\cdot\boldsymbol{H}^T=0$，所以

$$\boldsymbol{S}=\boldsymbol{E}\cdot\boldsymbol{H}^T \tag{8-33}$$

可见，伴随式 $\boldsymbol{S}$ 仅与错误图样 $\boldsymbol{E}$ 和监督矩阵 $\boldsymbol{H}$ 有关，而与发送的码组无关。这意味着当 $\boldsymbol{H}$ 给定时，$\boldsymbol{S}$ 与错误图样 $\boldsymbol{E}$ 之间是一一对应的。接收端译码器的任务就是从伴随式 $\boldsymbol{S}$ 中获得错误图样 $\boldsymbol{E}$，从而译出发送的码字 $\boldsymbol{A}=\boldsymbol{B}+\boldsymbol{E}$。

用式（8-33）计算得到的（7，4）码的 $\boldsymbol{S}$ 与错误图样 $\boldsymbol{E}$ 的关系见表 8-3。利用表中的关系，可以纠正 1 位错码。

表 8-3　（7，4）码的 $\boldsymbol{S}$ 和 $\boldsymbol{E}$

$\boldsymbol{S}$ $S_1 S_2 S_3$	错码位置	$\boldsymbol{E}$ $e_6\, e_5\, e_4\, e_3\, e_2\, e_1\, e_0$
111	a_6	1000000
110	a_5	0100000
101	a_4	0010000
011	a_3	0001000
100	a_2	0000100
010	a_1	0000010
001	a_0	0000001
000	无错码	0000000

【例 8-3】 设发送码组 $\boldsymbol{A}$ 为表 8-2 左边第 2 个码组，即 $\boldsymbol{A}$=[0001011]，该码的监督矩阵 $\boldsymbol{H}$ 为式（8-19），若接收码组 $\boldsymbol{B}$=[0000011]，则接收端由式（8-32）计算出伴随式 $\boldsymbol{S}$=[011]，查表 8-1 或表 8-3 可知 a_3 为错码位置，则相应的错误图样 $\boldsymbol{E}$=[0001000]，从而译出

$$\boldsymbol{A}=\boldsymbol{B}+\boldsymbol{E}=[0000011]+[0001000]=[0001011]$$

完成纠错。

【例 8-4】 已知监督矩阵 $\boldsymbol{H}$ 为式（8-19），若接收码组 $\boldsymbol{B}$=[0001011]，由式（8-32）计算得 $\boldsymbol{S}$=[000]，这表示接收到的是一个正确码组。

综上分析，译码过程即纠错和检错的过程，步骤归纳如下。

1）对接收码组 $\boldsymbol{B}$ 计算伴随式 $\boldsymbol{S}=\boldsymbol{B}\cdot\boldsymbol{H}^T$。

2）若 $\boldsymbol{S}$=0（全 0 阵），表示接收码组 $\boldsymbol{B}$ 无错；若 $\boldsymbol{S}\neq 0$，则根据式（8-33）获得错误图样 $\boldsymbol{E}$。

3）由式（8-31）可得译码器的输出码组（即纠错后的码组）为 $\boldsymbol{A}=\boldsymbol{B}+\boldsymbol{E}$。

五、汉明码

汉明码是美国贝尔实验室的汉明（Hamming）于 1950 年提出的第一个用来纠正单个随机错误的线性分组码。

如第 8.5.1 节所述，对于（n，k）线性分组码，有 r=n-k 个监督元，如果希望用 r 个监督关系式来指示一位错码的 n 种可能位置，则应满足式（8-10），即

$$2^r-1\geqslant n$$

当上式取等号时：$n=2^r-1$，这时构成的线性分组码 $(n,\ k)=(2^r-1,\ 2^r-1-r)$ 就是汉明码。其主要参数如下。

1）码字长 $n=2^r-1$。

2）信息位长 $k=2^r-1-r$。

3）监督位长 r=$n-k$ 为不小于 3 的正整数。

4）任何汉明码的最小码距 $d_0=3$（能纠 1 个错码）。

与码长相同的能纠 1 位错码的其他分组码相比，汉明码的编码效率最高。因为式（8-10）中取了等号，表示汉明码所用的监督位最少。其编码效率为

$$R_c=\frac{k}{n}=\frac{2^r-1-r}{2^r-1}=1-\frac{r}{2^r-1} \tag{8-34}$$

若 $n=2^r-1$ 很长时，则编码效率接近于 1。因此，**汉明码是能纠 1 位错码的高效线性分组码**。它有（7，4），（15，11），（31，26），（63，57）及（127，120）等码型。

另外，汉明码 $\boldsymbol{H}$ 矩阵构造简单。无须通过设计监督方程后再抽取系数来得到 $\boldsymbol{H}$，而只需随意将 $2^{n-k}-1=n$ 个非全零的（$n-k$）位码组排成 n 列，即可构成汉明码的 $\boldsymbol{H}$ 矩阵，并且，$\boldsymbol{H}$=$[PI_r]$ 中 $\boldsymbol{P}$ 阵的各列可以随意排序而不会影响纠错能力。

前面介绍的（7，4）码就是一个汉明码，它的 $\boldsymbol{H}$=[$\boldsymbol{P}\boldsymbol{I}_r$]矩阵中，$2^3-1=7$ 个非全零列全部被利用，且 $\boldsymbol{P}$ 矩阵的 4 列可以随便排序，而不会影响纠错能力。例如：

$$\boldsymbol{H}=\begin{bmatrix}1110\ 100\\1011\ 010\\1101\ 001\end{bmatrix}$$

【例 8-5】 设$(n，k)$=（6，3）码的监督方程为：

$$a_5\oplus a_4\oplus a_2=0$$
$$a_4\oplus a_3\oplus a_1=0$$
$$a_5\oplus a_3\oplus a_0=0$$

试求：

1）典型的监督矩阵 $\boldsymbol{H}$ 和生成矩阵 $\boldsymbol{G}$。

2）编出该（6，3）码的所有码字。

3）分析码的差错控制能力。

解 1）从给出的3个监督方程依次提取各项系数即可构成监督矩阵

$$\boldsymbol{H}=\begin{bmatrix}1&1&0&1&0&0\\0&1&1&0&1&0\\1&0&1&0&0&1\end{bmatrix}=[\boldsymbol{P}\boldsymbol{I}_r]$$

它具有$[\boldsymbol{P}\boldsymbol{I}_r]$形式，因而是典型监督矩阵。

$$\because \boldsymbol{P}=\begin{bmatrix}1&1&0\\0&1&1\\1&0&1\end{bmatrix}\qquad \therefore \boldsymbol{Q}=\boldsymbol{P}^T=\begin{bmatrix}1&0&1\\1&1&0\\0&1&1\end{bmatrix}$$

于是，可得典型生成矩阵

$$\mathbf{G}=\begin{bmatrix}1&0&0&1&0&1\\0&1&0&1&1&0\\0&0&1&0&1&1\end{bmatrix}=[\boldsymbol{I}_k\boldsymbol{Q}]$$

2）设 $\boldsymbol{A}$ 为许用码组，则由

$$\boldsymbol{A}=[a_5a_4a_3]\,\boldsymbol{G}=[a_5a_4a_3]\begin{bmatrix}100101\\010110\\001011\end{bmatrix}$$

可得全部码字，见表8-4。

表8-4 （6，3）码的全部码字

信息位 $a_5\ a_4\ a_3$	监督位 $a_2\ a_1\ a_0$
0 0 0	0 0 0
0 0 1	0 1 1
0 1 0	1 1 0
0 1 1	1 0 1
1 0 0	1 0 1
1 0 1	1 1 0
1 1 0	0 1 1
1 1 1	0 0 0

3）由表8-4可知，该码的最小重量为3（全“0”码除外），所以码的最小距离为

$$d_0=3\text{（可纠1位错码）}$$

第六节 循 环 码

一、循环码的基本概念

1. 什么是循环码

循环码是$(n,\ k)$线性分组码的一个重要子类，其编解码设备简单，纠检错能力强，是目

前研究最成熟的一类码。目前在实际中所使用的线性分组码大都是循环码。循环码除了具有线性分组码的一般性质之外，还具有循环性。所谓循环性，是指循环码中任一码组循环移位后的码组仍为该循环码中的一个码组。一般来说，若$(a_{n-1},a_{n-2},\cdots,a_1,a_0)$是一个$(n,\ k)$循环码的码组，则它循环左移位（或右移位）所形成的码组，即

$$\begin{array}{l} a_{n-2}a_{n-3}\cdots a_1 a_0 a_{n-1} \\ a_{n-3}a_{n-4}\cdots a_{n-1}a_{n-2} \\ \quad\vdots \qquad\quad \vdots \\ a_0\, a_{n-1}\cdots\ a_3\ a_2\ a_1 \end{array}$$

也都是该循环码的码组。一种（7，3）循环码的全部码组见表 8-5，从表中可以直观地看出这种码的循环性。例如，表中的 2 号码组向右移一位即得到 5 号码组，而 5 号码组向右移动一位即得到 7 号码组等。

表 8-5 （7，3）循环码码组

码组编号	信息位	监督位	码组编号	信息位	监督位
	$a_6a_5a_4$	$a_3a_2a_1a_0$		$a_6a_5a_4$	$a_3a_2a_1a_0$
1	000	0000	5	100	1011
2	001	0111	6	101	1100
3	010	1110	7	110	0101
4	011	1001	8	111	0010

需要指出的是：循环码的循环圈数目≥2，同一循环圈上的各码字重量是相等的，全0、全 1 码组分别自成循环圈。如上述（7，3）循环码有两个循环圈，一个是全 0 码字组成的循环圈，其码重 W=0；另一个是剩余 7 个码字组成的循环圈，其码重 W=4。

2．码字的多项式表示

为了便于用代数理论研究循环码，长度为 n 的码组（也叫码字）可以用 n-1 次多项式来表示，其多项式的系数就是码字中的各码元。例如，码字 $A=[a_{n-1},a_{n-2},\cdots,a_1,a_0]$ 可以表示为

$$A(x)=a_{n-1}x^{n-1}+a_{n-2}x^{n-2}+\cdots+a_1x+a_0 \tag{8-35}$$

$A(x)$ 称作码（字）多项式。

表 8-5 中的（7，3）循环码中的任一码字可以表示为

$$A(x)=a_6x^6+a_5x^5+a_4x^4+a_3x^3+a_2x^2+a_1x+a_0 \tag{8-36}$$

表 8-5 中第 7 个码字 A=[1100101]的多项式为

$$\begin{aligned} A(x) &= 1\cdot x^6+1\cdot x^5+0\cdot x^4+0\cdot x^3+1\cdot x^2+0\cdot x+1 \\ &= x^6+x^5+x^2+1 \end{aligned} \tag{8-37}$$

二、循环码的生成多项式

循环码的生成多项式 $g(x)$ 是 $(n,\ k)$ 循环码中唯一的一个最高次数为（n-k）的码多项式。其一般形式为

$$g(x)=1\cdot x^{n-k}+a_{n-k-1}x^{n-k-1}+\cdots+a_1x+1 \tag{8-38}$$

它代表循环码中的前面（k-1）位都是“0”的码组。一旦确定了 $g(x)$，则可构成该循环码的生成矩阵，即

$$G(x)=\begin{bmatrix} x^{k-1}g(x) \\ \vdots \\ xg(x) \\ g(x) \end{bmatrix} \tag{8-39}$$

由生成矩阵 G，整个 $(n,\ k)$ 循环码就可被确定。

例如，在表 8-5 所给出的（7，3）循环码中，前面$(k-1)$位都是“0”的码组是第 2 码组 0010111，该码组对应的生成多项式为 $g(x)=x^4+x^2+x+1$，则生成矩阵为

$$G(x)=\begin{bmatrix} x^2g(x) \\ xg(x) \\ g(x) \end{bmatrix}=\begin{bmatrix} x^6+x^4+x^3+x^2 \\ x^5+x^3+x^2+x \\ x^4+x^2+x+1 \end{bmatrix} \tag{8-40}$$

或

$$\boldsymbol{G}=\begin{bmatrix} 1 & 0 & 1 & 1 & 1 & 0 & 0 \\ 0 & 1 & 0 & 1 & 1 & 1 & 0 \\ 0 & 0 & 1 & 0 & 1 & 1 & 1 \end{bmatrix} \tag{8-41}$$

可以看出，该生成矩阵不是 $\boldsymbol{G}=\left[I_k\boldsymbol{Q}\right]$ 形式，所以它不是典型生成矩阵。若将它的第 3 行加到第 1 行，则可转化为典型生成矩阵

$$\boldsymbol{G}=\begin{bmatrix} 1 & 0 & 0 & 1 & 0 & 1 & 1 \\ 0 & 1 & 0 & 1 & 1 & 1 & 0 \\ 0 & 0 & 1 & 0 & 1 & 1 & 1 \end{bmatrix} \tag{8-42}$$

一般地，当给定 k 个信息元 $(a_{n-1},a_{n-2},\cdots,a_{n-k})$ 时，则可根据下式

$$A(x)=\left[a_{n-1}a_{n-2}\cdots a_{n-k}\right]\cdot G(x) \tag{8-43}$$

求出码多项式 $A(x)$。

当给定信息元（如 110）时，则由式（8-43）编出的系统码码组为

$$\boldsymbol{A}=[a_6a_5a_4]\cdot\boldsymbol{G}=[110]\begin{bmatrix} 1 & 0 & 0 & 1 & 0 & 1 & 1 \\ 0 & 1 & 0 & 1 & 1 & 1 & 0 \\ 0 & 0 & 1 & 0 & 1 & 1 & 1 \end{bmatrix}=[1100101]$$

再比如，上述（7，3）循环码的码多项式为

$$\begin{aligned} A(x)&=\left[a_6a_5a_4\right]G(x)=\left[a_6a_5a_4\right]\begin{bmatrix} x^2g(x) \\ xg(x) \\ g(x) \end{bmatrix} \\ &=a_6x^2g(x)+a_5xg(x)+a_4g(x) \\ &=\left(a_6x^2+a_5x+a_4\right)\cdot g(x) \\ &=m(x)\cdot g(x) \end{aligned} \tag{8-44}$$

式中，$m(x)$是信息多项式，其最高次数为 $k-1$。

由式（8-44）可知，只要找到 $g(x)$ 并已知 $m(x)$，就可生成循环码的全部码字。而验证一个接收码组是否出错，只要看它能否被 $g(x)$ 整除即可。

通过以上讨论可知，寻找生成多项式 $g(x)$ 是循环码编、译码的关键。限于篇幅，寻找 $g(x)$ 的方法，以及循环码的编码和译码的内容这里不做介绍。

至此，本章重点介绍了线性分组码，以及其主要码类（汉明码和循环码）。受本书的大纲所限，其他类型的差错控制编码，如卷积码等在这里不再赘述。

本章小结

差错控制编码是通过引入冗余来实现纠错或检错的，目的是降低系统的误码率，提高通信质量。本章重要概念和公式归纳如下。

1．最小码距 d_0**：**是反映差错控制能力的参量。对于码率为 $R_c=k/n$ 的（n，k）分组码，其纠、检错能力为：

- 检测 e 个错码：$d_0 \geqslant e+1$。
- 纠正 t 个错码：$d_0 \geqslant 2t+1$。
- 纠 t 个同时检 e 个错码：$d_0 \geqslant e+t+1 \quad (e>t)$。

对于（n，k）线性分组码，d_0 就等于非全零码组的最小重量。

2．奇偶监督码：是一种最简单的（n，k）=（n，n−1）线性分组码，能检奇数个错码。二维奇偶监督码适合于检测突发错码。

3.（n，k）线性分组码

（1）码的监督矩阵 $\boldsymbol{H}$

$\boldsymbol{H}$ 的构成：可以通过设计 r=n−k 个线性无关的监督方程（即监督码元和信息码元之间的校验关系式）后，再抽取其系数而得到。汉明码的 $\boldsymbol{H}$ 矩阵可由 $2^{n-k}-1=n$ 个非全零的（n−k）位码组随意排成 n 列而得到。

$\boldsymbol{H}$ 的作用：决定了信息码元与监督码元之间的校验关系。任一发送码组 $\boldsymbol{A}$ 必须满足式：$\boldsymbol{A}\cdot\boldsymbol{H}^T=0$，因此，对于接收码组 $\boldsymbol{B}$，可通过计算

$$\boldsymbol{B}\cdot\boldsymbol{H}^T=\boldsymbol{S}=\begin{cases}=0, & \text{无错}\\ \neq 0, & \text{有错}\end{cases}$$

来进行检测。这意味着 $\boldsymbol{H}$ 在译码时将起到检测及纠错的作用。

$\boldsymbol{H}$ 的特点：

- 它是一个 $r\times n$ 阶（r 行、n 列）矩阵，其典型形式为 $\boldsymbol{H}=[\boldsymbol{PI}_r]$。
- $\boldsymbol{H}$ 矩阵的每一行表示求一个监督元的线性方程，因此，$\boldsymbol{H}$ 矩阵必须有 r=n−k 行，且各行必须是线性无关的，否则将因得不到 r 个线性无关的监督关系式而使差错控制能力下降（即 d_0 减小）。
- 典型矩阵形式 $\boldsymbol{H}=[\boldsymbol{PI}_r]$的各行一定是线性无关的。
- $\boldsymbol{H}$ 矩阵中不能出现全 0 列，否则 d_0=1（无差控能力）；也不能有重复列，否则 d_0=2（只有检错能力，丧失纠错能力）。

（2）码的生成矩阵 $\boldsymbol{G}$

$\boldsymbol{G}$ 的作用：当给定 k 个信息码$(a_{n-1},a_{n-2},\cdots,a_{n-k})$，由 $\boldsymbol{G}$ 可以产生整个码组

$$\boldsymbol{A}=\left[a_{n-1}a_{n-2}\cdots a_{n-k}\right]\cdot\boldsymbol{G}$$

G 的特点如下：

- **G** 是一个 $k\times n$ 阶矩阵，其典型形式为 $G=[I_kQ]$。
- **G** 的各行也是线性无关的。
- **G** 的每行均为（n，k）码的许用码组，任意两行或更多行“模 2 加”，也是一个许用码组（封闭性）。
- 由典型的 **H** 和 **G** 产生的分组码称为系统码。换言之，系统码的 **H** 和 **G** 都是典型形式。系统码的特点是编码后，信息码元保持不变，监督码元附在其后。

（3）**H** 和 **G** 的关系

两者由 $Q=P^T$ 或 $P=Q^T$ 相联系。即

若知 $H=[PI_r]$，则由 $Q=P^T$，可得 $G=[I_kQ]$。

若知 $G=[I_kQ]$，则由 $P=Q^T$，可得 $H=[PI_r]$。

（4）利用伴随式译码

接收端译码时，对接收码组 **B** 进行如下运算：

$$B\cdot H^T=S=\begin{cases}=0,\ 无错\\ \neq 0,\ 有错\end{cases}$$

若伴随式 $S\neq 0$，则根据式：$S=E\cdot H^T$ 获得错误图样 **E**，从而译出码组（即纠错后的码组）$A=B+E$。

（5）关于汉明码

汉明码是 $d_0=3$（纠 1 位错码）的高效线性分组码。其码长 n 与监督元数目 $r=n-k$ 满足关系式：$n=2^r-1$。

4．(n，k)循环码

循环性：任一非全零码组循环 i 位（i=1、2、…）仍为该码中的一个码组。

生成多项式 $g(x)$ 是循环码的核心。对于给定的 k 位信息码，由 $g(x)$ 可以产生 (n, k) 循环码组，并决定循环码的纠错能力。

$g(x)$ 存在性：在 (n, k) 循环码中，有一个且仅有一个次数为（$n-k$）的多项式

$$g(x)=1\cdot x^{n-k}+a_{n-k-1}x^{n-k-1}+\cdots+a_1x+1$$

称此 $g(x)$ 为该循环码的生成多项式。

$g(x)$ 代表循环码的前$(k-1)$位皆为“0”的码组，该码组的重量就等于最小码距 d_0，所以说 $g(x)$ 决定了循环码的纠错能力。

思考与练习

8-1 纠错编码的设计思想和目的是什么？

8-2 常用的差错控制方式有哪几种？

8-3 简述前向纠错（FEC）的原理和主要优缺点。

8-4 最小距离纠、检错能力的关系？

8-5 码组 011101 的码重为________，它与码组 010110 之间的码距为______。

8-6 奇偶监督码能够检测的错码状态是____________。

8-7　已知（*n*，*k*）循环码的生成多项式 $g(x)=x^3+x^2+1$，则该码能够纠正__________位错码。

8-8　已知线性分组码的 8 个码字为：000000、001110、010101、011011、100011、101101、110110 和 111000，试：

1）求该码的最小码距。

2）若用于检错，能检出几位错码？

3）若用于纠错，能纠正几位错码？

8-9　一个码长 $n=15$ 的汉明码，其监督位 r 应为多少？其编码效率为多少？

8-10　在【例 8-4】中，若接收码组为 $\boldsymbol{B}$=[011110]，是否出错？如果有错，指出错码位置，并纠错。

8-11　已知（7，4）循环码的生成多项式为

$$g(x)=x^3+x+1$$

试求：

1）码的典型生成矩阵 $\boldsymbol{G}$。

2）码的典型监督矩阵 $\boldsymbol{H}$。

3）若信息码组为 0110 和 1101，编出相应的系统码码字。

4）分析该码的差错控制能力。

8-12　若（7，3）循环码的生成多项式为

$$g(x)=x^4+x^2+x+1$$

接收端收到的码多项式为

$$R(x)=x^5+x^3+1$$

试检验接收码中是否有错。

第九章 同 步

学习目标：

- 了解同步的类型、作用和获取方法。
- 掌握载波同步的作用、方法和性能（重点）。
- 掌握位同步的作用、方法和性能（重点）。
- 掌握群同步的作用、方法和性能指标（难点）。
- 了解网同步的概念。

建议学时：

6 学时

本章导读：

简言之，同步是指共事的双方或多方步调一致。在生活中，同步的现象比比皆是，如阅兵典礼上整齐划一的方队、团体操表演、共舞华尔兹、团体花样游泳等。而在通信系统，特别是数字通信系统中，同步更是不可或缺的关键技术。例如，相干接收 2PSK 信号时（如图 9-1 所示），首先需要收发双方的载波同步，以便良好地恢复基带信号；此外，还需要一个位同步（定时）脉冲序列，用来对恢复的基带脉冲序列进行抽样判决，以便正确识别发送的信码。可见，同步是传输信息的必要条件和前提，同步性能的好坏将直接影响通信质量。

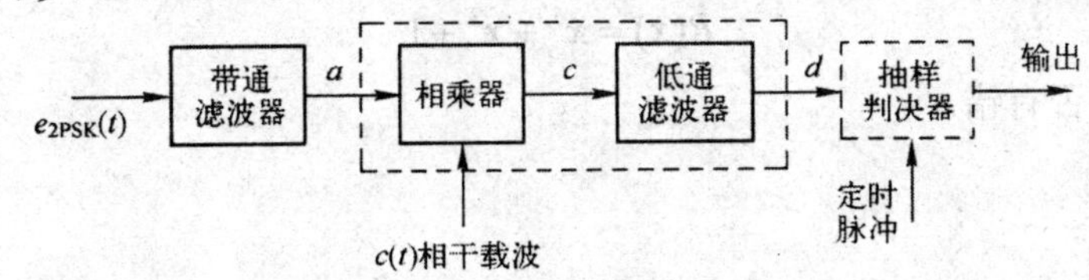

图 9-1 相干接收 2PSK 信号

内容主线：

载波同步⇨ 位同步⇨ 群同步的作用、原理、实现方法和性能

第一节 同 步 简 介

一、同步类型和作用

通信系统中同步的种类有很多，按照其作用或功能可以分为：载波同步、码元同步、帧同步和网同步。

载波同步：在调制系统中，只要采用相干解调的方法接收已调信号，接收端都必须提供一个与接收信号中的调制载波同频同相的本地载波（也称相干载波）。这种同步关系称为**载波同步**，而相干载波的获取过程称为载波提取。

位同步：也称位定时、码元同步或时钟同步。在数字通信系统中，数字信号最基本的单元是位或码元，为了正确识别发送端传送的每一位码元，接收时需要知道每个码元的起止时刻，以便在恰当的时刻进行取样判决。因此，数字信号的接收系统（见第五、六章）中都有一个模拟通信没有的特有装置——抽样判决器，这就要求接收端提供一个位定时脉冲序列，它的重复频率和相位应与接收码元相一致。把获取定时脉冲序列的过程称为**位同步**。此外，在差分译码、帧同步器、延时电路以及 PCM 译码器中也都需要进行时钟同步。

群同步：也称帧同步。在数字通信中，信息是以分组或帧的形式构成的，每帧含有若干个码元。接收时必须知道每帧的起止时刻，否则将无法正确恢复信息。例如，PCM30/32 电话系统，各路信码都安排在指定的时隙内传送，形成一定的帧结构，为了使收端能正确分离各路信号，在发送端提供每帧的起止标记，在接收端检测并获取这一标志。这种在接收端产生与发送端信息帧的起止时刻相一致的定时脉冲序列的过程称为**帧同步**。

网同步：在获得了以上讨论的载波同步、位同步、群同步之后，两点间的数字通信就可以有序、准确、可靠地进行了。然而，在数字通信网中，为了保证通信网内各用户之间可靠地进行数据传输和交换，还必须实现网内各通信设备之间的时钟同步，以使通信网内有一个统一的时钟标准。

二、同步获取的方法

按照获取和传输同步信息方式的不同，又可分为外同步法和自同步法。

- 外同步法：在发送端需要发送专门的同步信息（常被称为导频），接收端则根据这个导频来获取同步信号。这种方法也称插入导频法。
- 自同步法：这种方法不需要发送专门的同步信息，而是在接收端设法从收到的信号中提取同步信息。因此，也称之为直接法。这种方法是工程师最愿意采用的同步方法，因为这种方法的功率和传输效率比外同步法高。

第二节 载 波 同 步

无论是模拟调制（第四章）还是数字调制（第六章），采用相干解调时都需要载波同步。实现载波同步的方法有直接法（自同步法）和插入导频法（外同步法）。

一、直接法

这种方法是设法从接收信号中直接提取同步载波。有些信号，如 DSB-SC 信号、2PSK 信号（等概发送时）等，它们本身不含有载波分量，但经过某种非线性变换后，就可以使其产生载波的谐波分量，再经滤波、分频就可得到所需的载波同步信号。

1．平方变换法和平方环法

平方变换法和平方环法广泛用于建立抑制载波的双边带信号的载波同步中。设已调信号为

$$s_m(t) = m(t)\cos\omega_c t \tag{9-1}$$

若 $m(t)$ 为不含直流的模拟基带信号，则 $s_m(t)$ 就是 DSB-SC 信号。将 $s_m(t)$ 经过非线性变换——平方律器件后得到

$$e(t)=[m(t)\cos\omega_c t]^2=\frac{1}{2}m^2(t)+\frac{1}{2}m^2(t)\cos 2\omega_c t \tag{9-2}$$

由于$m^2(t)$中含有直流分量，所以上式的第二项包含有载波的倍频（$2\omega_c$）分量。若用窄带滤波器将$2\omega_c$频率分量滤出，再进行二分频，就可获得所需的相干载波。基于这种构思的平方变换法提取载波的方框图如图 9-2 所示。

若式（9-1）中的$m(t)$为双极性基带信号，在任意码元内随机地取±1，则$s_m(t)$可视为二相移相信号（2PSK 或 2DPSK），这时

$$e(t)=\frac{1}{2}+\frac{1}{2}\cos 2\omega_c t \tag{9-3}$$

因而，同样可以通过图 9-2 所示的方法提取载波。

图 9-2　平方变换法提取载波原理图

在实际中，伴随信号一起进入接收机的还有加性高斯白噪声，为了改善平方变换法的性能，使恢复的相干载波更为纯净，图 9-2 中的窄带滤波器常用锁相环代替，构成如图 9-3 所示的方框图，称之为平方环法。由于锁相环具有良好的跟踪、窄带滤波和记忆功能，所以平方环法比一般的平方变换法具有更好的性能。

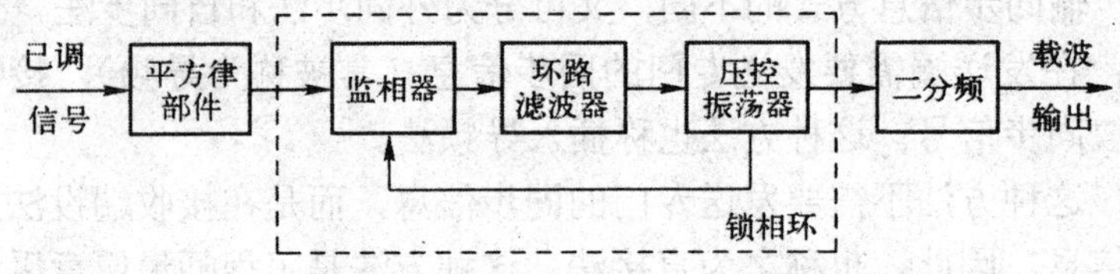

图 9-3　平方环法提取载波原理图

应当注意，载波提取的方框图中用了一个二分频电路，由于分频起点的不确定性，使得$\cos 2\omega_c t$经过二分频后送出的载波可能是$c(t)=\cos\omega_c t$，也许是$c(t)=\cos(\omega_c t+\pi)=-\cos\omega_c t$，这种相位不确定性称为相位模糊现象，它有可能使 2PSK 相干解调后出现“反向工作”现象（参见第 7.1.3 节）。解决这个问题的方法是采用 2DPSK 调制体制（参见第 7.1.4 节）。

2．同相正交环法

同相正交环又称 Costas（科斯塔斯）环，它的原理框图如图 9-4 所示。

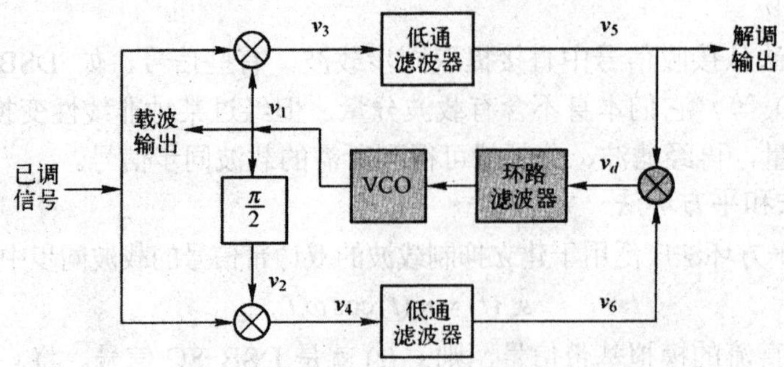

图 9-4　科斯塔斯环法原理方框图

设输入为抑制载波的双边带信号 $m(t)\cos\omega_c t$，并假定环路锁定，且不考虑噪声的影响，则 VCO（Voltage Controlled Oscillator）输出的本地载波为

$$v_1 = \cos(\omega_c t + \theta) \tag{9-4}$$

经-90°相移后得

$$v_2 = \sin(\omega_c t + \theta) \tag{9-5}$$

式中，θ 为 VCO 输出信号与输入已调信号载波之间的相位误差。

抑制载波的双边带信号 $m(t)\cos\omega_c t$ 分别与 v_1、v_2 相乘后得：

$$v_3 = m(t)\cos\omega_c t \cdot \cos(\omega_c t + \theta) = \frac{1}{2}m(t)[\cos\theta + \cos(2\omega_c t + \theta)] \tag{9-6}$$

$$v_4 = m(t)\cos\omega_c t \cdot \sin(\omega_c t + \theta) = \frac{1}{2}m(t)[\sin\theta + \sin(2\omega_c t + \theta)] \tag{9-7}$$

经过低通滤波后的输出分别为

$$v_5 = \frac{1}{2}m(t)\cos\theta \tag{9-8}$$

$$v_6 = \frac{1}{2}m(t)\sin\theta \tag{9-9}$$

v_5和v_6 相乘后得

$$v_d = \frac{1}{8}m^2(t)\sin 2\theta \tag{9-10}$$

当式（9-10）中的 $m(t)$为矩形脉冲的双极性基带信号时，有 $m^2(t)=1$。若 $m(t)$不为矩形脉冲序列，式中的 $m^2(t)$ 可以分解为直流和交流分量。由于锁相环作为载波提取环时，其环路滤波器的带宽设计得很窄，只有 $m^2(t)$ 中的直流分量可以通过，因此 v_d 可写成

$$v_d = K_d \sin 2\theta \tag{9-11}$$

可见，v_d 是相位误差 θ 的函数，称为误差电压。它通过环路滤波器去控制 VCO 的频率，使其与 ω_c 同频，并使剩余的相位误差 θ 减小到很小的数值。此时称为环路锁定，这时 VCO 的输出 $v_1 = \cos(\omega_c t + \theta)$ 就是所需的同步载波，而 $v_5 = m(t)\cos\theta/2 \approx m(t)/2$ 就是解调输出。

以上介绍的 Costas 环和平方环都是利用锁相环（PLL）提取同步载波的常用方法。比较两者可见：

1）Costas 环工作在载波频率上，而平方环的工作频率是载波频率的两倍，所以当载波频率较高时，Costas 环易于实现。

2）当环路锁定后，Costas 环可直接获得解调输出，而平方环则没有这种功能。

3）Costas 环和平方环一样存在相位模糊现象。

二、插入导频法

这种方法对于 DSB、SSB、VSB（虽含载波分量，但很难分离出来）、2PSK/2DPSK 等不含有载波分量的信号都适用。特别是单边带（SSB）信号，它既没有载波分量又不能用直接法提取载波，只能用这种方法来获取同步载波。

所谓导频，是指发送端在发送信号中导入的含有载波信息的单频信号。它伴随着发送信号一并被发送。导频插入原则：导频的插入位置与已调信号的频谱结构有关。通常在已调信

号频谱的“空隙”处插入，以便接收端易于滤出。导频的振幅 a 应比较小，目的是使导频占用的功率不大，以提高信号的功率利用率。

下面以 DSB 信号为例加以介绍。图 9-5 给出了 DSB 信号的频谱，它在载频 f_c 附近的频谱为 0，这样可以在 f_c 处插入导频。但应注意，插入的导频并不是加于调制器的那个载波，而是将该载波移相 90° 后的所谓“正交载波”。

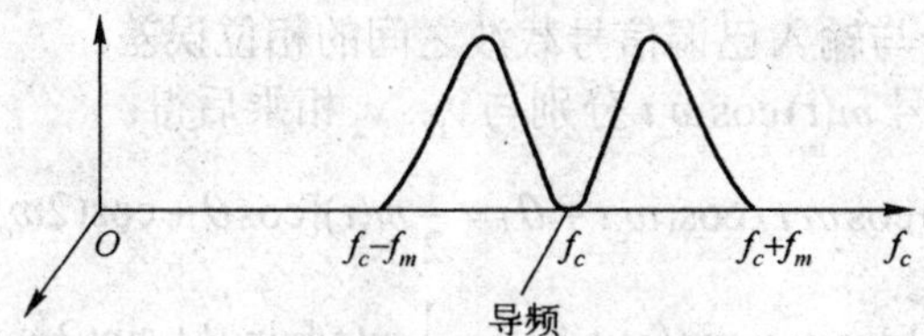

图 9-5　抑制载波双边带信号的导频插入

2PSK 也是一种抑制载波的双边带信号，所以，上述插入导频方法也适用。对于 SSB 信号，导频插入的原理也与上述相同。

三、载波同步系统的性能

载波同步系统的性能指标主要有效率、精度、同步建立时间和同步保持时间。载波同步追求的是高效率、高精度、同步建立时间快、同步保持时间长。

载波同步的效率是指载波信号应尽量少地消耗发送功率。在这方面，直接法由于不需要专门发送导频，因而效率高，而插入导频法由于插入导频要消耗一部分发送功率，因而效率要低一些。

载波同步的精度是指接收端提取的载波与需求的标准载波的差别。通常，用锁相环提取同步载波时没有频差，但会有相位误差。为了保证解调性能，应该有尽量小的相位误差，原因详见第 4.2.5 节。

同步建立时间 t_s：指从开机或失步到同步所需要的时间。显然 t_s 越小越好。

同步保持时间 t_c：指同步建立后，若同步信号消失，系统还能维持同步的时间。当然 t_c 越大越好。

以上指标与提取电路、信号及噪声的情况有关。当采用性能优越的锁相环提取载波时，这些指标主要取决于锁相环的性能。可参阅有关锁相环的书籍。

第三节　位　同　步

位同步是对接收的数字码元进行正确取样判决的基础，只有数字通信才需要，并且不论是数字基带传输，还是数字调制传输都有抽样判决器，所以都需要位同步。

对位同步的要求：所提取的位同步脉冲序列，其重复频率应与码元速率相同，相位应对准接收码元的最佳抽判时刻。

实现方法有插入导频法（外同步）和直接法（自同步）。

一、插入导频法

这种方法与载波同步时的插入导频法类似，但它是在基带信号频谱的零点处插入所需的位同步导频信号，如图 9-6 所示。其中，图 9-6a 为常见的双极性不归零基带信号的功率谱，插入导频的位置是 $1/T$；图 9-6b 表示经某种相关变换的基带信号，其谱的第一个零点为 $1/2T$，插入导频应在 $1/2T$ 处。

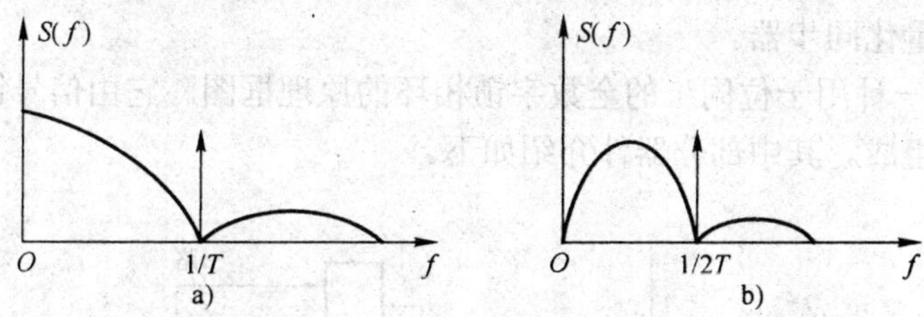

图 9-6　位同步插入导频法频谱图

a) 双极性不归零基带信号的功率谱　b) 某种相关变换后基带信号的功率谱

在接收端，对图 9-6a 的情况，经中心频率为 $1/T$ 的窄带滤波器，就可从解调后的基带信号中提取出位同步所需的信号，这时，位同步脉冲的周期与插入导频的周期一致；对图 9-6b 的情况，窄带滤波器的中心频率应为 $1/2T$，所提取的导频需经倍频后，才可得到所需的位同步脉冲。

二、直接法

这类方法无须发送专门的导频信号，而是直接从接收的数字信号中提取位同步信号。常用的方法有滤波法和锁相环法。

1. 波形变换—滤波法

由第五章可知，对于非归零的数字基带信号，无论它是单极性的还是双极性的，其功率谱中都没有 $f=1/T_s$ 的线谱，因而不能直接滤出位同步信号分量。但是，若将该信号进行某种变换，例如，变换成归零的单极性信号后，则其功率谱中就含有 $f=1/T$ 的位同步信号分量，然后用窄带滤波器（或锁相环）取出该分量，移相调整后，再经脉冲形成电路即可产生位定时脉冲序列。其原理框图如图 9-7 所示。它的原理是先形成含有位同步信息的信号，再用滤波器将其取出。图中的波形变换电路可以用微分、整流来实现。

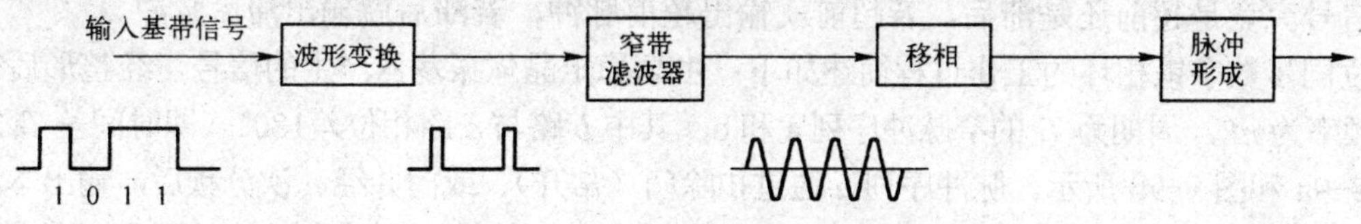

图 9-7　波形变换—滤波法原理图

2. 锁相法

位同步锁相法是指采用锁相环来提取位同步信号的方法。它的基本原理与载波同步的类似，在收端利用鉴相器（也称相位比较器）比较接收码元和本地产生的位同步信号的相位，若两者相位不一致（超前或滞后），则鉴相器产生误差信号去调整位同步信号的相位，直至获得准确的位同步信号为止。

位同步锁相法通常分两类：一类是环路中误差信号去连续地调整位同步信号的相位，这一类属于模拟锁相法。另一类是采用高稳定度的振荡器（如晶振）作为信号钟，鉴相器送出的误差信号不是直接用于调整振荡器，而是通过一个控制器在信号钟输出的脉冲序列中附加或扣除一个（或几个）脉冲，从而达到调整加到鉴相器上的位同步脉冲序列相位的目的。这种电路可以完全用数字电路构成全数字锁相环路。由于这种环路对位同步信号相位的调整不是连续的，而是存在一个最小的调整单位，也就是说对位同步信号相位进行量化调整，故这种位同步环又称为量化同步器。

图 9-8 给出了一种用于位同步的全数字锁相环的原理框图。它由信号钟、控制器、分频器、相位比较器等组成。其中部分器件介绍如下。

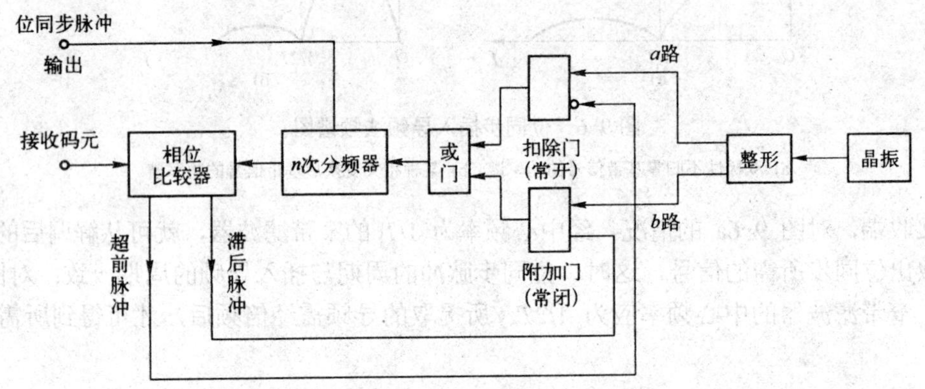

图 9-8　位同步数字锁相环原理框图

信号钟是由一个高稳定度的振荡器（晶体）和整形电路组成的。若接收码元的速率为 F=1/T，那么振荡器频率设定在 nF，经整形电路之后，输出周期性脉冲序列，其周期 $T_0 = 1/nF = T/n$。

控制器包括图中的扣除门（常开）、附加门（常闭）和或门，它根据相位比较器（鉴相器）输出的控制脉冲（超前脉冲或滞后脉冲）对信号钟送出的脉冲序列实施扣除或添加。

分频器是一个计数器，每当控制器输出 n 个脉冲时，它就输出一个脉冲。控制器与分频器的共同作用的结果是调整了加到鉴相器的位同步信号的相位。这种相位前、后移的调整量取决于信号钟的周期，每次的时间调整量为 T_0，相应的相位最小调整量为 $\Delta = 2\pi T_0 / T = 2\pi / n$。

相位比较器（鉴相器）的作用是将接收脉冲序列与位同步信号进行相位比较，以判别位同步信号究竟是超前还是滞后，若超前就输出超前脉冲，若滞后就输出滞后脉冲。

位同步数字锁相环的工作过程简述如下：由高稳定晶体振荡器产生的信号，经整形后得到重复频率为 nF，周期为 T_0 的窄脉冲序列 a 和 b，其中 b 路与 a 路相位差180°（即时间差 $T_0/2$），如图 9-9a 和图 9-9b 所示。脉冲序列 a 通过扣除门（常开）、或门并经 n 次分频后，输出本地位同步信号，如图 9-9c 所示。为了保证与发端时钟同步，分频器的输出与接收的码元序列同时加到鉴相器进行比相。如果两者完全同步，此时鉴相器没有误差信号，本地位同步信号即为同步时钟；如果本地位同步信号相位超前于接收码元序列，鉴相器输出一个超前脉冲加到扣除门（常开）的禁止端将其关闭，扣除一个 a 路脉冲，如图 9-9d 所示，使分频器输出脉冲的相位滞后 1/n 周期（360°/n），如图 9-9e 所示；如果本地同步脉冲相位滞后于接收码元脉冲，鉴相器输出一个滞后脉冲去打开附加门（常闭），使脉冲序列 b 中的一个脉冲能通过此门及或门。由于两脉冲序列 a 和 b 相差半个周期，所以脉冲序列 b 中的一个脉冲能插到扣除门（常开）输出脉冲序列 a 中，如图 9-9f 所示，使分频器的输入端附加了一个脉冲，于是分频器的输出相位就提前 1/n 周期，如图 9-9g 所示。如此，经过若干次调整后，使分频器输出的脉冲序列与接收码元序

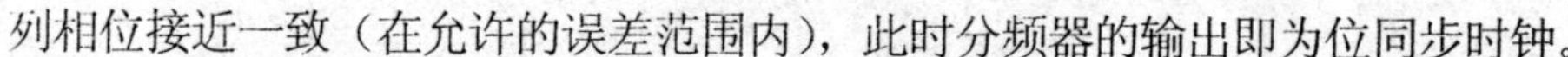

列相位接近一致（在允许的误差范围内），此时分频器的输出即为位同步时钟。

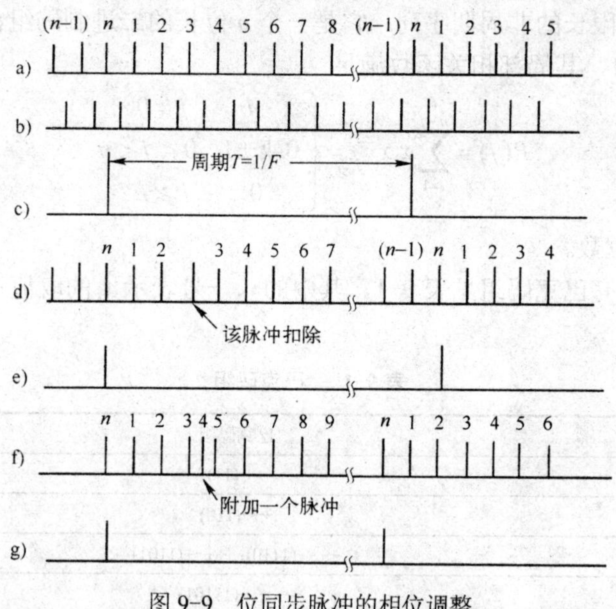

图 9-9　位同步脉冲的相位调整

在实际应用中，通常还需在数字锁相环的相位比较器后加入一个数字滤波器。目的是滤除噪声引起的随机的超前或滞后脉冲，以提高环路的抗干扰能力。

第四节　群（帧）同步

群（帧）同步是建立在位同步基础之上的一种同步。数字通信时，仅位同步是不够的，因为若干个码元才能表示一定的信息，例如，ASCII（美国标准信息交换码）中的“0100011”表示符号#、“1010010”表示字母 R，进而，若干个“字”组成一个“句”，即数字信息是以一定比特数的信息“群（或帧）”进行传输的。那么，群（帧）同步的任务就是识别出这些数字信息群的“开头”和“结尾”时刻，从而使接收设备的群定时与接收信号中的群定时处于同步状态。

通过插入特殊同步码组来实现群同步的方法有两种：连贯式插入法和间隔式插入法。

一、连贯式插入法

连贯插入法，也称集中插入法。它在每个信息帧（群）的开头集中插入特殊码组作为帧同步标志，该码组应在信息码中很少出现，即使偶尔出现，也不可能依照帧的规律周期出现。接收端则按照帧的周期进行检测，根据检测到的帧标记的位置就可以确定每帧的“开头”和“结尾”，从而实现帧同步。

实现帧同步的关键在于如何识别插入的帧同步标志。因此，对作为帧同步标志的码组的基本要求是：具有良好的自相关特性，即要求其自相关函数具有尖锐的单峰，便于与信息码区别；识别器电路简单；码长适当，以保证传输效率。

符合上述要求的特殊码组有：全 0 码、全 1 码、1 与 0 交替码、PCM30/32 路帧同步码 0011011、巴克码等。下面介绍一种常用的帧同步码组——巴克码。

1．巴克码

巴克码是一种有限长的非周期序列。它是一个 n 位长的二进制码组 $\{x_1, x_2, x_3, \ldots, x_n\}$，其中 x_i 的取值为+1 或−1，其局部相关函数满足

$$R(j)=\sum_{i=1}^{n-j} x_i x_{i+j}=\begin{cases} n & j=0 \\ 0或\pm 1 & 0<j<n \\ 0 & j\geqslant n \end{cases} \tag{9-12}$$

其中，j 表示错开的位数。

目前已找到的所有巴克码组见表 9-1。其中的+、−号表示 x_i 的取值+1 或−1，分别对应二进码的“1”或“0”。

表 9-1　巴克码组

n	巴克码组
2	++ (11)
3	++−(110)
4	+++−(1110)；++−+(1101)
5	+++−+(11101)
7	+++−−+−(1110010)
11	+++−−−+−−+− (11100010010)
13	+++++−−++−+−+(1111100110101)

例如，7 位巴克码组{+ + + − − + −}，它的局部自相关函数如下：

当 j=0 时，$R(j)=\sum_{i=1}^{7} x_i^2 = 1+1+1+1+1+1+1=7$

当 j=1 时，$R(j)=\sum_{i=1}^{6} x_i x_{i+1} = 1+1-1+1-1-1=0$

同理，可求出 j=3、5、7 时 $R(j)$=0，j=2、4、6 时 $R(j)$= −1。根据这些值，利用偶函数性质，可以画出 7 位巴克码的 $R(j)$与 j 的关系曲线，如图 9-10 所示。由图可见，其自相关函数在 j=0 时具有尖锐的单峰特性。这一特性正是连贯式插入群同步码组的主要要求之一。

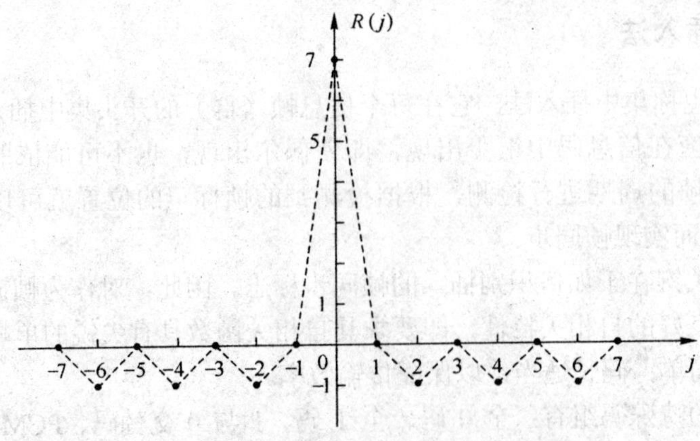

图 9-10　7 位巴克码的自相关函数

2. 巴克码识别器

仍以 7 位巴克码为例。用 7 级移位寄存器、相加器和判决器就可以组成巴克码识别器，如图 9-11 所示。当输入码元的“1”进入某移位寄存器时，该移位寄存器的 1 端输出电平为+1，0 端输出电平为-1。反之，进入“0”码时，该移位寄存器的 0 端输出电平为+1，1 端输出电平为-1。各移位寄存器输出端的接法与巴克码的规律一致。这样识别器实际上是对输入的巴克码进行相关运算。当一帧信号到来时，首先进入识别器的是群同步码组，只有当 7 位巴克码在某一时刻（如图 9-12a 中的 t_1）正好全部进入 7 位寄存器时，7 位移位寄存器输出端都输出+1，相加后得最大输出+7，其余情况相加结果均小于+7。若判别器的判决门限电平定为+6，那么在 7 位巴克码的最后一位 0 进入识别器时，识别器输出一个同步脉冲表示一群的开头，如图 9-12b 所示。

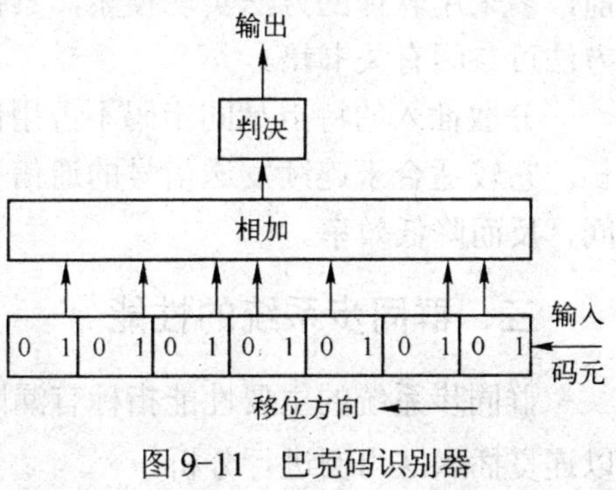

图 9-11 巴克码识别器

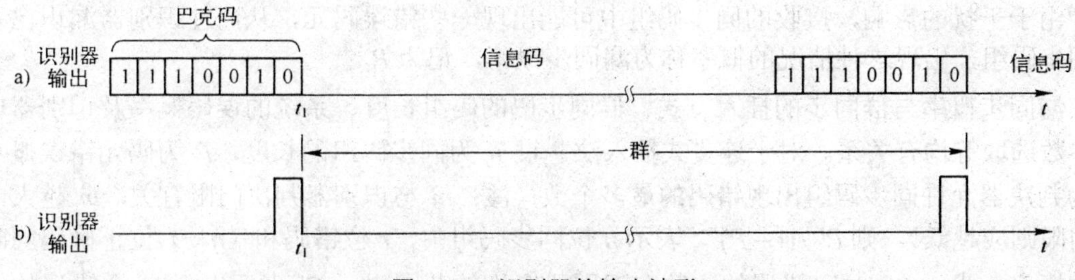

图 9-12 识别器的输出波形

巴克码作为群（帧）同步码是常见的，但群同步码并不是唯一的，只要是便于识别的码组均可用作群同步，例如，PCM30/32 路电话基群的帧同步码为 0011011。

二、间隔式插入法

间隔式插入法又称为分散插入法，它是将群同步码以分散的形式均匀插入信息码流中。这种方式较多地用在多路数字电路系统中，采用的同步码为 1、0 交替码，即一帧插入“1”码，下一帧插入“0”码，如此交替插入。

例如，在 PCM 24 路基群的帧结构中，每一帧有 24 个时隙，每个时隙 8bit，共有 192bit。为了提供帧同步，每隔 192bit 插入 1bit 的帧标记，这样就构成一个 193bit 倍数的数据结构，如图 9-13 所示。

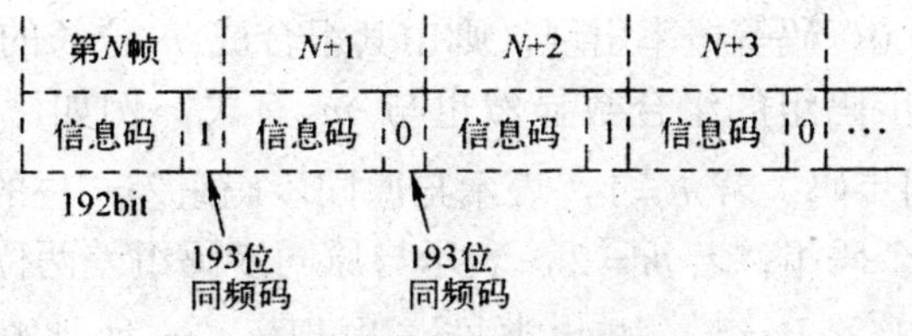

图 9-13 分散插入方式

这种同步方式可能给读者带来的疑问是，由于每帧只插一位同步码，那么它与信码混淆的概率则为 1/2，接收端似乎无法识别同步码。其实，这种有规律的周期性地出现的“10”交替码，在信息码元序列中极少可能出现。因此在接收端有可能将同步码的位置检测出来。并且，在接收端搜索群同步码时，通常是按照其出现周期搜索若干个周期。若在规定数目的搜索周期内，在同步码的位置上，都满足“1”和“0”交替出现的规律，才确认同步。目前，多采用软件的方法实现搜索，具体的方法有移位搜索法和存储检测法。限于篇幅，这些方法可参阅有关书籍。

分散插入的特点是同步码不占用信息时隙，每帧的传输效率较高，但是同步捕获时间较长。它较适合于连续发送信号的通信系统，若是断续发送信号，每次捕获同步需要较长的时间，反而降低效率。

三、群同步系统的性能

群同步系统的主要性能指标有漏同步概率 P_1、假同步概率 P_2 及同步建立时间 t_s。下面，以连贯插入法为例进行分析。

1．漏同步概率 P_1

由于干扰的影响，接收的同步码组中可能出现一些错误码元，从而使识别器漏识已发出的同步码组，出现这种情况的概率称为漏同步概率，记为 P_1。

漏同步概率与群同步的插入方式、群同步码的码组长度、系统的误码概率及识别器电路的参数选取等均有关系。对于连贯式插入法，设 n 为同步码组的长度，P 为码元错误概率，m 为判决器允许同步码组出现错码的最多个数（注：m 与识别器判决门限有关，m 越大，判决门限则应越低），则 $P^r \cdot (1-P)^{n-r}$ 表示 n 位同步码组中，r 位错码和（$n-r$）位正确码同时发生的概率。当 $r \leqslant m$ 时，错码的位数在识别器允许的范围内，C_n^r 表示出现 r 个错误的组合数，所有这些情况，都能被识别器识别，因此未漏概率为

$$\sum_{r=0}^{m} C_n^r P^r (1-P)^{n-r} \tag{9-13}$$

故漏同步概率为

$$P_1 = 1 - \sum_{r=0}^{m} C_n^r p^r (1-p)^{n-r} \tag{9-14}$$

2．假同步概率 P_2

假同步是指信息码元中出现与同步码组相同的码组，这就会被识别器误认为是同步码。发生这种情况的概率称为假同步概率，记为 P_2。

假同步概率 P_2 是信息码元中能被判为同步码组的组合数与所有可能的码组数之比。设二进制信息码流中的“1”“0”码等概率出现，则由其组合成 n 位长的所有可能的码组数为 2^n 个，而其中能被判为同步码组的组合数显然也与 m 有关。例如，若 $m=0$，则只有 C_n^0 个（即 1 个）码组被判为同步码；若 $m=1$，表示与原同步码组差一位的码组也都能被判为同步码，因此，共有 $C_n^0 + C_n^1$ 个码组；若 $m=2$，表示与原同步码组差两位的码组也都能被判为同步码，共有 $C_n^0 + C_n^1 + C_n^2$ 个码组。如此类推，出现 $r \leqslant m$ 种被判为同步码的组合数为 $C_n^0 + C_n^1 + C_n^2 + \cdots + C_n^r = \sum_{r=0}^{m} C_n^r$，因此假同步概率为

$$P_2 = 2^{-n}\sum_{r=0}^{m} C_n^r \tag{9-15}$$

比较式（9-14）和式（9-15）可见，m 增大（即判决门限电平降低）时，P_1 减小，但 P_2 增大，所以两者对判决门限电平的要求是矛盾的。另外，P_1 和 P_2 对同步码长 n 的要求也是矛盾的，因此在选择有关参数时，必须兼顾二者的要求。

3．同步平均建立时间 T_S

对于连贯式插入法，设每群的码元数为 N（其中 n 位为群同步码），每个码元持续时间为 T，则一群的时间为 NT。假设漏同步和假同步都不发生，即 P_1=0，P_2=0。在最不利的情况下，实现群同步最多需要一群的时间，即 NT。若考虑出现一次漏同步，则同步建立时间要增加 NT；若出现一次假同步，建立时间也要增加 NT，因此，帧同步的平均建立时间为

$$t_s \approx (1+P_1+P_2)NT \tag{9-16}$$

对于分散插入，若每帧插入码元相同，同步平均建立时间为

$$t_s \approx N^2T \tag{9-17}$$

比较式（9-16）和式（9-17）可以看出，连贯式插入同步的平均建立时间比较短，因而在数字传输系统中被广泛应用。

四、群同步的保护

同步系统的稳定和可靠对于通信设备是十分重要的。从群同步的性能分析中可知，漏同步和假同步都是影响同步系统稳定可靠工作的因素，而且漏同步概率 P_1 与假同步概率 P_2 对电路参数的要求往往是矛盾的。为了保证同步系统的性能可靠，提高抗干扰能力，在实际系统中要有相应的保护措施，这一保护措施也是根据群同步的规律提出来的，它应尽量防止假同步混入，同时也要防止真同步漏掉。最常用的保护措施是将群同步的工作划分为两种不同的状态：捕捉态和维持态。在不同状态对识别器的判决门限电平提出不同的要求，以达到降低漏同步和假同步的目的。具体做法如下所述。

- 捕捉态：判决门限提高，即 m 减小，使假同步概率 P_2 下降。
- 维持态：判决门限降低，即 m 增大，使漏同步概率 P_1 下降。

本 章 小 结

同步是保证信息有序、可靠传输的前提和必要。按作用功能分，有载波同步、码元同步、群同步和网同步；按获取方法分，有外同步法（插入导频）和自同步法（直接法）。

- 载波同步的目的是使接收端产生的本地载波和接收信号的载波同频同相。一般用在相干解调法接收时。载波同步的方法有：插入导频法（外同步法）和直接法（平方环法、同相正交环法等）。
- 位同步的目的是使每个码元得到最佳的判决。位同步分为外同步法和自同步法两大类。自同步法是从信号码元中提取其包含的码元同步信息。常用方法有：滤波法和锁相法。
- 群（帧）同步的目的是能够正确地将接收码元分组。常见方法有：集中插入法、分散

插入法。群同步的主要性能指标是假同步概率、漏同步概率和同步建立时间。

思考与练习

9-1 载波同步的作用和实现方法是什么？

9-2 画出平方环法提取同步载波的原理框图。

9-3 载波相位误差对解调性能会带来什么影响？

9-4 位同步的作用和实现方法有哪些？

9-5 群（帧）同步的作用和实现方法有哪些？

9-6 集中插入法对群同步码组的基本要求是什么？

9-7 什么是漏同步，什么是假同步？它们发生的概率与哪些参数有关？

9-8 网同步的基本作用是什么？

9-9 已知单边带信号的表示式为

$$s(t) = m(t)\cos\omega_c t + \hat{m}(t)\sin\omega_c t$$

试问能否用平方环提取所需要的载波信号？为什么？

9-10 画出“波形变换——滤波法”的原理框图，并简述各功能框的作用。

9-11 已知五位巴克码组为｛11101｝，其中“1”取值+1；“0”取值-1。

1）试确定该巴克码的局部自相关函数，并用图形表示。

2）若用该巴克码作为群同步码，试画出接收端识别器的原理框图。

9-12 若 7 位巴克码组的前后信息码元全为符号“0”，试画出该巴克码识别器的判决输出波形。

9-13 传输速率为1 kbit/s 的通信系统，采用连贯式插入方式进行群同步，设同步码组长度为 7，误码率为10^{-4}，试计算：

1）$m=0$时的漏同步概率和假同步概率。

2）若每群中的信息位数 153，估算$m=0$时的群同步平均建立时间。

3）$m=1$时的假同步概率。

附　　录

附录 A　常用数学公式

A1　三角函数公式

$\cos^2\theta=\frac{1}{2}(1+\cos 2\theta)$；　$\sin^2\theta=\frac{1}{2}(1-\cos 2\theta)$

$\cos^2\theta+\sin^2\theta=1$；　$\cos^2\theta-\sin^2\theta=\cos 2\theta$

$2\sin\theta\cos\theta=\sin 2\theta$

$\cos(\alpha\pm\beta)=\cos\alpha\cos\beta\mp\sin\alpha\sin\beta$

$\sin(\alpha\pm\beta)=\sin\alpha\cos\beta\pm\cos\alpha\sin\beta$

$\cos\alpha\cos\beta=\frac{1}{2}\left[\cos(\alpha-\beta)+\cos(\alpha+\beta)\right]$

$\sin\alpha\sin\beta=\frac{1}{2}\left[\cos(\alpha-\beta)-\cos(\alpha+\beta)\right]$

$\sin\alpha\cos\beta=\frac{1}{2}\left[\sin(\alpha-\beta)+\sin(\alpha+\beta)\right]$

A2　欧拉公式

$e^{\pm j\theta}=\cos\theta\pm j\sin\theta$；　$\cos\theta=\frac{1}{2}\left(e^{j\theta}+e^{-j\theta}\right)$；　$\sin\theta=\frac{1}{2j}\left(e^{j\theta}-e^{-j\theta}\right)$

A3　对数的性质与运算法则

零与负数没有对数；　　$\log_a a=1$；　　$\log_a 1=0$

$\log_a xy=\log_a x+\log_a y$；　　$\log_a \frac{x}{y}=\log_a x-\log_a y$

$\log_a x^{\alpha}=\alpha\log_a x$；　　$\log_a b\cdot\log_b a=1$

换底公式　$\log_a y=\log_b y/\log_b a$；　例如：$\log_2 y=3.32\log_{10} y$

A4　常用对数和自然对数

常用对数记作：$\lg x=\log_{10} x$；自然对数记作：$\ln x=\log_e x$

两者关系：$\lg y=\lg e\ln y\approx 0.43\ln y$；　$\ln y=\ln 10\cdot\lg y\approx 2.30\lg y$

$\int e^{ax}dx=\frac{1}{a}e^{ax}$

附录 B　习题参考答案

第一章

1-1　参考教材第 1.1.1 节（具体位置参看“编者的话”说明）

1-2　参考教材第 1.1.2 节

1-3　参考教材第 1.1.2 节

1-4　根据信号参量（携载信息的那个参量）的取值是连续的还是离散的来区分模、数信号。

1-5　参考教材第 1.2 节

1-6　（c）

1-7　（a）

1-8　（a）；（b）

1-9　（b）；（a）

1-10　每秒传输的码元个数，波特（Baud）

1-11　单位赫兹内所实现的传输速率，数字，有效性

1-12　3000bit/s

1-13　在功能上互逆的关系对：信源---信宿；调制器---解调器；信源编码器---信源译码器。（模型自画）

1-14　I_e =3.25bit；I_z= 9.97bit；概率越小，信息量越大。

1-15　1）7/4bit/sym。2）变大为 2bit/sym。

1-16　解：码元速率

$$R_B=\frac{R_b}{\log_2 M}=\frac{7200}{3}=2400\text{（Baud）}$$

1h（即 3600s）传输的总码元数

$$N=R_B\cdot t=2400\times 3600=846\times 10^4\text{（个）}$$

误码率
$$P_e=\frac{N_e}{N}=\frac{26}{864\times 10^4}=3\times 10^{-6}$$

已知信息速率为 7200bit/s，则 1h（即 3600s）传输的总比特数（总信息量）为

$$I=R_b\cdot t=7200\times 3600=2592\times 10^4\text{（bit）}$$

误比特率
$$P_b=\frac{26}{2592\times 10^4}\approx 10^{-6}$$

评注：多进制（M>2）时，$P_b<P_e$。

第二章

2-1　参考教材第 2.1 节

2-2 具有重复变化规律；如正弦信号、脉冲串，以及其整流、微分、积分等

2-3 参考教材第 2.2 节

2-4 参考教材第 2.2 节

2-5 能量、功率；功率、能量

2-6 频域；时域

2-7 频谱仪；示波器

2-8 确定功率、带宽、滤波特性

2-9 10^4

2-10 相关

2-11 大；互不相关；$\tau=0$ 即同一时刻

2-12 $R(0)=E$（能量）

2-13 高斯

2-14 自相关函数和功率谱密度；维纳–辛钦

2-15 越大

2-16 解：1）滤波器输出噪声的功率谱密度为

$$P_o(f)=\frac{n_0}{2}\cdot|H(f)|^2=\begin{cases}\dfrac{n_0}{2}\ , & f_c-\dfrac{B}{2}\leqslant|f|\leqslant f_c+\dfrac{B}{2}\\ 0\ , & \text{其他}\end{cases}$$

平均功率为

$$N_o=\int_{-\infty}^{\infty}P_o(f)\mathrm{d}f=n_0B$$

2）由第 2.5 节内容可知，高斯过程通过线性系统后的输出仍为高斯过程；当均值为 0 时，方差等于平均功率，即$\sigma^2=n_0B$。因此，输出噪声的一维概率密度函数

$$f(x)=\frac{1}{\sqrt{2\pi}\ \sigma}\exp\left[-\frac{x^2}{2\sigma^2}\right]=\frac{1}{\sqrt{2\pi n_0B}}\exp\left[-\frac{x^2}{2n_0B}\right]$$

第三章

3-1 恒参，随参

3-2 从调制器输出端至解调器输入端，用来研究调制与解调问题

3-3 两根具有绝缘层的金属导线按一定规则绞合

3-4 电波在每秒完成的周期数，Hz

3-5 短

3-6 3～30MHz

3-7 吉赫（GHz）或 300MHz～300GHz（包括分米波、厘米波和毫米波）

3-8 最大信息传输速率，bit/s

3-9 参考教材第 3.2 节和第 3.3 节

3-10 参考教材第 3.2 节

3-11 参考教材第 3.3 节

3-12　架高收发天线、微波中继、卫星中继等

3-13　增大信号带宽；香农信道容量公式

3-14　解：根据香农公式可得

$$C = B\log_2\left(1+\frac{S}{N}\right) = 10^6\log_2(1+63) = 6\text{Mbit/s}$$

3-15　解：$C = B\log_2\left(1+\frac{S}{N}\right) = 3000\log_2(1+10000) \approx 40\text{kbit/s}$

比较结果：提高 S/N，可增大信道容量。

3-16　答案：$C = 5\times10^8$ bit/s

3-17　参考教材中图 3-14

3-18　参考教材中图 3-15

3-19　参考教材第 3.7 节

3-20　参考教材第 3.7 节

第四章

4-1　参考教材第 4.1 节

4-2　线性调制指已调信号的频谱仅仅是基带信号频谱的简单搬移，即在调制过程中频谱结构没有发生变化，只是频谱位置平移了；非线性调制的已调信号的频谱不再是消息信号频谱的简单搬移，频谱结构发生了变化。

4-3　参考教材第 4.2.1 小节

4-4　参考教材第 4.2.3 小节

4-5　载频；互补

4-6　$|m(t)|_{\max} \leqslant A_0$

4-7　窄；大

4-8　FM、SSB/DSB、AM

4-9　调制；频

4-10　1）AM。2）SSB。3）FM

4-11　1）30kHz。2）30kHz。3）15kHz。4）180kHz

4-12　1）$10^6\pi$ rad/s；500Hz。2）调频指数 $m_f = 8$；带宽 B=9kHz。

3）调制信号 $\mathrm{m}(t) = -8\times10^3\pi\sin(10^3\pi t)$。

4-13　解　AM 信号：$S_{\mathrm{AM}}(t) = 2\left[A_0 + \cos(2000\pi t)\right]\cdot\cos10^4\pi t$

$$= 2A_0\cos10^4\pi t + \cos(1.2\times10^4\pi t) + \cos(0.8\times10^4\pi)$$

DSB 信号：$S_{\mathrm{DSB}}(t) = 2\cos(2000\pi t)\cos10^4\pi t = \cos(1.2\times10^4\pi t) + \cos(0.8\times10^4\pi)$，

USB 信号：$S_{\mathrm{USB}}(t) = \cos(1.2\times10^4\pi t)$，LSB 信号：$S_{\mathrm{LSB}}(t) = \cos(0.8\times10^4\pi t)$

它们的频谱图分别如下图 a、b、c、d 所示：

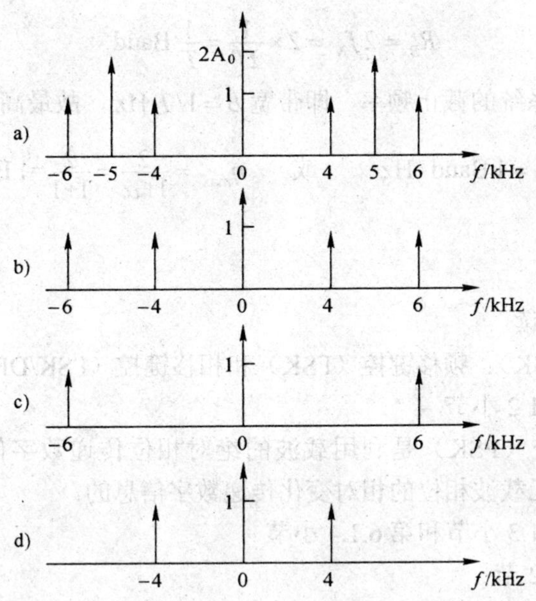

第五章

5-1　参考本章的导读

5-2～5-5　参考教材第 5.1.1 节

5-6～5-9　参考教材第 5.1.2 节

5-10　在抽样时刻码元之间的相互干扰；基带传输特性不良

5-11　参考教材第 5.6 节。均衡是一种消除或减低码间串扰的滤波技术

5-12　有直流分量；有定时分量，频率位于 1200Hz 处；2400Hz

5-13　图 5-21a 系统的码间串扰小，因为其“眼睛”张开度大

5-14　参考教材第 5.6 节

5-15　参考教材第 5.1.1 节和第 5.1.2 节

5-16　参考教材第 5.1.1 节

5-17　信息码　　1 0 1 1 0 0 0 0　0 0 0 0　0 1 0 1

　　AMI 码　　+1 0 −1 +1 0 0 0　0　0 0 0 0　0 −1 0 +1

　　HDB_3 码　　+1 0 −1 +1 0 0 0　V_+ B_- 0 0 V_-　0 +1 0 −1

（波形自画）

5-18　信息码　1　0　1　1　0　0　1　0　1

　　双相码　10　01　10　10　01　01　10　01　10

　　CIM 码　11　01　00　11　01　01　00　01　11

（波形自画）

5-19　参考教材第 5.4 节

5-20　解 1）因为满足奈奎斯特第一准则，即可等效成理想低通特性，所以可以实现无码间串扰的传输。

2）无 ISI 的最高传码率为奈奎斯特带宽的两倍，即

$$R_B = 2f_N = 2\times\frac{1}{2T} = \frac{1}{T}\ \text{Baud}$$

由特性曲线可看出系统的截止频率，即带宽 $B = 1/T$ Hz，故最高频带利用率为

$$\eta_{\max} = \frac{R_B}{B} = 1\ \text{Baud/Hz} \qquad 或 \qquad \eta_{\max} = \frac{2}{1+\alpha} = \frac{2}{1+1} = 1\ \text{Baud/Hz}$$

第六章

6-1　参考本章的导读

6-2　振幅键控（ASK）、频移键控（FSK）和相移键控（PSK/DPSK）

6-3　参考教材第 6.1.2 小节

6-4　绝对相移键控（PSK）是利用载波的绝对相位传递数字信息的；相对相移键控（DPSK）是利用相邻码元载波相位的相对变化传递数字信息的

6-5　参考教材第 6.1.3 小节和第 6.1.4 小节

6-6　参考教材第 6.2 节

6-7　参考教材第 6.3.1 小节

6-8　参考教材【例 6-1】

6-9　1）

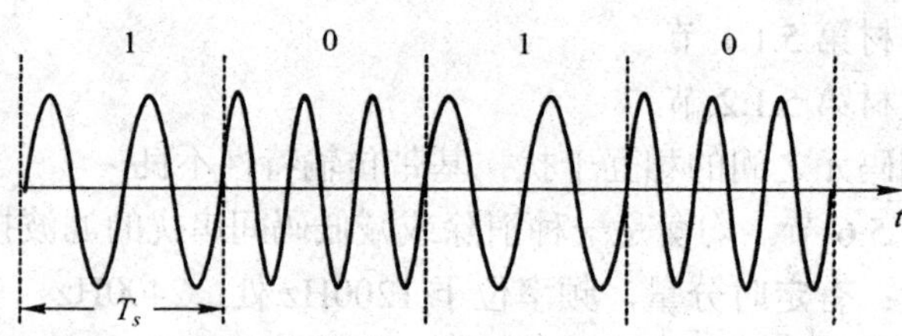

2）3000Hz。

6-10　1）参考教材图 6-11。2）参考教材图 6-12。

3）发生“倒 π”现象。采用差分相移键控（DPSK）体制。

6-11　1）

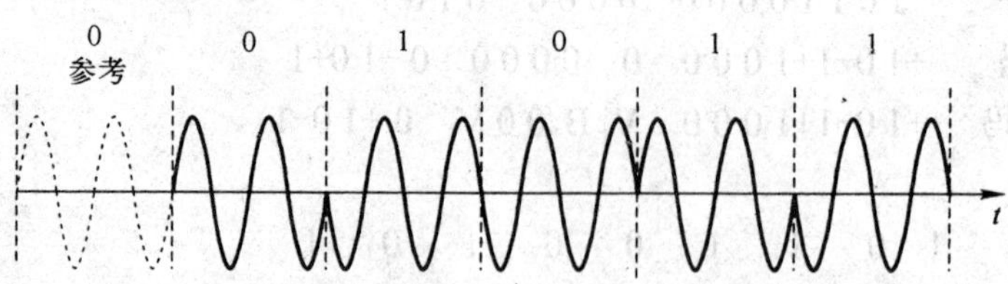

2）参考教材图 6-14。　　3）2400Hz。

6-12

信号	2ASK	2PSK	4PSK	MSK	16QAM
带宽	$B = 2R_b$=2MHz	B=2R_b=2MHz	R_b=1MHz	1.5R_b=1.5MHz	R_b/2=0.5MHz

6-13　2DPSK；　2FSK

6-14　4PSK；　2PSK

6-15　参考教材【例 6-2】

第七章

7-1 参考本章的导读

7-2 采样、量化和编码

7-3 $f_s = 2f_H = 216\text{kHz}$

7-4 模拟信号

7-5 参考教材第 7.2.2 节

7-6 量化间隔相等；小信号的量化信噪比小

7-7 参考教材第 7.3.3 节

7-8 参考教材第 7.2.3 节

7-9 帧同步信号；语音信号

7-10 1.544Mbit/s

7-11 $C_1C_2C_3C_4C_5C_6C_7C_8$=0 011 0111，量化误差为 3 个单位

7-12 DPCM、ADPCM 等

7-13 参考教材第 7.7 节

7-14 1）ΔV=0.2。2）48000bit/s。

第八章

8-1 引入冗余（加入监督码元）；纠、检传输差错，提高系统可靠性

8-2 参考教材第 8.2.2 节

8-3 参考教材第 8.2.2 节

8-4 参考教材第 8.3.4 节

8-5 码重为 4；码距为 3

8-6 奇数个

8-7 1

8-8 1）3。2）2。3）1。

8-9 解 汉明码的监督位 r 与码长 n 应满足关系式：$n = 2^r - 1$，所以 $r = 4$；码率为 $\frac{k}{n} = \frac{n-r}{n} = \frac{11}{15}$

8-10 解 对接收码组为 $\boldsymbol{B}$=[011110]计算伴随式：

$$\boldsymbol{S} = \boldsymbol{B} \cdot \boldsymbol{H}^T = [011]$$

可见，$\boldsymbol{S} \neq \boldsymbol{0}$（全 0 阵），所以有错。根据 $\boldsymbol{S}$ =[011]是 $\boldsymbol{H}$ 矩阵第 3 列的转置，可知错码位置为 a_3，错误图样为 $\boldsymbol{E}$=[0 0 1 0 0 0]，因此，纠错后的码组为

$$\boldsymbol{A} = \boldsymbol{B} + \boldsymbol{E} = [011110]+[001000]= [010110]$$

8-11 解 1）生成矩阵

$$G(x) = \begin{bmatrix} x^3 g(x) \\ x^2 g(x) \\ xg(x) \\ g(x) \end{bmatrix} = \begin{bmatrix} x^6 + x^4 + x^3 \\ x^5 + x^3 + x^2 \\ x^4 + x^2 + x \\ x^3 + x + 1 \end{bmatrix} \text{或 } \mathbf{G} = \begin{bmatrix} 1011000 \\ 0101100 \\ 0010110 \\ 0001011 \end{bmatrix} \text{ 典型 } \boldsymbol{G} = \begin{bmatrix} 1000\,101 \\ 0100\,111 \\ 0010\,110 \\ 0001\,011 \end{bmatrix} = [I_k Q]$$

$$Q=\begin{bmatrix}101\\111\\110\\011\end{bmatrix}\qquad P=Q^{\mathrm{T}}=\begin{bmatrix}1110\\0111\\1101\end{bmatrix}$$

2）典型监督矩阵 $H=[PI_r]=\begin{bmatrix}1110\ 100\\0111\ 010\\1101\ 001\end{bmatrix}$

3）0110001 和 1101001

4）因为 $g(x)$ 表示的码组的重量为 3，所以最小码距为 3，能纠 1 位，或检 2 位错码。

8-12　解：由于 $R(x)/g(x)$的余项不为零，即 $R(x)$不能被 $g(x)$除尽，所以接收码组 $R(x)$中有错码。

第九章

9-1　获得相干载波，用于相干解调；直接法（平方环法、Costas 环）和插入导频法

9-2　参看教材图 9-3

9-3　参考教材第 9.2.3 节和第 9.2.5 节。

9-4　参考本章前言；插入导频法和直接法（滤波法、锁相法）

9-5　识别出数字信息群或帧的“开头”和“结尾”时刻；起止式同步法、连贯式插入法、间隔式插入法。

9-6　要求其自相关函数具有尖锐的单峰，便于与信息码区别；识别器电路简单。

9-7　参考教材第 9.4.3 节

9-8　使通信网中各站点时钟之间保持同步。

9-9　解：平方后的输出信号为

$$\begin{aligned}e(t)&=s^2(t)=[m(t)\cos\omega_c t+\hat{m}(t)\sin\omega_c t]^2\\&=m^2(t)\cos^2\omega_c t+\hat{m}^2(t)\sin^2\omega_c t+2m(t)\hat{m}(t)\cos\omega_c t\sin\omega_c t\\&=\frac{1}{2}[m^2(t)+\hat{m}^2(t)]+\frac{1}{2}[m^2(t)-\hat{m}^2(t)]\cos 2\omega_c t+m(t)\hat{m}(t)\sin 2\omega_c t\end{aligned}$$

因为 $m^2(t)-\hat{m}^2(t)$ 和 $m(t)\hat{m}(t)$ 中都不含直流分量，所以 $e(t)$ 中不含 $2f_c$ 分量，故不能采用平方变换法提取载波。

9-10　参看教材图 9-8

9-11　局部自相关函数曲线和识别器原理框图如下所示。

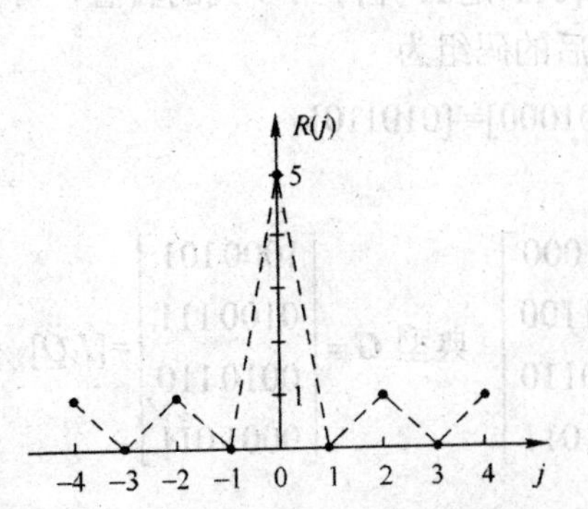

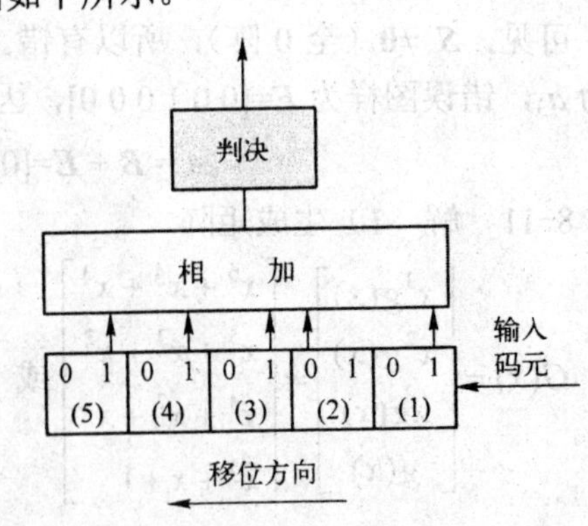

9-12　解：若要求同步码组无误码时，判决门限电平应为 6，这时判决器输出波形为：

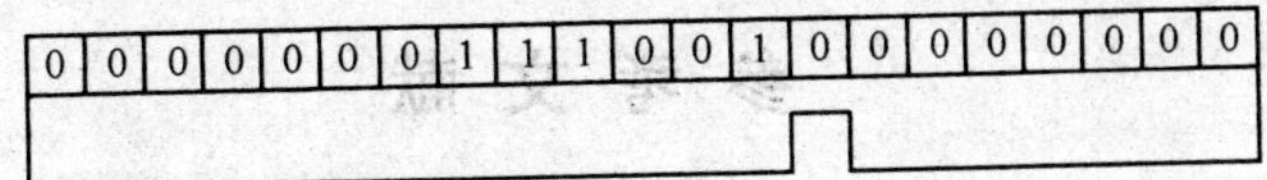

9-13　解：1）$m=0$ 时，漏同步概率为

$$P_1 = 1 - C_7^0(1-P)^7 = 1-(1-10^{-4})^7 \approx 7\times10^{-4}$$

假同步概率为

$$P_2 = \frac{C_7^0}{2^7} = 2^{-7} \approx 7.8\times10^{-3}$$

2）群同步的平均建立时间为

$$t_s = (153+7)\times10^{-3}\times(1+7\times10^{-4}+7.8\times10^{-3}) \approx 0.1614\text{s}$$

其中码元周期为 $T=\dfrac{1}{R_b}=\dfrac{1}{10^3}=10^{-3}\,\text{s}$

3）$m=1$ 时，假同步概率为

$$P_2 = 2^{-7}\sum_{r=0}^{1} C_7^r = \frac{C_7^0+C_7^1}{2^7} \approx 6.25\times10^{-2}$$

参 考 文 献

[1] 曹丽娜. 简明通信原理[M]. 北京：人民邮电出版社，2011.
[2] 曹丽娜，樊昌信. 通信原理学习辅导与考研指导[M]. 7 版. 北京：国防工业出版社，2013.
[3] 樊昌信，曹丽娜. 通信原理[M]. 7 版. 北京：国防工业出版社，2012.
[4] 张辉，曹丽娜. 现代通信原理与技术[M]. 4 版. 西安：西安电子科技大学出版社，2013.
[5] 曹丽娜，等. 通信概论[M]. 北京：机械工业出版社，2008.
[6] 曾兴雯. 高频电子线路[M]. 北京：高等教育出版社，2004.
[7] 张永瑞. 电路、信号与系统考试辅导[M]. 西安：西安电子科技大学出版社，2001.
[8] 王新梅，肖国镇. 纠错码——原理与方法（修订版）[M]. 西安：西安电子科技大学出版社，2002.
[9] Behrouz A Forouzan. 数据通信与网络[M]. 2 版. 吴时霖，等译. 北京：机械工业出版社，2002.
[10] 傅祖芸. 信息论——基础理论与应用[M]. 北京：电子工业出版社，2001.
[11] 张厥盛，曹丽娜.锁相与频率合成技术[M]. 成都：电子科技大学出版社，1995.

后　记

经全国高等教育自学考试指导委员会同意，由电子电工与信息类专业委员会负责计算机网络专业教材的审定工作。

本教材由西安电子科技大学曹丽娜教授负责编写。电子电工与信息类专业委员会在上海组织了本教材的审稿工作。参加审稿并提出修改意见的有山东大学马丕明副教授和北京邮电大学张冬梅副教授，谨向他们表示诚挚的谢意。

电子电工与信息类专业委员会最后审定通过了本教材。

全国高等教育自学考试指导委员会
电子电工与信息类专业委员会
2019 年 6 月